"十四五"时期国家重点出版物出版专项规划项目

周志鑫 等著

卫星遥感图像解译

Satellite Remote Sensing Image Interpretation

国防工业出版社

·北京·

内 容 简 介

本书针对卫星遥感图像，系统介绍了卫星遥感图像解译的基本概念、发展历程与发展趋势，分析了卫星遥感的物理基础、典型地物波谱特性和卫星遥感图像处理的内容，以信息论为基础，从信息论基础理论出发来理解卫星遥感图像成像过程中的信息流传递；重点分析了目视解译和计算机解译方法，针对可见光、高光谱、红外、SAR 4 类卫星遥感图像的不同特性，分析了其特有的解译方法并给出了实例；阐述了智能解译方法在卫星遥感图像解译中的应用，以及当前卫星遥感图像解译方面的创新思路；通过典型应用案例，实现了从理论方法到实践应用的转化。

本书可作为遥感及相关专业本科生、研究生的教材，也可供卫星遥感领域的科学工作者、工程技术人员参考。

图书在版编目(CIP)数据

卫星遥感图像解译/周志鑫著. —北京：国防工业出版社，2022.1
ISBN 978-7-118-12504-7

Ⅰ.①卫⋯ Ⅱ.①周⋯ Ⅲ.①卫星遥感-遥感图像-研究 Ⅳ.①TP72

中国版本图书馆 CIP 数据核字(2022)第 016573 号

※

国防工业出版社出版发行
(北京市海淀区紫竹院南路 23 号　邮政编码 100048)
雅迪云印（天津）科技有限公司印刷
新华书店经售

*

开本 710×1000　1/16　印张 28¼　字数 520 千字
2022 年 1 月第 1 版第 1 次印刷　印数 1—3000 册　定价 169.00 元

(本书如有印装错误，我社负责调换)

国防书店：(010)88540777　　书店传真：(010)88540776
发行业务：(010)88540717　　发行传真：(010)88540762

序

1957年,苏联成功发射世界上第一颗人造地球卫星"斯普特尼克"1号(Sputnik-I),人类开启了探索并应用空间的新纪元。1959年,美国发射了人类历史上第一颗应用于军事目的的侦察卫星"发现者"13号。1972年,美国发射了第一颗民用地球资源遥感卫星ERTS-1(后改名为Landsat-1),卫星遥感技术开始应用于国防和国民经济建设的各领域。半个多世纪以来,空间技术和传感器技术的发展推动了卫星遥感技术的快速进步。卫星遥感因具有不受国界限制、侦察范围广等优点,受到世界主要国家的高度重视,并在国民经济建设和国防建设中发挥越来越重要的作用。

卫星遥感是一个巨复杂系统,一般包括卫星、运载、发射场、运控、测控和应用六大系统。其中,卫星系统装载各类传感器在轨道上运行,获取遥感图像并传输到地面;运载系统利用大推力火箭将卫星从地面送入太空预定轨道;发射场系统主要为运载火箭和卫星提供发射测控保障,实施发射任务;运控系统编制指令,控制卫星运行,实施遥感任务;测控系统测量火箭发射卫星过程中及卫星入轨后的各种工作参数、轨道参数,监测卫星运行状态,并接收卫星下传数据;应用系统对卫星下传数据编目存档,进行高精度数据处理,对传感器进行标校,对获取图像进行解译分析。

卫星遥感图像解译是对遥感卫星获取的图像进行分析、判读和解释,进而定性和定量描述所观测对象特征、识别目标的过程。作为卫星遥感发挥作用的关键环节,其水平直接决定着遥感卫星效益的发挥。卫星遥感图像解译需要掌握传感器特性、目标特征知识库和图像处理等多学科知识,最初主要依靠专业判读人员在计算机辅助下完成。计算机和模式识别技术的发展,特别是大数据分析和基于深度学习的人工智能技术的发展,为卫星遥感图像解译提供了新的方法和途径。

我和周志鑫院士结识30余年,他长期从事卫星遥感理论与应用研究,在典型地物特征检测识别、海上移动目标高精度探测定位技术等方面取得了多项创新性成果,为我国空间遥感技术的发展进步和应用做出了突出贡献。他和团队将多年研究成果编著形成了《卫星遥感图像解译》一书,本书系统介绍了卫星遥感图像解译的基础理论、基本方法、前沿技术和实践应用,为广大读者呈现了一部理论性和实践性很强的佳作,具有很高的学术水平和实用价值。希望本书的出版能够促进我国卫星遥感图像解译技术水平的提升,推动卫星遥感获得更广泛的应用。也希望广大读者通过阅读本书,了解遥感卫星,热爱遥感科学和航天事业,为卫星遥感技术发展、提升卫星遥感应用水平做出贡献。

中国科学院院士
中国工程院院士 刘永坦
国家最高科技奖获得者
2021年7月于北京

前　言

遥感,即远距离感知,是利用各类传感器对远距离目标辐射或反射的电磁波信息进行采集、处理并成像,实现对被探测目标认知的技术。航空、航天和计算机技术的发展推动了遥感技术的快速发展和应用。1858年,法国摄影师利用系留气球获取了法国巴黎的鸟瞰像片。1909年,科学家第一次航拍了意大利圣托西利地区的像片。此后,航空遥感得到快速发展,并在第一次世界大战中成为军事侦察的重要手段。

卫星遥感是将传感器装载在卫星平台上,从空间获取地球各类信息的技术。1957年10月4日,苏联成功发射了世界上第一颗人造地球卫星"斯普特尼克"1号(Sputnik–I),迈出人类了探索浩瀚宇宙、实现太空梦想的第一步。1959年2月28日,美国发射了人类历史上第一颗用于军事目的的遥感卫星(军事上称侦察卫星)——"发现者"13号。苏联于1962年发射了"宇宙号"侦察卫星。1972年,美国发射了第一颗民用地球资源卫星ERTS–1(后改名为Landsat–1)。遥感卫星首先应用于军事领域,同时广泛应用于非军事领域,如获取非军事设施的活动与状态、自然资源分布、气象、海洋、水文等资料,服务于农业、林业、国土规划、智慧城市和抢险救灾等领域。

卫星遥感图像解译就是对遥感卫星获取的目标图像进行分析、判读和解释,进而定性和定量描述目标特征、识别目标的过程。最初,主要依靠人的经验和知识对卫星遥感图像进行解译。计算机技术和模式识别技术的发展推动了卫星遥感图像解译技术的快速进步,显著提高了解译效率。大数据分析和基于深度学习的人工智能技术的发展,为卫星遥感图像解译提供了新的方法和途径,促进卫星遥感图像解译向自动化、智能化方向迈进。

本书系统介绍卫星遥感图像解译的基础理论、基本方法、前沿技术和实践应用,主要内容包括4部分:一是卫星遥感图像解译理论,主要阐述卫星遥感图像解译的基本概念、现状与发展趋势,卫星遥感的物理基础、典型地物波谱特征和卫星遥感图像处理,从信息论基础知识角度出发来理解卫星遥感图像成像过程中的信息流传递,并对整个过程产生的不确定性进行分析,包括第1章概述、第2章卫星遥感原理和第3章卫星遥感图像解译的信息论基础;二是卫星遥感图像解译方法,主要阐述目视解译和计算机辅助解译的原理和方法,描述可见光图像、高光谱图像、红外图像和SAR图像的特性,以及基于4类图像特征的解译方法和图像融合在解译中的应用,包括第4章卫星遥感图像解译基本方法、第5章可见光卫星遥感图像解译、第6章高光谱卫星遥感图像解译、第7章红外卫星遥感图像解译、第8章星载SAR遥感图像解译和第9章多源遥感图像融合处理及解译应用;三是卫星遥感图像解译前沿技术,主要阐述智能解译方法的发展、面向对象的图像分析方法在卫星遥感图像解译中的应用、基于深度学习的卫星遥感图像解译方法等,为读者展示当前卫星遥感图像解译方面活跃的创新思路,包括第10章人工智能卫星遥感图像解译及应用;四是卫星遥感图像解译典型应用,主要有卫星遥感解译组织流程、农作物种植面积提取、蝗虫灾害遥感监测应用、SAR图像海岸线提取、批量水体提取、城市裸土地提取及城市建成区边界提取与变化检测等典型应用案例,包括第11章卫星遥感图像解译典型应用。

本书各个章节内容详实、衔接有序、体系完备,既有助于读者从各专业方向理解卫星遥感图像解译领域相关的技术理论和工程方法,又有助于读者对卫星遥感图像解译领域的系统认识。衷心希望广大读者通过阅读本书,了解遥感卫星,激发航天热情,热爱遥感科学,为卫星遥感发展、提升卫星遥感应用水平做出贡献。

本书由周志鑫教授负责策划和全书统稿,参加本书编写的有航天工程大学航天遥感教研室杨海涛主任及其同事。其中,第1章由周志鑫教授、薛武助理研究员编写,第2章由陈向宁教授、姜明勇副教授编写,第3章由杨海涛副教授、王晋宇硕士生编写,第4章由李志亮讲师、郑逢杰讲师编写,第5章由陈向宁教授、王得成博士生编写,第6章由陈杭讲师编写,第7章由郑逢杰讲师编写,第 8 章由冉达讲师编写,第 9 章由李志亮讲师编写,第 10 章由何宇讲师、李轶南讲师编写,第 11 章由周志鑫教授指导,薛武助理研究员、高宇歌硕士生编写。在本书编写过程中,作者得到了国防工业出版社王京涛主任和牛旭东编辑的大力支持和帮助。我的老师、国家最高科技奖获得者、两院院士刘永坦教授为本书作序,并给予具体指导。在此一并表示感谢!

由于编写时间仓促,加之作者水平有限,本书难免存在不足之处,恳请读者批评指正。

中国科学院院士 周志鑫

2021 年 3 月于长沙

目 录

第1章 概述 1

1.1 卫星遥感基本概念 1
- 1.1.1 遥感 1
- 1.1.2 卫星遥感 2
- 1.1.3 卫星遥感图像 2
- 1.1.4 卫星遥感图像解译 6

1.2 卫星遥感分类 6
- 1.2.1 按探测波段分类 6
- 1.2.2 按传感器工作方式分类 9
- 1.2.3 按应用行业及区域分类 9

1.3 卫星遥感系统组成 10

1.4 卫星遥感图像质量指标 12
- 1.4.1 光学卫星遥感图像质量指标 12
- 1.4.2 SAR卫星遥感图像质量指标 16
- 1.4.3 卫星遥感图像质量指标对图像解译的影响 22

1.5 卫星遥感图像解译发展演变 23
- 1.5.1 卫星遥感图像解译的发展历程 23
- 1.5.2 卫星遥感图像解译的发展趋势 25

第2章 卫星遥感原理 27

2.1 遥感物理基础 27

2.1.1　电磁波与电磁波谱 ⋯⋯⋯⋯⋯⋯⋯⋯⋯⋯⋯⋯⋯⋯⋯⋯⋯ 27
2.1.2　太阳辐射与大气窗口 ⋯⋯⋯⋯⋯⋯⋯⋯⋯⋯⋯⋯⋯⋯⋯ 30
2.1.3　地物反射辐射 ⋯⋯⋯⋯⋯⋯⋯⋯⋯⋯⋯⋯⋯⋯⋯⋯⋯⋯ 33
2.2　典型地物波谱特性 ⋯⋯⋯⋯⋯⋯⋯⋯⋯⋯⋯⋯⋯⋯⋯⋯⋯⋯⋯⋯ 34
2.2.1　水体波谱特性 ⋯⋯⋯⋯⋯⋯⋯⋯⋯⋯⋯⋯⋯⋯⋯⋯⋯⋯ 35
2.2.2　植被波谱特性 ⋯⋯⋯⋯⋯⋯⋯⋯⋯⋯⋯⋯⋯⋯⋯⋯⋯⋯ 37
2.2.3　岩石和矿物波谱特性 ⋯⋯⋯⋯⋯⋯⋯⋯⋯⋯⋯⋯⋯⋯⋯ 41
2.2.4　土壤波谱特性 ⋯⋯⋯⋯⋯⋯⋯⋯⋯⋯⋯⋯⋯⋯⋯⋯⋯⋯ 44
2.2.5　人工地物波谱特性 ⋯⋯⋯⋯⋯⋯⋯⋯⋯⋯⋯⋯⋯⋯⋯⋯ 45
2.2.6　地物波谱时间特性 ⋯⋯⋯⋯⋯⋯⋯⋯⋯⋯⋯⋯⋯⋯⋯⋯ 47
2.3　卫星遥感图像处理基础 ⋯⋯⋯⋯⋯⋯⋯⋯⋯⋯⋯⋯⋯⋯⋯⋯⋯⋯ 49
2.3.1　卫星遥感图像的表示形式 ⋯⋯⋯⋯⋯⋯⋯⋯⋯⋯⋯⋯⋯ 49
2.3.2　卫星遥感图像的存储方式 ⋯⋯⋯⋯⋯⋯⋯⋯⋯⋯⋯⋯⋯ 53
2.3.3　卫星遥感图像处理系统 ⋯⋯⋯⋯⋯⋯⋯⋯⋯⋯⋯⋯⋯⋯ 58

第3章　卫星遥感图像解译的信息论基础 ⋯⋯⋯⋯⋯⋯⋯⋯⋯⋯⋯⋯ 62

3.1　卫星遥感信息论 ⋯⋯⋯⋯⋯⋯⋯⋯⋯⋯⋯⋯⋯⋯⋯⋯⋯⋯⋯⋯⋯ 62
3.1.1　信息论基础知识 ⋯⋯⋯⋯⋯⋯⋯⋯⋯⋯⋯⋯⋯⋯⋯⋯⋯ 62
3.1.2　卫星遥感的不确定性问题 ⋯⋯⋯⋯⋯⋯⋯⋯⋯⋯⋯⋯⋯ 71
3.2　卫星遥感图像信息量 ⋯⋯⋯⋯⋯⋯⋯⋯⋯⋯⋯⋯⋯⋯⋯⋯⋯⋯⋯ 78
3.2.1　卫星遥感图像信息特征 ⋯⋯⋯⋯⋯⋯⋯⋯⋯⋯⋯⋯⋯⋯ 78
3.2.2　全色卫星数字图像信息量 ⋯⋯⋯⋯⋯⋯⋯⋯⋯⋯⋯⋯⋯ 81
3.2.3　多波段卫星数字图像合成及信息量 ⋯⋯⋯⋯⋯⋯⋯⋯⋯ 88
3.3　卫星遥感图像解译信息论方法 ⋯⋯⋯⋯⋯⋯⋯⋯⋯⋯⋯⋯⋯⋯⋯ 94
3.3.1　基于主观认知的解译信息量评价标准 ⋯⋯⋯⋯⋯⋯⋯⋯ 95
3.3.2　基于信息量评估的图像差异性分析 ⋯⋯⋯⋯⋯⋯⋯⋯⋯ 100
3.3.3　基于最大熵原理的卫星遥感图像分割 ⋯⋯⋯⋯⋯⋯⋯⋯ 106

第4章 卫星遥感图像解译基本方法 ······ 110

4.1 概述 ······ 110
4.2 目视解译 ······ 113
4.2.1 视觉认知基本原理 ······ 113
4.2.2 目视解译标志 ······ 118
4.2.3 目视解译基本方法 ······ 131
4.2.4 目视解译基本步骤 ······ 132
4.3 计算机辅助解译 ······ 133
4.3.1 计算机辅助解译概述 ······ 134
4.3.2 计算机辅助解译基本原理 ······ 136
4.3.3 计算机辅助解译基本方法 ······ 140

第5章 可见光卫星遥感图像解译 ······ 155

5.1 可见光成像原理 ······ 155
5.1.1 卫星光学载荷 ······ 155
5.1.2 卫星光学立体成像原理 ······ 164
5.2 可见光遥感图像特点 ······ 166
5.3 可见光遥感图像解译方法 ······ 166
5.3.1 目视解译方法 ······ 166
5.3.2 计算机辅助解译方法 ······ 167
5.4 可见光遥感图像解译案例 ······ 172
5.4.1 目视解译案例 ······ 172
5.4.2 计算机辅助解译案例 ······ 183

第6章 高光谱卫星遥感图像解译 ······ 193

6.1 高光谱成像原理 ······ 193
6.1.1 高光谱成像的原理与发展 ······ 193

  6.1.2 高光谱成像的特点和优势 ·································· 196
 6.2 高光谱卫星遥感图像特点 ··· 198
 6.3 高光谱卫星遥感图像解译方法 ······································· 199
  6.3.1 高光谱图像解译基本流程和方法 ·························· 199
  6.3.2 高光谱图像解译注意事项 ···································· 207
 6.4 高光谱图像解译案例 ·· 209
  6.4.1 高光谱图像分类解译 ·· 209
  6.4.2 高光谱图像目标探测解译 ···································· 219

第7章 红外卫星遥感图像解译 ································· 225

 7.1 红外遥感基本原理 ·· 225
  7.1.1 热辐射原理 ·· 225
  7.1.2 热作用与温度 ·· 230
  7.1.3 热辐射与地面的相互作用 ···································· 232
 7.2 红外遥感图像特点 ·· 237
  7.2.1 物体的热学性质 ·· 237
  7.2.2 红外扫描图像特点 ··· 238
  7.2.3 成像波段与成像时段的选择 ································ 242
 7.3 红外遥感图像解译方法 ·· 243
  7.3.1 目视解译 ··· 243
  7.3.2 地表温度反演 ·· 246
 7.4 红外遥感图像解译案例 ·· 249
  7.4.1 红外图像地物目视解译 ······································· 249
  7.4.2 森林火灾监测 ·· 251
  7.4.3 秸秆焚烧火点监测 ··· 255

第8章 星载 SAR 遥感图像解译 ······························· 259

 8.1 SAR 成像原理 ··· 259

  8.1.1　SAR 相干成像原理 ………………………………………… 260
  8.1.2　SAR 斜距成像原理 ………………………………………… 261
  8.1.3　SAR 二维高分辨率成像原理 ………………………………… 262
  8.1.4　SAR 图像与目标后向散射特性之间的关系 ………………… 264
 8.2　SAR 图像特点 ……………………………………………………… 265
  8.2.1　SAR 图像几何特征 ………………………………………… 266
  8.2.2　SAR 图像噪声统计特征 …………………………………… 270
  8.2.3　SAR 图像灰度统计特征 …………………………………… 272
  8.2.4　SAR 图像纹理特征 ………………………………………… 274
  8.2.5　影响 SAR 图像特征的因素 ………………………………… 276
 8.3　SAR 图像解译方法 ………………………………………………… 282
  8.3.1　SAR 图像目视解译 ………………………………………… 282
  8.3.2　SAR 图像计算机辅助解译 ………………………………… 285
 8.4　SAR 图像解译案例 ………………………………………………… 287
  8.4.1　SAR 图像舰船目标检测 …………………………………… 287
  8.4.2　SAR 图像水体提取 ………………………………………… 291

第 9 章　多源遥感图像融合处理及解译应用 …………………… **294**

 9.1　图像融合基础 ……………………………………………………… 294
  9.1.1　图像融合的基本概念 ……………………………………… 295
  9.1.2　图像融合的 3 个层次 ……………………………………… 295
  9.1.3　图像融合的基本方法 ……………………………………… 297
  9.1.4　图像融合的基本步骤 ……………………………………… 302
 9.2　多源遥感图像空谱融合理论和方法 ……………………………… 308
  9.2.1　高空间和高光谱分辨率遥感图像融合概述 ……………… 309
  9.2.2　谐波分析原理和方法 ……………………………………… 310
 9.3　多源遥感图像空谱融合及其解译应用 …………………………… 313
  9.3.1　多源遥感图像数据 ………………………………………… 313

9.3.2 多源遥感图像空谱融合及分析 ………………………………………… 313

第10章 人工智能卫星遥感图像解译及应用 …………………………… **316**

10.1 遥感图像智能解译基础 ………………………………………………… 316
10.1.1 智能解译基本概念 …………………………………… 316
10.1.2 常用智能解译方法 …………………………………… 317
10.1.3 智能解译发展趋势 …………………………………… 318

10.2 面向对象的图像分析方法在遥感图像解译中的应用 ………… 319
10.2.1 面向对象的图像分析原理 …………………………… 319
10.2.2 分水岭分割算法原理 ………………………………… 322
10.2.3 随机森林分类算法原理 ……………………………… 325
10.2.4 面向对象的图像分析方法应用实例 ………………… 328

10.3 深度学习在遥感图像解译中的应用 ………………………………… 330
10.3.1 深度学习基础 ………………………………………… 330
10.3.2 深度学习在高光谱遥感图像分类中的应用 ………… 348
10.3.3 深度学习在可见光遥感图像目标检测中的应用 …… 359

第11章 卫星遥感图像解译典型应用 …………………………………… **367**

11.1 卫星遥感解译组织流程 ………………………………………………… 367
11.1.1 人工解译模式 ………………………………………… 367
11.1.2 智能解译模式 ………………………………………… 370

11.2 农作物种植面积提取 …………………………………………………… 371
11.2.1 概述 …………………………………………………… 371
11.2.2 基本原理 ……………………………………………… 372
11.2.3 方法步骤 ……………………………………………… 372
11.2.4 结果分析 ……………………………………………… 375

11.3 蝗虫灾害遥感监测应用 ………………………………………………… 376
11.3.1 概述 …………………………………………………… 376

11.3.2　基本原理 ·· 377
　　　11.3.3　方法步骤 ·· 377
　　　11.3.4　结果分析 ·· 378
　11.4　SAR 图像海岸线提取 ·· 388
　　　11.4.1　概述 ·· 388
　　　11.4.2　基本原理 ·· 389
　　　11.4.3　方法步骤 ·· 392
　　　11.4.4　结果分析 ·· 394
　11.5　批量水体提取 ·· 398
　　　11.5.1　概述 ·· 398
　　　11.5.2　基本原理 ·· 398
　　　11.5.3　方法步骤 ·· 400
　　　11.5.4　结果分析 ·· 403
　11.6　城市裸土地提取 ·· 404
　　　11.6.1　概述 ·· 404
　　　11.6.2　方法步骤 ·· 405
　　　11.6.3　结果分析 ·· 412
　11.7　城市建成区边界提取与变化检测 ·· 413
　　　11.7.1　概述 ·· 413
　　　11.7.2　方法步骤 ·· 414
　　　11.7.3　结果分析 ·· 423

参考文献 ·· **426**

第1章 概述

卫星遥感开启了人类从太空观测地球的序幕,实现了遥感从陆地、航空到航天遥感的飞跃。空间和传感器技术的快速发展带动了卫星遥感技术的进步,卫星遥感的空间分辨率从百米级提高到分米级,探测波段从可见光向红外、微波波段延展并细分,探测方式从被动探测向主被动结合发展。经过半个多世纪的发展,卫星遥感已广泛应用于维护国家安全、服务国民经济建设、造福人类生产和生活的各个方面。

卫星遥感图像解译是卫星遥感发挥作用的关键环节,计算机、模式识别和人工智能等技术的发展推动了卫星遥感图像解译技术水平的不断提高。从最初的主要依靠人工目视判读胶片式卫星图像,到计算机辅助解译数字卫星图像,再到人工智能技术的广泛应用,卫星遥感图像解译的自动化程度、精准度和时效性得到了显著提高。本章主要阐述卫星遥感图像解译的基本概念、分类、组成及卫星遥感图像质量指标,并介绍卫星遥感图像解译的发展历程和趋势。

1.1 卫星遥感基本概念

1.1.1 遥感

遥感(Remote Sensing,RS),即远距离感知。"遥感"一词最早起源于美国,美国学者伊夫林. L. 布鲁依特(Evelyn. L. Pruitt)于 1960 年提出"遥感"这一科学术语,其早期含义是指以摄影或非摄影方式获取被测目标的数据或图像。在遥感的发展进程中,其定义也与时俱进。1962 年,D. Parker 将遥感定义为:"遥感是在测量装置不和目标直接接触的情况下对物体某些特性的测量。"1976 年,J. Lintz 等认为:"遥感是非接触式的物体物理数据的获取。"1976 年,E. C. Barrett 认为:"遥感是与目标相隔一定距离的装置对该目标的观测。"1978 年,D. A. Landgrebe 认为:"遥感是由一定距离以外,即在不实际接触物体的情况下,从获得的测量值中导出物体信息的科学[1-2]。"

综上,笔者认为遥感的定义为:利用不同平台搭载的传感器,在不与被感知对象(包括目标、区域或现象等)实际接触情况下,获取其发射或反射的电磁波信息,通过对所获取的信息进行处理和分析,实现对被感知对象认知的科学。

遥感可分为广义的遥感和狭义的遥感。广义的遥感是指通过测量空间中电磁场、力场、机械波(声波、地震波)等状态及其变化来感知对象的特征和属性;狭义的遥感是指通过不同传感器获取电磁场的状态和变化信息,对被感知对象进行远距离的认知。本书所述遥感是指狭义的遥感[3-5]。

1.1.2　卫星遥感

卫星遥感,是指以人造地球卫星等航天器为平台,搭载不同类型的传感器,获取陆地、海面、地下、水下及空中不同目标、区域发射或者反射的电磁波信息,经过处理与分析,对其特征与属性进行认知的过程。

通常,利用宇宙飞船、航天飞机、空间探测器、人造卫星等航天器装载传感器对地球及宇宙中其他星体开展的探测活动均属于卫星遥感的范畴。例如,苏联利用 Luna-3 宇宙飞船拍摄了月球背面的像片,美国利用"阿波罗"飞船搭载的传感器制作了月球表面正射影像图,我国"嫦娥计划"中的月球探测与制图等[3-4]。

1.1.3　卫星遥感图像

卫星遥感图像是指对卫星平台上搭载的光学或微波等载荷获取的电磁波

信号进行处理得到的图像形式的产品,图像是卫星遥感信息的主要载体和表现形式。下面按照传感器工作波段,分别介绍可见光、高光谱、红外、合成孔径雷达(Synthetic Aperture Radar,SAR)等卫星遥感图像产品[6-9]。

1. 可见光卫星遥感图像产品

0级产品:对卫星接收的可见光遥感数据,经过解密、解压缩、格式化处理、条带数据分幅(或逻辑分幅)和辅助数据分离而形成的以景为单位的数据产品。

1级产品:在0级产品的基础上,利用辐射定标参数对图像数据进行相对辐射校正处理和传感器几何校正后得到的产品。

2级产品:在1级产品的基础上,根据几何校正模型,利用地面控制点数据,建立图像坐标和地面坐标之间的几何变换关系,进行几何精校正处理得到的数据产品。

3级产品:在1级产品的基础上,根据成像时平台(轨道、姿态)参数、卫星参数、地球模型及坐标系之间的转换关系,建立系统几何校正模型,并利用该模型对图像数据进行系统几何校正处理得到的数据产品。

4级产品:在1级产品的基础上,利用地面控制点数据和高精度高程数据,消除地形起伏和影像畸变影响,进行正射纠正得到的数据产品。

2. 高光谱卫星遥感图像产品

0级产品:对卫星接收的高光谱遥感数据,经过解密、解压、格式化处理、谱段拼接、条带数据分幅(或逻辑分幅)和辅助数据分离而形成的以景为单位的数据产品。

1级产品:在0级产品的基础上,对图像数据进行光谱处理、相对辐射校正、绝对辐射校正、反射率反演处理及传感器校正得到的数据产品。根据处理要求,1级产品可分为如下3种。

(1) 1A级产品:在0级产品的基础上进行光谱复原、光谱定标和相对辐射校正处理得到的产品,其图像产品的像素值为图像灰度,属于未定量化反演产品。

(2) 1B级产品:在1A级产品的基础上进行绝对辐射校正处理得到的产品,其图像产品的像素值为卫星入瞳处光谱辐亮度,属于半定量化反演产品。

（3）1C级产品：在1B级产品的基础上进行大气校正、反射率反演处理得到的产品，其图像产品的像素值为地物波谱反射率，属于定量化反演产品。

2级产品：在1级产品的基础上，经过系统几何校正处理得到的数据产品。根据处理要求，2级产品可分为如下3种。

（1）2A级产品：在1A级产品的基础上进行系统几何校正处理得到的产品，其图像产品的像素值为图像灰度，属于带地理空间信息的未定量化反演产品。

（2）2B级产品：在1B级产品的基础上进行系统几何校正处理得到的产品，其图像产品的像素值为卫星入瞳处光谱辐亮度，属于带地理空间信息的半定量化反演产品。

（3）2C级产品：在1C级产品的基础上进行系统几何校正处理得到的产品，其图像产品的像素值为地物波谱反射率，属于带地理空间信息的定量化反演产品。

3级产品：在1级产品的基础上，采用地面控制点进行几何精校正处理得到的数据产品。根据处理要求，3级产品可分为如下3种。

（1）3A级产品：在1A级产品的基础上进行几何精校正处理得到的产品。

（2）3B级产品：在1B级产品的基础上进行几何精校正处理得到的产品。

（3）3C级产品：在1C级产品的基础上进行几何精校正处理得到的产品。

4级产品：在1级产品的基础上，利用地面控制点数据和高精度高程数据，消除地形起伏和影像畸变影响，进行正射纠正得到的数据产品。

3. 红外卫星遥感图像产品

0级产品：对卫星接收的红外遥感数据，经过解密、解压、格式化处理、数据分幅（或逻辑分幅）和辅助数据分离而形成的以景为单位的数据产品。

1级产品：在0级产品的基础上，对图像数据进行相对辐射校正、绝对辐射校正、温度反演处理及传感器校正得到的数据产品。根据处理要求，1级产品可分为如下3种。

（1）1A级产品：在0级产品的基础上进行相对辐射校正处理得到的产品，其图像产品的像素值为图像灰度，属于未定量化反演产品。

（2）1B级产品：在1A级产品的基础上进行绝对辐射校正处理得到的产品，其图像产品的像素值为传感器入瞳处辐射亮度，属于半定量化反演产品。

（3）1C级产品：在1B级产品的基础上进行大气校正和温度反演处理得到的产品，其图像产品的像素值为地表温度，属于定量化反演产品。

2级产品：在1级产品的基础上，经过系统几何校正处理得到的数据产品。根据处理要求，2级产品可分为如下3种。

（1）2A级产品：在1A级产品的基础上进行系统几何校正处理得到的产品，其图像产品的像素值为图像灰度，属于带地理空间信息的未定量化反演产品。

（2）2B级产品：在1B级产品的基础上进行系统几何校正处理得到的产品，其图像产品的像素值为传感器入瞳处辐射亮度，属于带地理空间信息的半定量化反演产品。

（3）2C级产品：在1C级产品的基础上进行系统几何校正处理得到的产品，其图像产品的像素值为地表温度，属于带地理空间信息的定量化反演产品。

3级产品：在1级产品的基础上，采用地面控制点进行几何精校正处理得到的数据产品。根据处理要求，3级产品可分为如下3种。

（1）3A级产品：在1A级产品的基础上进行几何精校正处理得到的产品。

（2）3B级产品：在1B级产品的基础上进行几何精校正处理得到的产品。

（3）3C级产品：在1C级产品的基础上进行几何精校正处理得到的产品。

4级产品：在1级产品的基础上，利用地面控制点数据和高精度高程数据，消除地形起伏和影像畸变影响，进行正射纠正得到的数据产品。

4. SAR卫星遥感图像产品

0级产品：对卫星接收的SAR遥感数据，经过解密、格式化处理、辅助数据分离、物理分景而形成的以景为单位的数据产品。

1级产品：在0级产品的基础上，对数据进行成像处理、辐射校正和复数取模等处理得到的数据产品。根据处理要求，1级产品可分为如下2种。

（1）1A级产品：在0级产品的基础上进行成像处理和辐射校正的单视复数图像，极化数据产品包含经极化校正后的多个极化通道复图像。

(2) 1B级产品:在1A级产品的基础上进行复数取模得到的幅单/多视度图像。

2级产品:系统级几何校正产品,在1级产品的基础上,进行像素定位、斜地变换处理等,按照相应地图投影模型重采样得到的地理编码数据产品。

3级产品:在1级产品的基础上,根据几何校正模型,利用地面控制点数据,建立图像坐标和地面坐标之间的几何关系,进行几何精校正处理得到的数据产品。

4级产品:在1级产品的基础上,利用地面控制点数据和高精度高程数据,消除地形起伏和影像畸变影响,进行正射纠正得到的数据产品。

1.1.4 卫星遥感图像解译

卫星遥感图像解译是对遥感卫星获取的目标图像进行分析、判读和解释,进而定性和定量描述目标特征、识别目标的过程。特征是地物电磁波辐射差异在遥感图像上的典型反映,按照其表现形式的不同可以分为形状、大小、色调、阴影、位置和活动等。遥感图像解译是一个复杂的认知过程,对一个目标的识别往往需要综合多种特征、经过反复分析才能得出正确结果[4]。

卫星遥感图像解译主要包括对卫星图像进行观察、分析、量测,进而判定和揭示目标性质与状态。卫星遥感图像解译最初是以人工解译为主,随着计算机技术,特别是人工智能技术的发展,以计算机辅助解译、智能解译为方法手段的卫星图像解译自动化程度显著提高。

1.2 卫星遥感分类

卫星遥感可按传感器的探测波段、传感器工作方式和应用行业及区域等进行分类[1]。

1.2.1 按探测波段分类

电磁波谱如图1-1所示,按照遥感常用的工作波段,卫星遥感可分为以下几种。

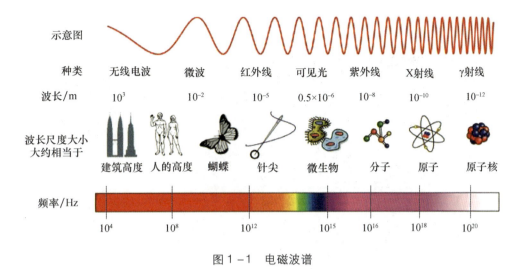

图1-1 电磁波谱

(1) 可见光卫星遥感:利用星载可见光相机获取目标的可见光图像。其特点是目标图像与人眼直接观察到的目标具有很好的一致性,因此直观、易于判读,但受天气影响较大,阴雨天、有云雾及夜间都无法获取目标信息。其探测波段为 0.38~0.76μm。中国高分辨率可见光卫星获取的上海外滩的遥感图像如图1-2所示。

(2) 高光谱卫星遥感:利用星载高光谱成像仪获取目标的光谱信息,具有获取目标材质等属性信息的能力。

(3) 红外卫星遥感:利用星载红外相机获取目标辐射的温度信息,可以在夜间工作,并具备判别目标工作状态的能力。其探测波段主要包括反射红外(0.76~3μm)和发射红外(3~18μm)[5]。

(4) 微波成像卫星遥感:利用星载微波设备获取目标微波散射特征,目前主要利用 SAR 工作,又称为 SAR 卫星遥感。微波可以穿透云雾雨烟,因此微波成像遥感卫星具有全天时、全天候工作能力。由于微波遥感获取的是目标地物对雷达入射波的后向散射信息,其图像与人眼直接观察到的图像具有很大差异,因此需要专业人员进行图像解译。在微波遥感中经常使用波段的字母代号,常用波段有 L(1~2GHz)、S(2~4GHz)、C(4~8GHz)、X(8~12GHz)等。我国高分辨率SAR卫星获取的北京国家体育场和国家游泳中心的遥感图像如图1-3所示。

图1-2　中国高分辨率可见光卫星获取的上海外滩的遥感图像

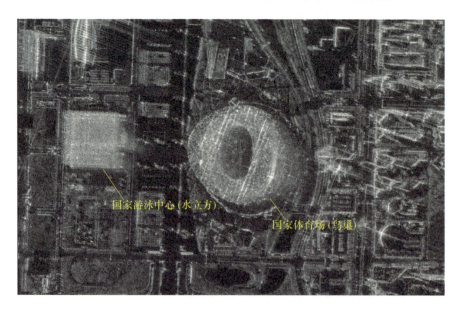

图1-3　中国高分辨率SAR卫星获取的北京国家体育场和国家游泳中心的遥感图像

1.2.2 按传感器工作方式分类

按传感器工作方式不同,卫星遥感可分为以下 2 种。

(1) 主动遥感:又称有源遥感(Active Remote Sensing),是指遥感平台上的探测器主动向目标发射一定形式的电磁波,再由传感器接收和记录目标电磁辐射信号的遥感系统。

(2) 被动遥感:又称无源遥感(Passive Remote Sensing),即遥感系统本身不带有辐射源的探测系统;也即在遥感探测时,探测仪器获取目标自身发射或反射来自自然辐射源(如太阳)的电磁波信息的遥感系统。

1.2.3 按应用行业及区域分类

按照卫星遥感应用行业及区域的不同[3-4],卫星遥感的分类体系如表 1-1 所列。随着遥感技术自身的不断发展及相关科学技术领域之间的交叉和融合,遥感应用领域也在不断扩大,分类越来越细,其分类体系将不断丰富完善。

表 1-1 按应用行业及区域分类的卫星遥感体系

遥感类型		主要对象
应用行业	地质遥感	岩石、底层、构造、矿产、山崩、滑坡、泥石流、地震等
	测绘遥感	国土资源测绘、军事测绘等
	地理遥感	地理环境要素、土地利用等
	农业遥感	农作物及其长势、病虫害、产量及草场等
	林业遥感	森林、植被、病虫害、林火等
	水文遥感	河、渠、湖、塘、水库、冰雪、旱涝、洪水、水利工程等
	海洋遥感	潮、波、流、海岛、海岸带、海洋环境等
	气象遥感	温、压、湿、风、尘、寒冻、暴雨、暴风雪、台风等
	环境遥感	生态状况、各种环境污染等
	军事遥感	兵要地理、战略和战术目标、战场环境等
	其他	新闻遥感、考古遥感等

(续)

遥感类型		主要对象
应用区域	区域遥感	行政区划、自然区划、水系流域等
	城市遥感	城市的土地利用、交通道路、绿化景观、文物古迹等
	海岸带遥感	沿岸带、潮间带、河口、海港、沉积物流、防护工程等
	极地遥感	南极、北极带
	其他	"一带一路"沿线国家等

1.3 卫星遥感系统组成

卫星遥感系统是一个巨复杂系统,一般包括卫星、运载、发射场、运行控制(简称运控)、测控和应用六大系统[4]。

1. 卫星系统

卫星系统由有效载荷和卫星平台组成。

有效载荷是指卫星上装载的直接执行预定任务的有关系统、设备和试验件等的统称。有效载荷按照用途可分为遥感、通信、导航等几大类。其中,遥感类有效载荷主要是用于对地观测的各类遥感器,如可见光相机、光谱成像仪、SAR、信号接收机等;通信类载荷是用于传输无线电信息的仪器、设备和系统,主要包括各种通信转发器和天线;导航类有效载荷主要是提供空间和时间信息基准的各种仪器、设备和系统,如无线电信标机、应答机、高稳定度振荡器和原子钟等。

卫星平台又称卫星公用舱或服务舱,是指卫星上用于飞行和保障有效载荷在空间工作的系统、设备的组合体,即卫星上除有效载荷的其他部分。卫星平台通常包括结构、热控、能源、指令、数据处理、测控、控制和推进等若干个分系统。其中,结构分系统为其他分系统和设备提供承载框架和机械定位;热控分系统用来控制卫星温度,确保有效载荷及其他设备处于正常工作温度范围之内;能源分系统通过太阳能帆板、蓄电池和电源控制设备为卫星有效载荷和相关设备工作提供电源;指令和数据处理分系统的功能是处理和分配指令,收集并储存来自平台与有效载荷的各类数据；测控分系统具备卫星与地面或其他航天器的通信功能，管理和发送遥测信息，接收并处理遥控信息；控制分系统用于测量和控制卫星的位置、速度和姿态；推进分系统提供推力以改变卫星运动速度或角动量，配合控制分系统完成卫星轨道和姿态的维持与调整。

2. 运载系统

运载系统是将航天器从地球送入太空预定轨道的飞行器，如运载火箭、航天飞机等。运载火箭由多级组成，每一级都包括箭体结构、推进系统和飞行控制系统，末级有仪器舱，内装制导与控制系统、遥测系统和发射场安全系统，级与级之间靠级间段连接，航天器装在仪器舱的上面，外面套有整流罩。运载火箭按照所用推进剂分为固体火箭、液体火箭和固液混合型火箭等。

3. 发射场系统

发射场系统是承担运载火箭和航天器的总装测试、转运、加注和发射，卫星测试发射勤务保障，火箭残骸落区勘察和搜索处理等任务的系统，主要由测试区、发射区、发射指挥控制中心、综合测量及勤务保障设施等组成。

4. 运控系统

运控系统是指监视星地资源的状态，受理和分析用户需求，制定卫星平台、有效载荷和地面系统的工作计划，指挥调度星地系统协调运行的系统。运控系统主要由指挥调度、任务规划、指令控制、数据接收、数据传输、系统监控等部分组成。运控系统主要根据不同用户提交的任务需求编排成像计划，生成卫星成像任务指令，通过测控系统上传至卫星；同时，对卫星各系统有效载荷的在轨工作状态进行实时监测，处理异常情况，维持遥感卫星良好的工作状态。

5. 测控系统

测控系统由地面测控站、海上测量船、中继卫星、通信网、测控中心组成。测控系统主要利用卫星测控站网对卫星的运行轨道、姿态进行测量和监视，对轨道、姿态异常进行及时修正，保证卫星正常运行在设计轨道上。同时，测控系统负责接收并记录卫星下传的遥感数据，对接收数据进行解码、存储，传送到应用系统。

6. 应用系统

应用系统接收测控系统传来的数据，进行数据编目、存档、预处理、精处理、定标等自动化处理，生成不同等级和类型的遥感产品，提供给各类用户使用。各类用户通过分发服务网络获取应用系统提供的不同等级和类型的遥感产品，进行解译分析，支持各类应用。同时，用户可以通过分发服务网络向应用系统提交遥感信息需求、订阅相关产品、反馈问题建议等。

1.4 卫星遥感图像质量指标

卫星遥感图像质量直接影响卫星遥感图像解译与应用的效果。由于星载传感器的不同，描述其图像的质量指标也有差异。本节介绍光学卫星遥感图像和 SAR 卫星遥感图像的质量指标，其中，红外和高光谱卫星遥感图像质量指标归入光学卫星遥感图像一并介绍。

1.4.1 光学卫星遥感图像质量指标

光学卫星遥感图像的质量指标主要包括空间分辨率、辐射分辨率、光谱分辨率、成像幅宽、时间分辨率、信噪比和图像定位精度等[5-8]。

1. 空间分辨率

空间分辨率又称地面分辨率，是图像中能区分的两个相邻点目标对应的地面最小距离，反映了卫星对地面目标能够辨析的程度。其所表示的尺寸、大小在图像上是离散的、独立的，反映了图像的空间详细程度，是图像分析判读的基础，是衡量卫星遥感系统性能的重要指标。

在光学遥感卫星中还经常用到地面像元分辨率。地面像元分辨率是指相机一个像元尺寸所对应的地面宽度，即图像上能够区分相邻目标间的最小距离，如图 1-4 所示。地面像元分辨率的计算公式为

$$\text{GSD} = \frac{Ha}{f} \qquad (1-1)$$

式中：H 为卫星轨道高度；f 为相机焦距；a 为探测器像元尺寸。

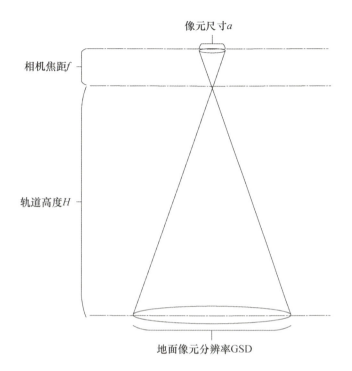

图1-4 光学遥感卫星地面像元分辨率

空间分辨率越高,对地物细节的表达能力就越强,识别物体的能力也越强。图1-5为中国高分辨率光学遥感卫星拍摄的迪拜棕榈岛图像,从图像上可以辨别出水面上活动的游艇等小型目标。

图1-5 中国高分辨率光学遥感卫星拍摄的迪拜棕榈岛图像

2. 辐射分辨率

辐射分辨率是指传感器能分辨的目标反射或辐射的电磁辐射强度的最小变化量。辐射分辨率的计算公式为

$$R_L = (R_{max} - R_{min})/D \quad\quad (1-2)$$

式中：R_{max} 为最大辐射量值；R_{min} 为最小辐射量值；D 为量化级。

R_L 越小，表明传感器越灵敏。

对于可见光传感器，辐射分辨率表示能分辨物体的微小反射率差的能力；而对于红外传感器，辐射分辨率表示能分辨物体的微小温度差的能力。例如，区分能力为辐射差1，那么地物辐射每相隔1辐射能量才能区分开，其中不足的就会被量化为同一个灰度。辐射分辨率越高，图像的量化级越多，图像层次越丰富，对目标的解译能力就越强。

3. 光谱分辨率

光谱分辨率是指传感器在接收目标反射或辐射光谱时能够分辨的最小波长间隔。一般来说，传感器的波段数越多，波段宽度越窄，其光谱分辨率越高对探测对象的物理特性的分辨能力就越强，在遥感中能够揭示目标越多的属性信息。例如，高光谱遥感能提供丰富的光谱信息，在对地表植被和岩石的研究过程中，根据成像光谱仪得到的图像对其化学成分进行分析，足够的光谱分辨率就可以区分出不同的地表物质。

对于特定的目标，并非光谱分辨率越高、波段越多，效果就越好，而要根据目标的光谱特性和需要的空间分辨率来综合考虑。

4. 成像幅宽

成像幅宽指遥感卫星在垂直星下点轨迹方向上一次成像所对应的地面宽度。光学遥感卫星成像幅宽主要由卫星轨道高度和遥感器视场角决定。

对于面阵电荷耦合器件（Charge Coupled Device，CCD）相机来说，成像幅宽等于垂直飞行方向的CCD靶面尺寸所对应的地面宽度；对于线阵CCD推扫成像相机来说，成像幅宽等于线阵CCD总长度所对应的地面覆盖宽度；对于反射镜摆扫成像的相机来说，成像幅宽等于反射镜摆扫角度所对应的地面覆盖宽度。通常来说，成像幅宽和空间分辨率是矛盾的，成像幅宽越大，相机单次成像

得到的信息量越大,但空间分辨率就越低。不同应用场景下的成像幅宽和空间分辨率一般要求如下。

(1) 用于全球普查、全球环境变化研究、观测云层海洋气象等:空间分辨率为千米级别,成像幅宽为千千米级别。

(2) 用于观测海岸线、沿海、资源探测等:空间分辨率为百米级别,成像幅宽为百千米级别。

(3) 用于军事探测、城市规划、观测特定区域等:空间分辨率为米级别,成像幅宽为数十千米级别。

(4) 用于军事详查、观测特定目标等:空间分辨率为亚米级别,成像幅宽为十几千米级别。

5. 时间分辨率

时间分辨率又称目标重访周期,是指对同一目标进行相邻两次重复观测的最短时间间隔。时间间隔越小,时间分辨率就越高。时间分辨率是遥感卫星的一项重要性能指标,主要与卫星运行轨道和传感器指向有关,可通过改变轨道或调整传感器指向来改变。对于低轨卫星,一般时间分辨率为几天;对于中轨卫星,一般为几小时;对于地球同步轨道卫星,可以实现对星下点周边区域持续观测。

6. 信噪比

信噪比是指一个系统中信号与噪声的比例。信号指的是来自设备外部需要通过系统处理的信号,噪声是指经过该系统后产生的原信号中不存在的无规则额外信号。信噪比是光学遥感器辐射性能的重要指标,与目标的辐射和反射特性、背景特性、大气的透过率、光学系统的口径、相对空间、透过率、探测器的响应度、量子效率等因素有关。

7. 图像定位精度

图像定位精度分为绝对定位精度和相对定位精度。绝对定位精度是图像中给出的目标地理位置与实际位置之间的偏差,相对定位精度是图像中给出的点与点之间的距离与其实际距离的偏差。

1.4.2　SAR卫星遥感图像质量指标

评价SAR卫星遥感图像质量的技术指标比较多,其中与图像解译关系比较密切的有成像波段、极化方式、空间分辨率、时间分辨率、成像幅宽、成像方式等[5],其中时间分辨率、成像幅宽等指标可以参考光学卫星遥感图像进行理解,此处不再赘述。

1. 成像波段

雷达遥感使用的微波部分的电磁频谱频率为0.3~300GHz,波长为1m~1mm。微波中常用的波段有P波段、L波段、S波段、C波段、X波段、K波段等,如表1-2所列。波长越长,其穿透能力就越强,如波长大于2cm的雷达图像不会受到云的影响。

表1-2　微波常用波段

波段代号	标称波长/cm	频率/GHz	波长范围/cm
P	100	0.23~1	30~130
L	22	1~2	15~30
S	10	2~4	7.5~15
C	5.6	4~8	3.75~7.5
X	3.1	8~12	2.5~3.75
Ku	2	12~18	1.67~2.5
K	1.25	18~27	1.11~1.67
Ka	0.8	27~40	0.75~1.11
U	0.6	40~60	0.5~0.75
V	0.4	60~80	0.375~0.5
W	0.3	80~100	0.3~0.375

成像波段对图像解译的影响主要体现在识别不同类型的目标时波段的选择。对于冰雪识别,主要是分辨小型特征,通常使用波长较短、分辨能力较好的X波段;对于地质制图,主要是分辨大型特征且需要较好的穿透性,通常使用波

长较长、穿透性较好的 L 波段;对于叶面渗透,最好使用低频率波段,如 P 波段;C 波段为折中波段,可根据具体实施条件视情采用。

2. 极化方式

当雷达信号作用于地球表面时,其极化方式可能改变,产生随机极化反射信号,其中包含水平和垂直两种分量。极化方式是否改变取决于目标的物理和电特性。雷达可以接收反射信号的水平和垂直极化分量,组合产生 4 种模式:HH、VV、HV、VH。对于同一区域,不同极化方式获取的图像具有不同的特征。

3. 空间分辨率

由于 SAR 是相干成像和斜距成像,因此其图像的几何特征与光学图像有较大的差别。SAR 图像的空间分辨率定义为图像中点目标冲击响应主瓣半功率宽度对应的地面距离,如图 1-6 所示。

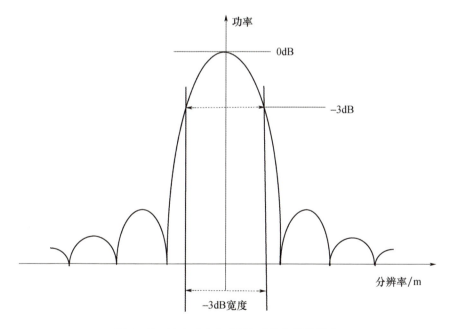

图 1-6 冲击响应和 SAR 成像空间分辨率

空间分辨率分为距离向分辨率和方位向分辨率,几何关系如图 1-7 所示。

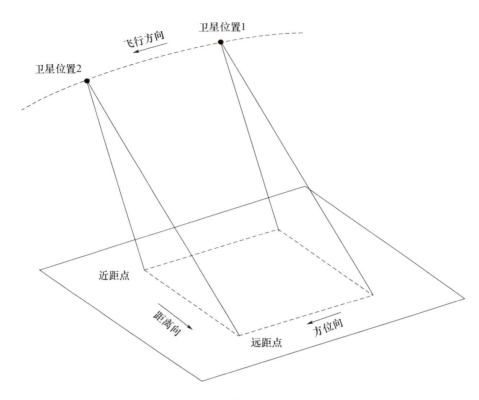

图 1-7　SAR 卫星距离向与方位向的几何关系

（1）距离向分辨率是指像平面内垂直于飞行方向的分辨率,具体又分为斜距分辨率和地距分辨率:斜距分辨率是指雷达信号到目标的传播方向上的距离分辨率,地距分辨率是指将斜距投影到地球表面后地面物体间的真实距离分辨率。距离向分辨率的计算公式为

$$\rho_r = \frac{C}{2B_r} \qquad (1-3)$$

式中:B_r 为雷达的线性调频信号带宽;C 为光速。

（2）方位向空间分辨率是指沿方位向的空间分辨率,其计算公式为

$$\rho_a = \frac{V}{B_a} \qquad (1-4)$$

式中:B_a 为单个目标多普勒带宽;V 为卫星平台地速。

为实现高空间分辨率成像,SAR 在方位向采用合成孔径技术,在距离向

采用脉冲压缩技术,具有分辨率与作用距离和雷达波长无关的优势。SAR图像的方位向分辨率与距离和雷达波长无关,为实际天线长度的1/2;距离向分辨率仅由脉冲带宽决定。空间分辨率对于雷达图像解译的影响十分显著,德国 TerraSAR-X 卫星不同空间分辨率的雷达图像如图 1-8 所示。

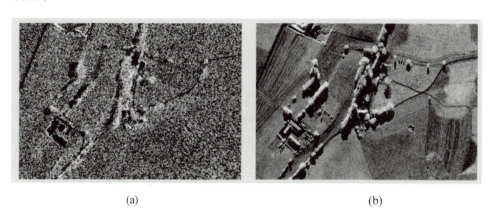

图 1-8 德国 TerraSAR-X 卫星不同空间分辨率的雷达图像
(a)1m 分辨率,聚束模式,X 波段,VV 极化;(b) 25cm 分辨率,高信噪比,X 波段,VV 极化。

4. 成像带宽与可视带宽

成像带宽主要由雷达回波采样窗长度和轨道高度决定。

可视带宽是指在垂直卫星地面轨迹方向上遥感卫星一次通过可能成像的地面范围的宽度,主要由轨道高度和雷达天线视角范围决定。同等条件下,可视带宽影响遥感卫星的时间分辨率,可视带宽越大,卫星的时间分辨率越高。

5. 成像方式

与光学卫星遥感图像相比,SAR 卫星的成像方式更为灵活多样,主要包括条带模式(Stripmap)、扫描模式(Scan)和聚束模式(Spotlight)等,如图 1-9 所示。条带模式下,随着卫星平台的移动,波束匀速扫过地面,雷达天线可以灵活地调整,改变入射角以获取不同的成像宽幅。最新的星载 SAR 系统都具有这种成像模式,包括 RADARSAT-1/2、ENVISAT ASAR、ALOS PALSAR、TerraSAR-

卫星遥感图像解译

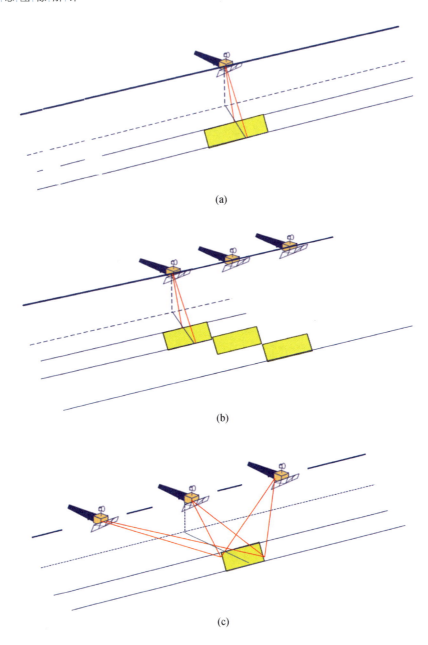

图1-9 SAR卫星遥感图像主要成像方式
(a)条带模式;(b)扫描模式;(c)聚束模式。

X-1、COSMOSkyMed 和 RISAT-1 等。扫描模式是通过调整波束指向,获取几个相邻且相互平行的子观测带的回波数据,经过成像处理和距离向拼接,获取一个完整的图像覆盖区域。聚束模式是通过控制雷达方位向天线波束指向,使其对目标区域连续照射来获得较长的合成孔径时间,从而获得某一区域的高分辨率图像。

3 种成像模式的特点如表 1-3 所列。

表 1-3 成像模式的特点

成像模式	分辨率	测绘宽度
扫描模式	低	大
条带模式	中	中
聚束模式	高	小

星载 SAR 可以在几种成像模式之间灵活切换,满足多样化对地观测需求。例如,图 1-10 为加拿大 RADASAT-2 卫星的多种成像模式示意图。

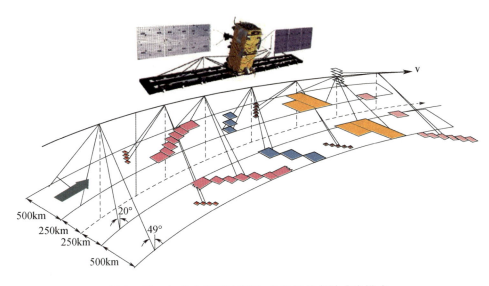

图 1-10 加拿大 RADASAT-2 卫星的多种成像模式

1.4.3 卫星遥感图像质量指标对图像解译的影响

不同指标对于遥感图像解译的影响各不相同。例如,信噪比、对比度、色调、色阶等指标主要影响人工解译的效率与准确性,因此在遥感图像解译之前需要进行预处理,尽可能改善图像的辐射质量,使其更符合人眼的视觉习惯,提高解译的效率和准确性。

分辨率对于图像解译的影响主要如下。

(1)空间分辨率关系到能否通过分辨图像上目标的细节来辨别目标的类型及属性,不同大小的目标能够在图像上识别的最低空间分辨率是不同的。

(2)时间分辨率在卫星遥感中也称重访周期,关系到遥感图像的时效性。对于地形地貌、建筑设施等随时间变化较为缓慢的对象,其时间分辨率要求较低;而对于水面活动舰船、洪水险情动态、战场兵力部署等快速移动或变化的对象,其时间分辨率要求较高。

(3)光谱分辨率主要关系到图像揭示目标物理属性的能力,通过对成像谱段的延展和细分,现代高光谱卫星遥感图像对目标属性的识别能力越来越强,在农业病虫害检测、作物分类与估产、水质评估、战场伪装揭露等方面有重要作用。

(4)辐射分辨率主要表现为图像对于目标灰度细节的分辨和表达能力。其他条件相同的情况下,辐射分辨率越高,图像灰度的层次性越明显,目标在图像上的细节越容易分辨。

其中,空间分辨率是影响图像解译等级的主要因素。在军事上根据目标在图像中呈现的粒度层次,目标判读能力等级通常划分为4类,即发现、识别、确认和详细描述。

(1)发现:判明有目标存在,但不能判断目标类型。

(2)识别:能分辨目标的轮廓,从而可推断出目标的类型或属性,如是不是飞机。

(3)确认:分辨出同类目标的不同类别,如是F-15还是F-22。

(4) 详细描述:分辨出目标的特征和细节,如飞机的挂弹情况、副油箱挂载情况等。

1.5 卫星遥感图像解译发展演变

1.5.1 卫星遥感图像解译的发展历程

卫星遥感图像解译大致可分为目视解译、计算机辅助解译和智能解译3个阶段,目前正处于目视解译和计算机辅助解译结合阶段。随着大数据、人工智能技术的发展,卫星遥感图像智能解译受到高度重视并快速发展。

1. 目视解译

目视解译也称人工解译或人工判读,是指专业人员通过直接观察或借助辅助仪器从卫星遥感图像上获取地表信息的方法[6-7]。目视解译是使用最早的遥感图像信息提取方法。

目视解译的基本原理是判读人员判读并分析卫星遥感图像中目标的形状、大小、色调、阴影、位置、活动等特征,结合先验知识、历史经验,判明目标的类型、属性、活动规律或者变化趋势等。目视解译一般包括以下步骤:①准备工作;②初步解译与样区考察;③详细解译;④野外验证;⑤绘制成图。在实际解译中,往往需要多次重复以上基本过程或其中部分过程。

目视解译的图像可以是冲洗的胶片式图像,也可以是扫描后的数字化图像,或者是数字传感器直接采集后记录下的数字图像。目视解译的图像类型包括可见光图像、红外图像和SAR图像,高(多)光谱图像的解译大多需要计算机的辅助。为了提高目视解译的效率和可靠性,目视解译人员可以利用立体镜、放大镜等目视解译辅助工具。

目视解译作为发展最早的遥感图像解译手段,具有可靠性高、可解释性强等优点,目前在诸多领域仍在广泛使用,特别是在关系国家安全、涉及法律或外交等敏感问题的领域仍然具有不可取代的地位。但是,目视解译也存在效率较低、依赖专业判读人员的缺点,在当今卫星遥感快速发展、海量遥感图像无法及时解译的背景下,亟需发展高效、高可靠的卫星遥感图像自动解译技术。

2. 计算机辅助解译

计算机辅助解译以遥感数字图像为研究对象,是在计算机系统支持下,综合运用地学分析、遥感图像处理、地理信息系统、计算机视觉、模式识别与人工智能技术,根据遥感图像中目标地物的各种图像特征,结合专业知识进行分析和推理,分析处理得到用户所关心信息的过程[8]。计算机辅助解译的主要工作包括图像增强、图像分类、图像分割及目标检测与识别等。

计算机辅助解译的图像均为数字图像,包括胶片扫描后的数字化图像和数字传感器直接采集后记录下的图像,图像类型包括可见光、红外、高(多)光谱和 SAR 图像,特别是对于高(多)光谱,计算机辅助解译是十分有效的方法。

随着模式识别、机器学习等技术的快速发展,计算机辅助解译技术取得了长足的进步,在某些领域已经接近甚至超过目视解译水平。在计算机辅助解译发展过程中,一些商业软件由于性能出色,在处理遥感图像中发挥了重要作用。国外的遥感图像解译软件平台起步早、功能强大且稳定,特别是以德国的 eCognition,美国的 ENVI、ERDAS IMAGINE 和加拿大的 PCI Geomatica 等为代表的通用遥感图像处理软件,其支持全色、多光谱、高光谱及 SAR 等遥感图像的处理和分析,在各行业应用中发挥了重要作用。随着处理国产卫星图像需求的逐步增长,国内一些厂商开始研制国产自主遥感图像解译软件,比较具有代表性的有 PIE、IRSA、ImageInfo、Titan Image、Virtuozo、Image Station 等[6]。

计算机辅助解译作为目视解译的重要补充,大大提高了遥感图像解译的效率,在业务化、批量化图像解译中发挥了重要作用,促进了卫星遥感的产业化发展与应用。但是,模式识别、机器学习等算法的性能已经接近其瓶颈,短时间内难以有所突破,计算机辅助解译的精度和可靠性距离实用化需求尚有一定差距,仍然离不开人工复核与确认。

3. 智能解译

卫星遥感图像智能解译是指综合运用计算机视觉、模式识别、大数据、深度学习、知识图谱、视觉认知科学、生物神经网络等理论和技术,智能化地从图像中提取用户所关心信息的技术。智能解译是卫星遥感图像的重要发展方向。

智能解译技术的发展得益于人工智能技术的迅速发展,特别是深度学习技术的推动。神经网络技术在经历了两次低潮后于 2000 年后快速发展,并在计算机视觉、语音信号处理、自然语言处理和人机博弈等领域取得了惊人的成绩。在遥感、计算机视觉和人工智能等领域科研工作者的努力下,深度学习技术在卫星遥感图像解译中逐步占据上风,在图像分割、地物提取与分类、目标检测与识别等任务中突破了传统机器学习方法的天花板,取得了显著进步[10]。

大数据、深度学习用于遥感图像解译的基本原理是人工标注大量训练样本,然后进行模型参数的迭代训练与优化,不断降低损失代价函数,逐步拟合超高维复杂函数,最终得到性能优异的模型参数,用于分割、分类、识别等图像解译任务。深层神经网络具有强大的拟合能力和泛化能力,在遥感图像解译中有出色的表现,部分领域已经接近甚至超过普通作业员的水平。

智能解译技术凭借其强大的泛化能力和对复杂函数的拟合能力,加上现代 GPU 强大的并行计算能力,将卫星遥感图像解译带入了智能化时代,进一步推动了卫星遥感的深度广泛应用。然而,受限于深度学习模型不可解释性、卫星遥感图像样本集不足及遥感图像自身的复杂性等因素,智能卫星遥感图像解译仍然具有较大的发展空间。

1.5.2 卫星遥感图像解译的发展趋势

1. 星上实时处理与解译

随着在轨运行的遥感卫星数量越来越多,影像的空间分辨率越来越高,幅宽越来越大,影像传输和地面处理的压力越来越大,因此星上处理、实时解译、结果下传成为卫星遥感未来的发展趋势[11-12]。把历史数据的深度挖掘、基于遥感大数据的深度学习、神经网络模型训练等数据量大、运算量大、计算复杂、要求较高的处理任务部署在地面系统,将深度学习训练得到的模型上传至卫星,模型在轨推理对图像进行实时智能解译,生成专题产品后直接下传至用户成为未来遥感图像解译的新常态。星上实时解译可大幅缩短信息传输链条,提高卫星遥感的智能化水平和遥感信息应用的时效性。

2. 从记忆学习向自主认知推理解译

未来多源传感器获取的遥感信息时空跨度大,解译人员需要对多域大范围数据进行联合分析,在短时间内往往会面临不同传感器、不同时相、不同目标场景的海量数据,且数据之间关系复杂,有些甚至相互矛盾,依靠判读员自身经验和解译能力存在时效性差、准确率不高、预测能力缺失等问题。目前以大量训练样本为基础的深度学习在提高目标识别效率、辅助人工分析中发挥了一定作用,但其仅停留在记忆学习层面,尚不具备自主推理能力,存在过于依赖大量标注样本、对环境适应能力差、抗干扰能力差且跨任务迁移能力弱的问题。因此,应通过小样本学习、零样本学习、深度强化学习、综合深度推理等技术,突破未知目标稀疏观测带来的智能识别算法学习样本不足等问题,形成从大数据到知识、从知识到决策的能力,实现由记忆学习向自主认知推理迈进。

3. 高对抗条件下卫星遥感图像智能解译

未来高对抗条件下,深度学习存在抗干扰能力弱、样本获取成本高、训练数据集泄漏风险等问题,高对抗条件下卫星遥感图像智能解译技术成为重要发展方向。目前,急需建立面向智能感知安全性的基础开发框架、算法库、工具集,构建面向对抗条件下的海量带干扰训练资源库、标准测试集,提高卫星遥感图像智能解译技术的鲁棒性。发展不确定性推理与决策、分布式学习与交互、隐私保护学习、深度强化学习、无监督学习、半监督学习、主动学习等学习理论和高效模型,突破高对抗条件下带来的智能识别算法失效的难题,提升暗弱、伪装、非合作目标解译能力。

第2章

卫星遥感原理

任何物体都有不同的电磁波反射或辐射特征,卫星遥感是在卫星平台上利用星载传感器从不同高度、谱段和范围对地物目标的电磁辐射信息进行探测,以判断和识别地物目标性质的技术。本章主要阐述遥感物理基础、典型地物波谱特性,并介绍卫星遥感图像处理的相关内容。

2.1 遥感物理基础

卫星遥感涉及天文学、地理学、数学、光学、电子学、测绘科学、计算机科学、空间技术、微电子技术、纳米制造技术和材料科学与技术等诸多学科和技术,是一门现代科学技术的交叉学科[6]。本书中的卫星遥感特指卫星对地观测遥感,即在卫星平台上通过电磁波对地球表面进行非接触的探测,获取相关的地物空间信息。

2.1.1 电磁波与电磁波谱

电磁辐射具有波粒二重性,其中波的基本性质可依据波动理论进行预测。如图2-1所示,电磁辐射由一个电场(用E表示)和一个磁场(用M表示)组成,电场在垂直于辐射传播方向上发生幅度变化,磁场与电场成直角,这两个场都以光速(用 c 表示)进行交替传播。

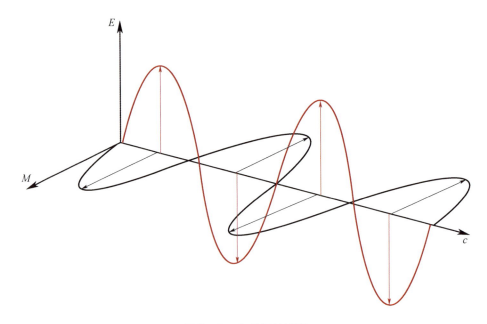

图 2-1 电磁辐射过程

电磁辐射的两个特征(波长和频率)对于理解遥感非常重要。波长和频率通过如下公式相关联：

$$c = \lambda \nu \qquad (2-1)$$

式中：λ 为波长(m)；ν 为频率(Hz)；c 为光速(3×10^8 m/s)。

因此，两者之间成反比关系，即波长越短，频率越高；波长越长，频率越低。

电磁波谱的范围从较短波长(包括 γ 射线和 X 射线)到较长波长(包括微波和广播无线电波)之间变化。电磁波谱中有几个波段对遥感很有用处，如图 2-2 所示和表 2-1 所列。

在遥感应用中，紫外的波长最短，该辐射因刚好超出可见光的紫色部分而得名。某些地表材料，主要是岩石和矿物，在紫外线照射下能够发出荧光或可见光。

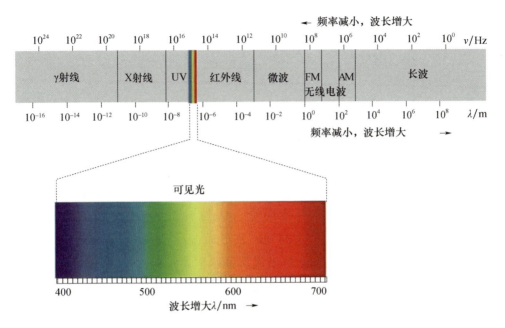

图 2-2 电磁波谱

表 2-1 常用遥感中的电磁波波长

名称		波长范围
紫外线		0.1~0.38μm
可见光		0.38~0.76μm
		紫(0.38~0.43μm)
		蓝(0.43~0.47μm)
		青(0.47~0.50μm)
		绿(0.50~0.56μm)
		黄(0.56~0.59μm)
		橙(0.59~0.62μm)
		红(0.62~0.76μm)
红外线	近红外	0.76~3.0μm
	中红外	3~6μm
	远红外	6~15μm
	超远红外	15~1000μm

(续)

名称		波长范围
微波	毫米波	1~10mm
	厘米波	1~10cm
	分米波	10cm~1m

可见光是人眼看得见的光谱,相比于电磁波谱来说这部分范围极小。对于眼睛来说,不可见部分的光谱范围很宽,但遥感仪器可以探测到。可见光波长范围为 $0.38 \sim 0.76 \mu m$,波长最长的可见光为红色,波长最短的可见光为紫色。蓝色、绿色和红色是可见光谱的三原色,其被定义为原色是出于以下原因:任意一种原色不能由剩余两种原色形成,但其他所有颜色都可以通过混合不同比例的蓝色、绿色和红色而成。虽然把太阳光看作均匀或同质的颜色,但实际上它的光谱主要是由涵盖紫外、可见光和红外部分的各种波长的辐射构成的。

电磁波谱中的红外区域涵盖了 $0.76 \sim 1000 \mu m$ 的波长。根据其辐射特性,红外区域可分为两类:反射红外和发射/热红外。反射红外区域的辐射在用于遥感目的时,其工作方式类似于可见光波段。反射红外部分涵盖了 $0.76 \sim 3 \mu m$ 的波长。热红外部分与可见光和反射红外部分显著不同,因为其能量本质上是以热的形式从地球表面进行辐射,热红外的波长范围为 $3 \sim 18 \mu m$。

电磁波谱中微波的波长范围为 1mm~1m。微波又可分为毫米波、厘米波和分米波,如表 2-1 所列。微波辐射和红外辐射两者都具有热辐射性质。由于微波的波长比可见光、红外线要长,能穿透云、雾而不受天气影响,因此其能进行全天候、全天时的遥感探测。微波遥感可以采用主动或被动方式成像。另外,微波对某些物质具有一定的穿透能力,能直接透过植被、冰雪、土壤等表层覆盖物。因此,微波遥感波段具有很大的发展潜力。

2.1.2 太阳辐射与大气窗口

太阳辐射是地球上生物、大气运动的能源,也是被动式遥感系统中重要的自然辐射源。太阳表面温度约有6000K,内部温度更高。图2-3为地球表面测得的太阳辐射光谱曲线,其中上方连续曲线是地球大气层以上粗略的太阳辐射光谱曲线,它与温度为5800K的理想黑体产生的光谱曲线相似(图2-3中虚线所示),在遥感理论计算中就利用这种黑体来模拟太阳辐射光谱。太阳辐射覆盖了很宽的波长范围,由1Å直至10m以上,包括γ射线、紫外线、红外线、微波及无线电波。太阳辐射能主要集中在0.3~3μm段,最大辐射强度位于波长0.47μm左右。由于太阳辐射的大部分能量集中在0.38~0.76μm的可见光波段,因此太阳辐射一般称为短波辐射[8]。太阳辐射能量中各波段所占能量的百分比如表2-2所列。

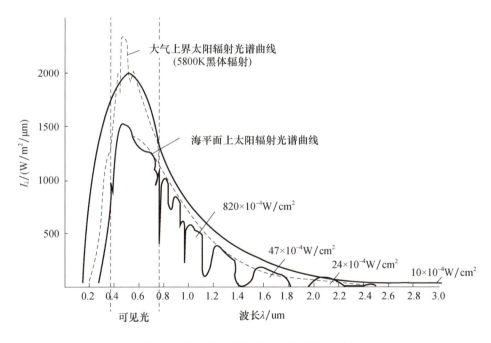

图2-3 地球表面测得的太阳辐射光谱曲线

太阳辐射主要由太阳大气辐射构成,太阳辐射在射出太阳大气后,已有部分的太阳辐射能被太阳大气(主要是氢和氮)吸收,损失一部分太阳辐射能量。

表 2-2　太阳辐射能量中各波段所占能量的百分比

波长 λ	波段	能量/%	波长 λ	波段	能量/%
<10Å	X、γ 射线	0.02	0.76~1.5μm	近红外	36.80
10~2000Å	远紫外		1.5~5.6μm	中红外	12.00
0.20~0.31μm	中紫外	1.95	5.6~1000μm	远红外	0.41
0.31~0.38μm	近紫外	5.32	>1000μm	微波	
0.38~0.76μm	可见光	43.50	—	—	—

太阳辐射以电磁波的形式通过宇宙空间到达地球表面(约 1.5×10^6 km)，全程时间约 500s。地球挡在太阳辐射的路径上，以半个球面承受太阳辐射。在地球表面上各部分承受太阳辐射的强度是不相等的。当地球处于日地平均距离时，单位时间内投射到位于地球大气上界，且垂直于太阳光射线的单位面积上的太阳辐射能为 (1385 ± 7) W/m^2，此数值称为太阳常数。一般来说，垂直于太阳辐射线的地球单位面积接收到的辐射能量与太阳至地球距离的平方成反比。太阳常数不是恒定不变的，一年内约有 7% 的变动。太阳辐射先通过大气圈，然后到达地面。由于大气对太阳辐射有一定的吸收、散射和反射作用，因此投射到地球表面的太阳辐射强度有很大衰减。

当太阳辐射抵达地球表面之前，必须穿越一定距离的地球大气，大气中的粒子和气体会影响入射光和辐射，这些效应是由散射和吸收机制引起的。

当大气中存在的粒子或大的气体分子与电磁辐射发生相互作用，导致电磁辐射从其原始路径被重新定向时，就会发生散射现象。散射的程度取决于几个因素，包括辐射的波长、粒子或气体的丰度及辐射在大气中的传播距离。散射发生的类型主要分为以下 3 种。

(1) 当粒子相较于辐射波长非常小时，会发生瑞利散射，如灰尘或氮和氧分子一类的微粒。瑞利散射会使波长较短的能量发生比长波能量更加显著的散射。瑞利散射是高层大气中的主要散射机制，白天天空呈现"蓝色"也是由于这种现象。当阳光穿过大气层时，可见光谱中较短波长(蓝色)的散射会比其他(较长波长)可见波长的散射更显著。日出和日落时，阳光必须在大气中传播得比正午时更远，而较短波长的散射更为彻底，这就使得波长较长的可见光能够以较大比例穿过大气。

（2）当粒子大小与辐射波长大致相同时，就会发生米氏散射。粉尘、花粉、烟雾和水蒸气是引发米氏散射的常见原因。与瑞利散射相比，米氏散射影响的波长更长。米氏散射主要发生在大颗粒物更为丰富的低层大气部分，并在乌云密布时占据主导地位。

（3）当粒子大小比辐射波长大得多时会发生非选择性散射，如水滴和大的尘埃颗粒会引发此类散射。非选择性散射之所以得名，是因为所有波长均会被同等散射。非选择性散射会使雾和云在眼中呈现出白色，因为蓝光、绿光和红光的散射量几乎是相等的(蓝光 + 绿光 + 红光 = 白光)。

吸收是电磁辐射与大气相互作用的另一种主要机制。与散射相反，该现象导致大气中的分子吸收不同波长的能量。臭氧、二氧化碳和水蒸气是吸收辐射的 3 种主要大气成分。

因为大气气体成分会吸收特定光谱区域的电磁能量，影响遥感"观测"（光谱）频段的选用，所以不受大气吸收严重影响的光谱频段对遥感传感器极为有用，将其称为大气窗口。通过将最常见的两种能量源/辐射源（太阳和地球）特性与可用大气窗口进行比较，可以确定遥感的最有效波长。人的眼睛对光谱中可见光部分最为敏感，可见光既对应于一个大气窗口，也对应于太阳的峰值能量水平。还要注意，地球发出的热能对应于光谱中 $10\mu m$ 左右的热红外窗口，而波长超过 1mm 的较大窗口则与微波相关。

2.1.3　地物反射辐射

辐射能量入射到地表时，会发生吸收、透射和反射 3 种形式的相互作用。总入射能量将以这 3 种方式中的一种或多种与地表发生相互作用，每种情况的具体比例取决于能量的波长、材料和特征的条件。吸收发生在辐射能量被目标吸收时；透射发生在辐射通过目标时；反射发生在辐射被"反弹"离开目标时，其传播方向被重新定向[8]。

在遥感中，我们最感兴趣的是测量从目标反射的辐射。镜面反射和漫反射代表了从目标反射能量的两个极端。当表面光滑时，会得到镜面反射或类似镜面的反射,其中所有(或几乎所有)能量都是从单一方向离开物体表面;漫反射发生在粗糙物体的表面,能量几乎均匀地被反射到各个方向。大多数地球表面特征介于完全镜面反射或完全漫反射之间。特定目标的反射是镜面反射还是漫反射,或者介于两者之间的某个位置,取决于特征表面粗糙度与入射辐射的波长之间的关系。如果波长远小于物体表面的变化或者构成物体表面颗粒的尺寸,漫反射将占主导地位。例如,细颗粒的沙子在长波微波下看起来相当光滑,而在可见光波下就会显得相当粗糙。

2.2　典型地物波谱特性

地物波谱也称地物光谱,地物波谱特性是指各种地物在发射或反射辐射过程中具有的电磁波特性[6]。遥感目标的电磁波谱特性反映在遥感图像上,是指灰度与色调的变化信息。一般遥感图像中具有波谱、空间和时间信息三大内容,其中波谱信息应用最为广泛。

测量地物的反射波谱特性曲线在遥感中的主要作用如下:首先,反射波谱特性曲线是选择遥感波谱段的依据;其次,它是在外业测量时选择合适飞行时间的基础依据;最后,利用反射波谱特性曲线能够有效地处理遥感图像,是用户判读、识别、分析遥感图像的基础。

自然界中的任何物体本身都具有发射、吸收和反射电磁波的能力。由于物质组成和结构性质,相同的物体具有相同的电磁波谱特性,不同的物体具有相异的电磁波谱特性,即"同物同谱、异物异谱"。因此,遥感学科的基本出发点就是根据遥感设备接收端得到的不同特征电磁波谱来识别不同的物体。

遥感波段的辐射源不同,反射波谱特性就不同,波谱中反映的信息也各不相同。例如,在可见光和近红外波段,遥感信息反映的主要是不同地物对太阳辐射的反射率。地物反射率不仅具有谱特性,还与辐射源和遥感器所处的方位有关,具有方向性。我们能在客观世界中看到的各种颜色,就是因为通过不同物体的反射光谱特性而表现出来的。各种地物间光谱特性的差异就是利用遥感信息识别不同地物的一个基础。图 2-4 所示为典型地物的反射特性[6-8]。

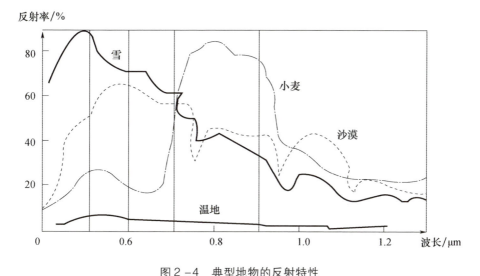

图 2-4 典型地物的反射特性

2.2.1 水体波谱特性

1. 反射波谱特性

由于水体的特殊性,其既能发生镜面反射又能发生漫反射,一般情况下镜面反射仅占入射光的 3.5% 左右。太阳辐射到达水面后,一部分被水面直接反射形成水面反射光,其余光透射进入水中,大部分被水体吸收,小部分被水中悬浮泥沙和水草、海藻等生物散射。发生散射的光束分为两部分,其中返回水面的部分称为后向散射光;另一部分透过水层,到达水底再反射形成水底反射光。这两部分反射光回到水面再折向空中,与水面反射光、天空散射光一同被遥感器接收。

水体的反射主要在蓝绿光波段,而其他波段特别在近红外、中红外波段吸收率很强,因此在遥感中常用近红外波段确定水体的位置和轮廓。在近红外波段的遥感图像中,水体的色调与周围其他地物有明显差异,容易被判读和识别。影响水体反射光谱特征的主要因素是水体含有的物质成分和水的状态,当水中含有其他物质时,反射光谱曲线会发生变化。正因为如此,在遥感图像上的任何波段中,水体的图像特征都表现为深色调,与周围地物相比色调反差大,且这种特性不随区域与时相的变化而改变,因此水体的低反射率特性为遥感应用中对水体的判读与识别提供了方便。

水体中通常会含有不同浓度、类型、粒度大小的有机和无机悬浮物质,水中的各种悬浮杂质对入射光都会有吸收和散射作用,因此在自然状态下没有绝对纯洁的水体。通常造成水体浑浊的物质是泥沙,它是水体悬浮物中的一种重要物质,随悬浮泥沙的浓度与粒径的增大,水体反射率也逐渐增加,并且最高反射率从蓝绿光区向红光和近红外区移动。图2-5所示为水体的反射波谱曲线,当水域遭受水体富营养化影响时,会造成藻类等水生生物大量繁殖,其中的叶绿素与藻胆素等含量增加,改变了水的状态和其光谱特性,使得水体反射波谱曲线在近红外波段变化剧烈,水生生物含量的多少决定了其变化的剧烈程度[6-8]。

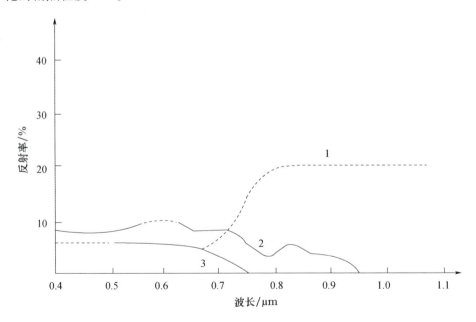

图2-5 水体的反射波谱曲线

1—藻类浮游物;2—含沙水流;3—清水。

2. 发射波谱特性

水体具有比热和热惯量（$\sqrt{kpc}$，p 为密度，c 为比热，k 为热传导系数）相对较大的特性，水体对红外线几乎是全吸收，其内部通过对流交换的形式进行温度传递。因此，即使是流动的水体，其内部和表面也能保持相对一致的温度。由于辐射通量与绝对温度的 4 次方成正比（$M = \varepsilon \sigma T^4$，$\varepsilon$ 为黑体辐射系数，比例系数 σ 为斯特藩-玻耳兹曼常数，T 为绝对温度），因此水体与周围地物之间微小的温度差异就会引起辐射通量很大的变化，温度差异被放大后，可以清楚地反映在红外影像上。

在白天拍摄获取的红外遥感图像中，水体表现为冷色调（一般为黑色），这是由于太阳辐射在水中的热能能够被水体大量吸收并储存；在夜晚拍摄获取的红外影像中，水体呈暖色调（一般为亮白色），这是水体的比热容较大的缘故，夜晚水温比周围地物的温度高，辐射发射强。无论在白天还是黑夜，水的辐射特征都较为明显，因此通过红外技术可以寻找水域。当有热水或污水排入河流或河流入海时，不同温度的水体相互之间进行热交换，此时白天的水体红外图像能够呈现不同等级的灰色调。据此，可用白天和夜间的红外图像寻找在可见光图像上不易发现的泉眼、水塘或小溪等。

3. 微波特性

微波具有很好的穿透能力，由于其不受云层、浓雾等天气的影响，也不受日夜光照条件变化的限制，因此具有全天候、全天时的特点。在微波波长范围 1mm ~ 30cm 内，水的发射率比较低，淡水发射率为 0.372 ~ 0.405，海水发射率为 0.371 ~ 0.404。当水面粗糙度远小于微波辐射信号的波长时，便可看作水体以镜面反射为主，散射较弱，水体在微波遥感图像上呈黑色。因此，微波只能获取水体表面状况及水面下约 1mm 深度的水温、盐度等信息。

2.2.2 植被波谱特性

1. 反射波谱特性

植被是遥感图像反映非常直接的信息之一。植被的波谱曲线的特点十分明显,由于植物均进行光合作用,体内含有大量叶绿素等成分,因此各类绿色植物的反射波谱特性基本相似。如图 2-6 所示,由于叶绿素对蓝光和红光吸收作用强,而对绿光反射作用强,因此在可见光的 0.55μm(绿色)附近有一个反射率为 10%~20% 的小反射峰,在其两侧 0.38μm(蓝色)和 0.65μm(红色)附近有两个明显的吸收谷。由于植被叶细胞结构的影响,在 0.8~1.0μm 处的反射率急剧增加,在 1.1μm 附近有一个峰值,形成植被的独有特征。受到绿色植物含水量的影响,波谱在 1.3~2.5μm 中红外波段处吸收率增加,反射率下降,特别是以 1.45μm,1.95μm 和 2.6~2.7μm 为中心的吸收带,形成了 3 个吸收谷[6-8]。由于不同植物的种类、季节、病虫害影响及含水量有差异,造成不同的植物波谱的特性仍然有细微差别。

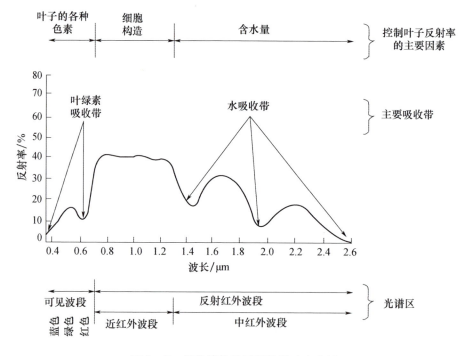

图 2-6 绿色植物的反射波谱响应曲线

在近红外波段,植物的光谱特性主要由叶片的内部结构信息决定。在可见光与近红外波段之间(0.76μm 附近)反射率急剧上升,这一段是植被光谱研究的重点区域,是植被光谱中最明显的特征。许多植物在可见光波段差异小,但在近红外波段的反射率差异明显。植物的多片叶子比单片叶子更能附加反射率,辐射能量透过上层叶片后,在第二层叶片反射后增强了第一层叶片的反射能量。因此,多个叶片的植物在光谱的近红外波段能够产生更高的反射率,反射率可以高达85%以上。

因为不同种类的植物之间内部结构差别很大,所以虽然在可见光波段它们看起来基本相似,但是在这一光谱区可以通过测量反射率来鉴别不同种类的植物。同样,许多植物也会迫使改变这一光谱区的反射率,所以人们常用工作在该光谱的传感器来探测植物状况。

植物在不同生长阶段的光谱反射特性也各不相同。当绿色植物处于生长期时,叶绿素在叶片含量较大,占主要成分;当植物进入衰老期或休眠期时,在黄叶、红叶内叶绿素含量下降,上述绿色植物所特有的波谱特性都会发生变化。植被反射率差异也与植物类别与其所处环境有关,图 2-7 为几种健康植被的反射波谱曲线[6-8]。

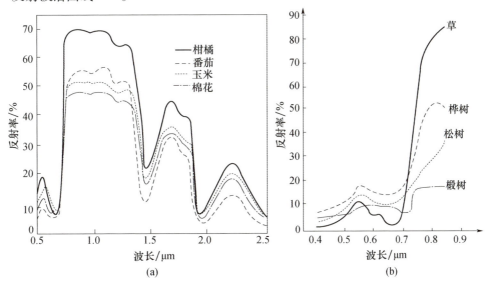

图 2-7 几种健康植被的反射波谱曲线
(a)常见农作物反射波谱曲线;(b)常见树木与草地反射波谱曲线。

另外,健康状况不同的植物具有不同的反射率。例如,图2-8所示为不同健康程度的榕树的反射特性,在可见光波段下,健康的榕树反射率稍低于有病虫害的榕树;而在近红外波段部分,健康的榕树反射率则高于病虫害榕树[6-8]。

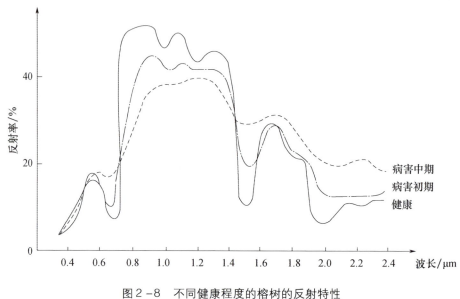

图2-8 不同健康程度的榕树的反射特性

2. 发射波谱特性

对植物来说,不同植物株体通过太阳和地面辐射获得的热量各有差异,这就导致了各类植物间发射波谱特性的差异。草类植物个体较小,通过地面或太阳辐射得到的热量较少,因此会随着地面温度的升高而增温;当晚上地面辐射加强时,草类植物会将热量辐射出来,逐渐形成近地面层空气温度倒置状况。而对于枝干高大的树木,白天由于树叶吸收红外光谱,树叶表面又有水汽的蒸腾作用,降低了树叶表面温度,使树林具有比周围地面低的温度;晚上,地面进行辐射的同时树木也进行辐射作用,但树的发射率比地面高,故树木的相对温度较高。因此,树木类植物在夜间辐射温度相对较高,白天则相对较低。

3. 微波特性

机载雷达拍摄的微波图谱,以植物群聚的密度为依托,地面高度差对雷达波后向散射的强弱会造成影像色调和纹理结构的不同,而微波特性就是根据这种影像与纹理点的特征来识别其为何种群落的。例如,森林通常具有浅色的影像色调、草本植被具有浅灰色调、水稻则具有浅黑色调等。

2.2.3 岩石和矿物波谱特性

1. 反射波谱特性

不同岩石之间的物质组成各不相同,其中矿物元素和化学成分决定了其光谱反射率的特性。不同光谱反射曲线中吸收谷的光谱位置、深度与宽度各有差异,主要是由于岩矿中的铁离子、水分子、氢基和碳酸根离子等含量的高低导致的。一般而言,在可见光遥感图像上表现为浅色调的岩石(如石英、长石等),其光谱反射率相对较高;而在影像上表现为深色调的岩石(如铁、锰、镁等),其光谱反射率相对较低。另外,岩石的波谱特性还会受到温度、测量的气候、季节和时间等一系列环境因素的影响。

总之,岩石成分、矿物质含量、含水状况、风化程度、色泽、表面光滑程度等都会影响岩石和矿物反射波谱特性曲线的形态。图 2-9 所示为常见的 5 种岩石的反射波谱特性,可以看出对于不同的岩矿类型,岩石的反射波谱曲线没有统一的特征。这是由于其内部的化学元素、结构组成及测量时的外部环境因素不同,导致光谱反射的形态发生诸多变化[6-8]。因此,在遥感探测中可以根据所测岩石的具体情况选择不同的波段。

2. 发射波谱特性

岩石和矿物的发射率与其表面的粗糙度、色调有关。一般情况下,表面越粗糙、色调越暗的岩石和矿物质发射率较高,并且在相同温度时,发射率高的物体热辐射强。例如,碳酸钙含量达 95% 以上的大理岩具有 0.942 的发射率,而二氧化硅含量达 90% 以上的石英岩的发射率为 0.627,大理岩的热辐射比石英岩强,在热红外影像上色调更浅。

保加利亚科学院宇宙研究中心用 UCOX-ZO($0.4 \sim 0.8 \mu m$,20 个通道)反射波谱仪对各类岩石进行了大量的室内与野外测定,结果表明:在可见光范围

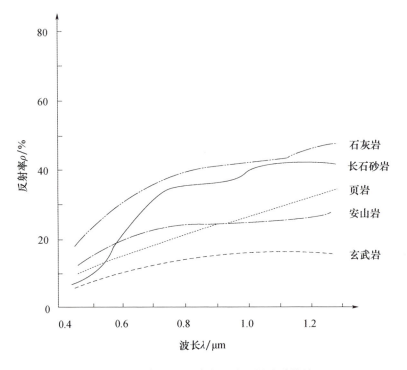

图 2-9 常见的 5 种岩石的反射波谱特性

内,花岗岩类岩石的反射率比火山岩类高 13.9%,酸性火山岩比中基性火山岩类高 12.5%,花岗片麻岩、酸性火山岩、花岗岩在 0.507～0.701μm 波长范围内的反射率分别为 28.7%、38.8%、46.8%。这些数据表明,可以利用可见光范围的遥感图像对大面积裸露的岩石绘制岩性分布图,但前提是需要选择合适的工作波段。

图 2-10 为某些岩石岩浆的发射波谱特性。由图 2-10 可知,不同岩性最小发射率对应的波长是不同的,如酸性花岗岩在 8.8μm 处,中性安山岩在 9.7μm 处,基性玄武岩在 10.4μm 处,超基性橄榄岩在 10.4μm 处。随着二氧化硅百分含量的减少,最小发射率值对应的波长将随之增大[6-8]。因此,使用热红外遥感通过最小发射率值对应的波长便可以对岩浆岩进行岩类识别。

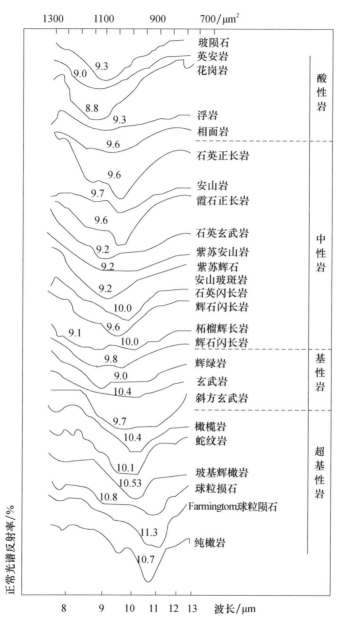

图 2-10 某些岩石岩浆的发射波谱特性

2.2.4 土壤波谱特性

1. 反射波谱特性

土壤是表生环境下岩石的风化产物,土壤与母岩的主要物质组成在整体上基本一致。但是,土壤是岩矿石经历不同的风化过程,在不同的气候环境和人类长期耕作活动的共同作用下形成的,因此其类别多样。图2-11所示为不同土壤的反射波谱特性,可见不同的土壤类型其光谱反射特性变化也相对较大[6-8]。此外,土壤湿度对反射特性也有一定的影响。

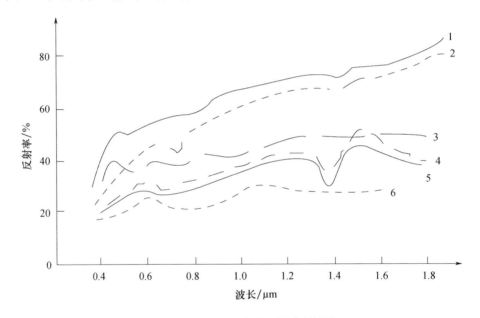

图2-11 不同土壤的反射波谱特性

1—干风化残积红土;2—干红砂岩;3—冲积干黏土;4—湿红砂岩;
5—湿风化残积红土;6—冲积湿黏土。

自然状态下土壤表面的反射率没有明显的峰值和谷值。一般来说,土壤的光谱特性曲线与土壤类别、含水量、有机质含量、砂、土壤表面的粗糙度、粉砂相对百分含量及施肥程度等因素有关。从图2-11可以看出,潮湿土壤较干燥黏土而言其反射波谱特性曲线较为平滑。

2. 发射波谱特性

土壤的发射辐射是由土壤温度状况决定的,而土壤温度与两大因素有关:一是与土壤内部水分的蒸发、土壤的风化和化学溶解有关;二是与土壤层中微生物的分解速度有关,并且与种子萌发和植物生长有关。影响土壤热特性的最重要因素是土壤水分和土壤空气温度。遥感过程主要测量的是土壤的表层温度,表层土温度在地表潮湿的情况下取决于蒸发情况;而当表层土壤比地下土层干时,土壤温度将由土壤热惯性确定。土壤在昼夜之间大多具有较为恒定的表面温度,与物质的热惯性大小几乎无关。

3. 微波特性

土壤的表面结构包含粗糙度和粒度,土壤的电特性主要通过介电常数和导电率来衡量,上述两个因素就是决定土壤微波特性的主要内容。对土壤而言,影响微波复介电常数的主要因素不是土壤类型,而是土壤中的水分含量。在微波波段中,干燥土壤的介电常数约为5,而水本身就具有较高的复介电常数。因此,当土壤中含有少量水分时,其介电常数将大大改变。

2.2.5 人工地物波谱特性

1. 反射波谱特性

人工地物目标主要包括各种道路、广场、建筑物及人造林与人工湖等。人工湖和人造林实质上也由树木植被和水体组成,因此其反射波谱特性与自然状态下的植被与水体基本相同。广场和道路的反射波谱曲线基本相似,但也存在由于建筑材料不同而引起的差异。图2-12所示为不同材质道路的反射波谱特性,可以看出水泥路的反射率最高,其次为土路和沥青路[6-8]。

沥青和水泥沙石是城市中建造道路所用的主要材料,由图2-12可以看出,它们的反射波谱特性曲线形状大体相似,其中沥青路反射率最低,水泥路反射率最高,水泥路在干燥条件下显示为灰白色。

在城市遥感图像中一般只能显示出建筑物的顶部(正射影像)或部分侧面(倾斜摄影),因此不同建筑材料屋顶的波谱特性在研究建筑物特征中显得尤为重要。图2-13为不同建筑物屋顶的反射波谱特性,从图中可以看出,石棉瓦屋顶的反射率最高;铁皮屋顶表面呈灰色,反射率起伏小并且数值偏低,曲线较平缓;由于沥青黏砂屋顶表面铺着反射率较高的砂石,导致其反射率高于灰色的水泥屋顶;塑料顶棚的波谱曲线在 0.5μm 绿波段和 0.9~1.0μm 近红外波段处各有一反射峰值,和植物的反射波谱有所区别[6-8]。军事遥感中常用近红外波段区分绿色波段中不能区分的绿色植被和绿色军事目标。

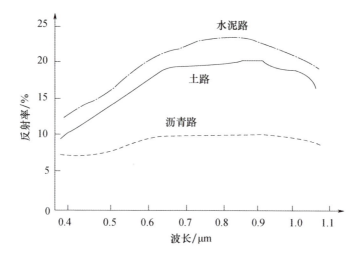

图 2-12 不同材质道路的反射波谱特性

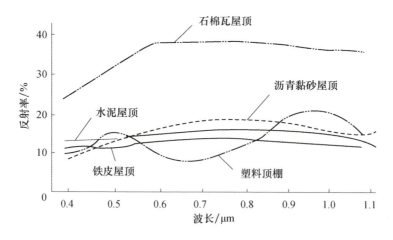

图 2-13 不同建筑物屋顶的反射波谱特性

2. 发射波谱特性

建筑材料的热特性决定了人工建筑物的红外发射波谱特性。太阳辐射到建筑物体或其受到地下热流补给时温度上升,建筑物体的热惯性决定了温度上升的快慢。例如,混凝土和沥青路面的温度传导系数小,白天升温慢;而晚上的发射辐射较强,路面温度也较高。所以,在热红外遥感图像上,与周围地物相比,晚上城市道路显示为白色。由于金属材料的温度传导系数大,升温降温速度都快,因此在影像中可观察到凌晨时的铁路线条平直,转弯圆滑,铁路的自身辐射红外线的能力和辐射能量相比于周围其他物体较低。

3. 微波特性

人工建筑物的表面结构不同,其微波特征也各不相同。城镇建筑物屋顶表面较为粗糙,因此雷达回波反射信号较强;在城市高建筑群的侧面会集中反射雷达波,微波遥感图像中会呈现密集的亮点;而城市街道的路面基本为沥青,材质较为平滑,会以镜面方式反射雷达波。

在遥感领域经常会出现两类现象,即异物同谱和同物异谱。异物同谱是指在某一个谱段区,两个不同地物具有相同或相似的谱线特征;同物异谱是指处在不同状态的同一地物,如太阳照射角度不同导致光谱不同、含水量不同等,会呈现出不同的谱线特征。遥感中的同谱异物与同物异谱现象给图像解译带来了困难,这就引申出一个问题,即遥感中绝对定标(Absolute Calibration)的困难性。如果定标,可以做相对定标,即寻找典型地物的光谱特征,而用其他地物的光谱与之对比。

2.2.6 地物波谱时间特性

1. 时相信息

遥感研究时相变化,主要反映在地物目标光谱特征随时间的变化而变化上。处于不同生长期的作物光谱特征不同,可以通过动态监测了解它的变化过程和变化范围。充分认识地物的时间变化特征,有利于确定识别目标的最佳时间,提高识别目标的能力。

图 2-14 为在两个波段中,大豆和玉米不同生长期的二维反射率变化模

式。在有些地区,大豆和玉米均为春季种植,常为行间作物,于秋季收割。在春季遥感图像上,因刚种下,它们几乎与裸土无异;以后植冠开始生长发育,逐渐成熟,色转褐;最后植冠渐渐消失,只剩下枯叶残留在裸土上[6-8]。从图2-14可以看出,两种植物的光谱反射率在不同时间段差异大小也各不相同,因此可以选择两者反射率差别较大的时间段,通过遥感波谱信息来区分植物类别。

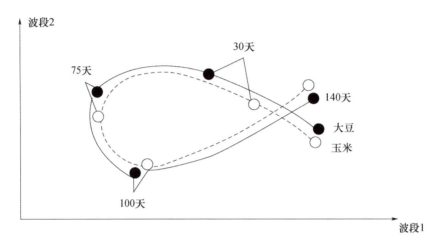

图2-14 大豆和玉米不同生长期的二维反射率变化模式

2. 地物时敏特性

时间和空间一样,其与所有的物体都有关系,如气候与物候就是时间作用的两个最明显的例证。根据气候,可以通过观测和记录一个地方的天气状况、风力等级、云层厚度等来发现规律,探寻趋势;根据物候,可以通过记录一段时间内植物和动物的生长变化情况来了解气候变化及其对动植物的影响。

时间作用具有周期性和阶段性。上述的气候与物候通常以年为周期,而其他许多地物或现象的变化周期可能更短或更长,如潮汐以日为周期,而湖泊消长、河道变迁可能以几百年、几千年为周期。另外,某些地物和现象的发生或变化呈现阶段性,如火山爆发、植物病虫害、森林火灾等。

地物波谱反射率并不是一成不变的,很多因素会引起反射率的变化,如太阳位置、传感器位置、地理位置、地形、季节、气候变化、地面湿度变化、地物本身的变异、大气状况等。

研究地物波谱特性的科学意义和现实意义十分重大,不仅能够为传感器的研制直接提供科学依据,还可以通过在实际具体应用中选择合理的波段,建立在遥感图像处理中用于图像分析的定量标准。其同样也是有效地提取专题信息和分析成像机理的重要依据。

2.3 卫星遥感图像处理基础

地物的光谱特性一般以图像的形式记录下来。地面反射或发射的电磁波信息经过地球大气到达遥感传感器,传感器根据接收到的电磁波反射强度进行编码,最终得到的遥感图像以不同灰度值像素表示强度差异。遥感传感器记录地物电磁波的形式有两种,即光学图像和数字图像[8],其中光学图像以胶片或其他光学成像载体的形式记录信息,数字图像则用数字代表像素值的大小记录信息。

一般来说,数字图像的处理更加简捷、快速,并且可以完成一些光学处理方法所无法完成的特殊处理。近年来,随着数字图像处理设备的成本越来越低,数字图像处理变得越来越普遍。

2.3.1 卫星遥感图像的表示形式

从空间域来说,图像的表示形式主要有光学图像和数字图像两种形式。另外,图像还可以用频域表示,下面分别予以介绍[8]。

1. 光学图像

一幅光学图像可以看作一个二维的连续光密度函数。如图 2-15 所示,图像中的密度随坐标 x、y 变化而变化,如果取一个方向的图像,其密度随空间的变化规律呈一条连续的曲线,则其可以用函数 $f(x,y)$ 来表示。图像的密度函数有连续变化、取值非负且有限等性质,即

$$0 \leq f(x,y) < \infty \qquad (2-2)$$

一般在光学密度仪上,量测光学图像某一点的密度值为 0~3 或 0~4 中的某一值,用透过率表示为 1~1/1000 或 1~1/10000。它们之间的关系为

$$D = \log(1/F) \qquad (2-3)$$

式中:D 为密度;F 为透过率。

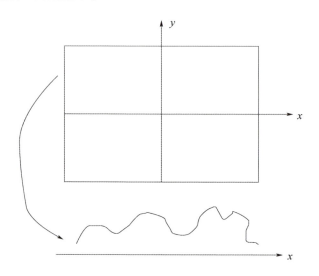

图 2-15 两维光学图像及一个方向上密度连续变化的情景

对于同一地区在不同时间获取的图像序列,则可用下标 t 来区分其时间特性,即

$$0 \leq f_t(x,y) < \infty \qquad (2-4)$$

同样,对于多光谱图像,则可用下标 l 来区分其光谱特性,写为 $f_l(x,y)$。

2. 数字图像

数字图像是一个二维的离散光密度(或亮度)函数。与光学图像不同,数字图像在空间坐标 (x,y) 和密度上都已离散化,空间坐标 x、y 仅取离散值,即

$$\begin{cases} x = x_0 + m\Delta x \\ y = y_0 + m\Delta y \end{cases} \qquad (2-5)$$

式中:$m = 0, 1, 2, \cdots, m-1$;Δx、Δy 为离散化的坐标间隔。

同时,$f(x,y)$ 也仅取离散值(像素灰度值),一般取值区间为 $0, 1, 2, \cdots, 127$ 或 $0, 1, 2, \cdots, 255$。

数字图像可用一个二维矩阵表示,矩阵中每个元素称为像元,即

$$f(x,y) = \begin{bmatrix} f(0,0) & f(0,1) & \cdots & f(0,n-1) \\ f(1,0) & f(1,1) & \cdots & f(1,n-1) \\ \vdots & \vdots & \ddots & \vdots \\ f(m-1,0) & f(m-1,1) & \cdots & f(m-1,n-1) \end{bmatrix} \quad (2-6)$$

一幅数字图像可以看作一个矩阵,里面由每个像素的灰度值对应组成。

3. 光学图像与数字图像的转换

光学图像转换为数字图像就是把一个连续的光密度函数离散化。图像数字化是指图像函数 $f(x,y)$ 在空间坐标和幅度(光密度)上都离散化,其离散后的每个像元值用数字表示。图像空间坐标 (x,y) 的数字化称为图像采样,幅度(光密度)数字化则称为灰度级量化。

空间坐标数字化称为采样。采样窗口是图像一个很小的部分,如 $50\mu m \times 50\mu m$,光源的光线透过光学系统传递到探测器上,然后量测出该窗口图像的强度积分值。窗口的形状除了正方形外,还可以是长方形、圆形或其他形状。一般对整幅图像按等间隔采样,采样间隔 Δx、Δy 的大小取决于图像的频谱,如果抽样间隔满足:

$$\Delta \leqslant \frac{1}{2f_c} \quad (2-7)$$

式中:f_c 为截止频率,则图像能够完整地恢复,每个像元的空间坐标都按照式(2-5)进行计算。

图像灰度的数字化称为量化,即在连续灰度的极限取值范围内将其分成若干个灰度等级值。输出的量化值按灰度级数表示,一般用二进制位数(bit 数)来编码。若用 6 位二进制数(6bit)编码,灰度区间则为 $0,1,2,\cdots,63$ 共 64 个等级(2^6)。也可以用 7bit、8bit 甚至 16bit 编码。

数字图像转换为光学图像一般有两种方式。一种是通过显示终端设备显示出来,这些设备包括显示器、电子束或激光束成像及记录仪等。这些设备输出光学图像的基本原理是通过数/模转换设备将数字信号以模拟方式表现,如显示器就是将数字信号以蓝、绿、红三色不同强度通过电子束打在荧光屏上表现出来。例如,一个数字图像的像元如(70,60,80),以红色电子束强度为相对

70 打在荧光屏上,同理绿色、蓝色的电子束也打在同一位置,3 种颜色综合就显示出该像元应有的颜色。电子束或激光束成像记录仪的工作原理与显示器基本相似。另一种是通过照相或打印方式输出,如早期的遥感图像处理设备中包含的屏幕照相设备和目前的彩色喷墨打印机。

4. 图像的频谱表示

前面讨论的光学图像或数字图像是一种空间域的表示形式,它是空间坐标 x、y 的函数。图像还可以用另一种空间坐标表示,即频域的形式。这时图像是频率坐标 v_x、v_y 的函数,用 $F(v_x,v_y)$ 表示。通常将图像从空间域变入频域是采用傅里叶变换,反之则采用傅里叶逆变换。图 2-16 所示为光学傅里叶变换前后的空间域图像和频域图像,频域图像上的明暗度表示相应频率上的振幅大小。

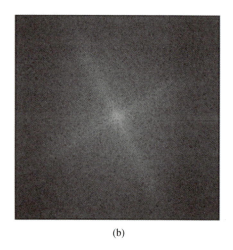

(a)　　　　　　　　　　　　　(b)

图 2-16　光学傅里叶变换前后的空间域图像和频域图像

(a)空间域图像;(b)频域图像。

一维傅里叶变换形式为

$$F(v) = \int_{-\infty}^{\infty} f(x)\exp[-j2\pi vx]dx \qquad (2-8)$$

式中:$f(x)$ 为空间域函数;$F(v)$ 为频域函数;v 为频率变量;x 为空间变量。

由于 $\exp[-j2\pi vx] = \cos2\pi vx - j\sin2\pi vx$(欧拉公式),因此,如果将式(2-8)

中的积分看成离散项的和的极限,则显然 $F(v)$ 中包含正弦和余弦项的无限项的和。图像的傅里叶变换用二维表示为

$$F(v) = \int_{-\infty}^{\infty} \int_{-\infty}^{\infty} f(x,y) \exp[-j2\pi(v_x x + v_y y)] dxdy \qquad (2-9)$$

这种变换可以通过一个光学系统来实现。图 2-17 为光学傅里叶变换光路,其中 S 为点光源,L_1 为准直透镜,P_1 为空间域图像平面,L_2 为傅里叶变换透镜,P_2 为频域图像平面。注意:P_1 和 P_2 分别在 L_2 的两个焦面上。

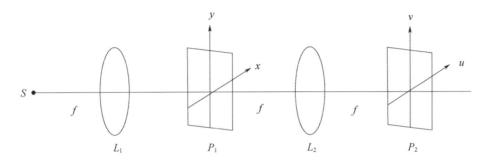

图 2-17　光学傅里叶变换光路

2.3.2　卫星遥感图像的存储方式

卫星遥感图像由星载传感器获取并回传至地面,为了便于管理、分发及使用,遥感数据按照某些方式进行存储。下面介绍遥感数据存储格式和遥感图像文件存储格式。

1. 遥感数据存储格式

目前常见的遥感数据存储格式有 3 种,即按波段顺序存储(Band SeQuential,BSQ)、按波段像元交叉存储(Band Interleaved by Pixel,BIP)和按行交叉存储(Band Interleaved by Line,BIL)[13-15]。

1) BSQ

BSQ 是最简单的存储方式,提供了最佳空间处理能力,适合读取单个波段的数据。它先将图像同一波段的数据逐行存储下来,紧接着以相同的方式存储下一波段的数据。如果要获取图像的单个波段的空间点位(X,Y)信息,那么采

用 BSQ 方式存储是最佳的选择。如表 2-3 所列，一幅 3 行 3 列 3 波段的遥感图像，其按 BSQ 格式存储的结果见表 2-4。

表 2-3 遥感图像数据

波段	行数	像元
第 1 波段	第 1 行	(25, 6, 10)
	第 2 行	(13, 24, 2)
	第 3 行	(22, 2, 4)
第 2 波段	第 1 行	(7, 22, 10)
	第 2 行	(17, 24, 23)
	第 3 行	(15, 25, 22)
第 3 波段	第 1 行	(6, 32, 8)
	第 2 行	(4, 12, 25)
	第 3 行	(17, 20, 9)

表 2-4 按 BSQ 格式存储的结果

波段	像元
第 1 波段	(25, 6, 10, 13, 24, 2, 22, 2, 4)
第 2 波段	(7, 22, 10, 17, 24, 23, 15, 25, 22)
第 3 波段	(6, 32, 8, 4, 12, 25, 17, 20, 9)

2) BIP

BIP 提供了最佳的波谱处理能力，适合读取光谱剖面数据（即同一空间位置像元所对应的多个波段数据）。以 BIP 格式存储的图像，将按顺序存储第 1 个像元的所有波段值，接着是第 2 个像元所有波段值，然后是第 3 个像元的所有波段，这样交叉存储直到所有像元都存完为止。这种格式为图像数据波谱（即 Z 轴方向）的存取提供了最佳的性能。表 2-5 给出了表 2-3 的数据按 BIP 格式存储的结果。

表2-5 按BIP格式存储的结果

像元	第1波段	第2波段	第3波段
第1个	25	7	6
第2个	6	22	32
第3个	10	10	8
第4个	13	17	4
第5个	24	24	12
第6个	2	23	25
第7个	22	15	17
第8个	2	25	20
第9个	4	22	9

3) BIL

以 BIL 格式存储的图像,它先存储第 1 个波段的第 1 行,紧接着是第 2 个波段的第 1 行,然后是第 3 个波段的第 1 行,交叉存储直到所有波段都存储完为止。BIL 是介于空间处理和光谱处理之间的一种折中的存储格式。表 2-6 给出了表 2-3 数据按 BIL 格式存储的结果。

表2-6 按BIL格式存储的结果

波段数	行	像元
第1波段	第1行	(25, 6, 10)
第2波段		(7, 22, 10)
第3波段		(6, 32, 8)
第1波段	第2行	(13, 24, 2)
第2波段		(17, 24, 23)
第3波段		(4, 12, 25)
第1波段	第3行	(22, 2, 4)
第2波段		(15, 25, 22)
第3波段		(17, 20, 9)

2. 遥感图像文件存储格式

遥感图像文件存储格式包括开放式和封装式存储两大类。开放式存储格式的头文件和数据文件是分开的,其中以 ENVI 软件的标准数据存储格式最为常见。封装式存储格式的头文件和数据文件封装在一起,如遥感图像处理中常见的 TIFF、GeoTiff、HDF、HDF - EOS、NetCDF 等图像格式[15-18]。下面介绍常用的封装式存储格式。

1) TIFF

TIFF(Tagged Image File Format)图像文件是由 Aldus 和 Microsoft 公司为桌上出版系统研制开发的一种较为通用的图像文件格式[16]。该格式主要适用于在应用程序和计算机平台之间交换文件,几乎被所有绘画、图像编辑和页面排版应用程序所支持,它与计算机结构、操作系统和图形硬件无关。TIFF 格式灵活多变,定义了 4 类不同的格式:TIFF - B 适用于二值图像;TIFF - G 适用于黑白灰度图像;TIFF - P 适用于带颜色查找表的彩色图像;TIFF - R 适用于 RGB 真彩色图像。TIFF 格式有 3 级结构,从高到低依次为文件头、标识信息区、图像数据区。TIFF 文件的文件头有 8 个字节:0 - 1 字节表示字节顺序域;2 - 3 字节为 TIFF 文件的版本号;4 - 7 字节存储了 TIFF 文件的第一个标识信息区在文件中的偏移量,其值大于 8。标识信息区是由一系列连续的标签组成的,这些标签告诉我们各种有关的数据字段在文件中的开始位置,并给出每个字段的数据类型及其长度。这种方法允许数据字段定位在文件的任何地方,可以是任意长度,并包含大量信息。在一个文件中可能有几幅相关的图像,这时可有几种标识信息区。标识信息区的最后一个表项指向任何一个后续的标识信息区。每个标签都有一个标记,它指明所指向的数据字段类型的一个代码。TIFF 规范列出了所有正式的非专用的标记号,并描述指针所识别的数据,指明数据的组织方法。

2) GeoTiff

为了使遥感数据直接与其对应的地理信息建立联系,研究人员提出 GeoTiff 标准。GeoTiff 是 TIFF 格式的一种扩展,允许用户在 TIFF 文件中存放相关的坐标信息和投影信息,是目前应用最广泛的格式之一[16]。

在各种地理信息系统、摄影测量与遥感等应用中,要求图像有地理编码信息。例如,图像所在坐标系、比例尺、图像上点的坐标、经纬度、长度单位及角度单位等。TIFF 文件是栅格文件格式的通用格式之一,但它不能提供地理编码信息,而 GeoTiff 作为 TIFF 的一种扩展,在 TIFF 的基础上定义了一些 GeoTag 来对各种坐标系统、椭球基准、投影信息等进行定义和存储,使图像数据和地理数据存储在同一图像文件中,为广大用户制作和使用带有地理信息的图像提供了方便的途径。

3)HDF

HDF(Hierarchical Data Format)是美国国家超级计算应用中心为了满足各领域研究需求而研制的一种能高效存储和分发科学数据的新型数据格式,它是一种分层式数据管理结构,被地球观测数据和信息核心系统所选用作为标准数据格式。它是一种多目标的文件格式,目的是在分布式环境中共享科学数据[17]。HDF 的优势在于可移植性强、可以存储并处理大数据量、一个文件集可以管理多种类型的数据结构、具有可扩展性。由于 HDF 的诸多优点,这种格式目前已经成为广泛用于国外各种卫星传感器的标准数据格式,如大部分的中分辨率成像光谱仪数据产品均采用 HDF。

4)HDF – EOS

美国国家航空航天局在 HDF 标准基础上,开发了另一种 HDF 格式,即 HDF – EOS(Hierarchical Data Format Earth Observation System)。目前,HDF – EOS 格式已成为常用的数据生产和存档的标准格式,用于存储 EOS 数据。在 HDF 的基础上,HDF – EOS 还支持点数据、条带数据和网格数据对象的存储和处理[17]。

5)NetCDF

NetCDF(Network Common Data Form)是由美国大学大气研究协会针对科学数据的特点开发的,是一种面向数组型并适于网络共享的数据的描述和编码标准。NetCDF 广泛应用于大气科学、水文、海洋学、环境模拟、地球物理等诸多领域。用户可以借助多种方式方便地管理和操作 NetCDF 数据集。

NetCDF 数据集的格式不固定,它是使用者根据需求自己定义的。一个

NetCDF 数据集包含维（Dimensions）、变量（Variables）和属性（Attributes）三种描述类型,每种类型都会被分配一个名字和一个 ID,这些类型共同描述了一个数据集,NetCDF 库可以同时访问多个数据集,用 ID 来识别不同数据集。变量存储实际数据,维给出了变量维度信息,属性则给出了变量或数据集本身的辅助信息属性,又可以分为适用于整个文件的全局属性和适用于特定变量的局部属性,全局属性则描述了数据集的基本属性以及数据集的来源[18]。

2.3.3　卫星遥感图像处理系统

卫星遥感图像处理系统是专门针对遥感图像的数据处理、信息提取的软件（有时包含一些必要的或可选的硬件）,它是数字图像处理软件中的一种,但通常比一般的数字图像处理软件复杂[8]。一个完整的遥感数字图像处理系统应包括硬件和软件两大部分。硬件是指进行遥感图像处理所必须具备的硬器件设备,一般由电子计算机主机和通用外围设备、图像输入和输出装置组成,其中主体是电子计算机,并配有必要的输入、存储、显示、输出和操作等终端及外围设备;软件是指进行遥感图像处理时编制的各种程序。

1. 硬件

1）硬件输入设备

卫星遥感数字图像处理系统常用输入设备有磁带机、磁盘机（包括光盘）、胶片扫描仪、析像器、数字化仪等。输入设备主要完成将遥感数据输入计算机的功能。根据遥感数据类型的不同,输入设备也不同。磁带机、磁盘机直接将存储在磁带、磁盘或光盘上的遥感数字图像输入计算机;胶片扫描仪、析像器主要将光学遥感图像转换为数字遥感图像,然后输入计算机进行处理;数字化仪将线划地图变换成数字形式,然后输入计算机进行处理。胶片扫描仪、析像器及数字化仪统称为数字化器。最常用的数字化器有平台式图像数字化器、滚动式图像数字化器、固态阵列数字化器、飞点扫描器、摄像管数字化器、地图数字化器等[8]。

2）硬件输出设备

遥感图像处理系统常用的输出设备有磁带机、磁盘机、彩色显示器、绘图仪和打印机等。磁带机、磁盘机将处理结果以数字形式存储在磁带、磁盘或光盘上。彩色显示器、绘图仪和打印机完成数字图像向光学图像的转换,处理结果以光学图像形式直接表现出来。同时,显示器还作为人机交互的工具,实现人对计算机遥感图像处理的控制[8]。

3) 电子计算机

电子计算机是遥感图像处理系统的心脏,计算机性能的高低决定了系统处理速度及效果。计算机的发展日新月异,适合遥感图像处理的计算机也越来越多。现在的遥感图像处理系统按照处理规模的大小采用不同类型的计算机。一方面,计算机朝着巨型化方向发展,如各种超级计算机,它们也被气象、地质等部门用于图像处理和分析;另一方面,体积越来越小、功能越来越强的微型计算机得到了迅猛发展,基于工作站的遥感图像处理系统应用也比较广泛。

遥感图像处理系统主机的选择主要取决于处理的规模。对于数据量特别大、处理速度要求很高的情况,应选择大型机或巨型计算机;而对于一般的用户而言,工作站和微机足以满足通常的遥感图像处理需求。特别是随着微机技术的发展,使得以前需要大型计算机完成的处理工作微机就可以胜任[8]。

随着计算机技术的发展,存储设备也得到了较快的发展,现在大容量的存储设备已成为计算机配置的一部分。操作台随着微机的发展已经逐渐消失,代之以键盘和鼠标及简便、实用的操作界面,操作终端与显示设备合二为一。

2. 软件

遥感图像处理的软件系统是建立在一定操作系统之上的应用软件。早期的遥感图像处理软件与操作系统紧密相连,不具有通用性,往往一套遥感图像处理系统软件只适合在特定的机器上使用。现在大部分遥感图像处理软件位于操作系统之上,与硬件独立。当前主流的遥感图像处理软件主要有 ERDAS Imagine、ENVI(Environment for Visualizing Images)、ECognition、PIE(Pixel Information Expert)等[19-23],下面分别进行简单介绍。

1) ERDAS Imagine

ERDAS Imagine 软件是由美国莱卡公司(Leica Geosystems)开发研制的遥

感图像处理系统,可运行于 UNIX 或 Windows 等操作系统上。该软件有基础级、高级和专业级 3 种形式,分别适用于不同类型的遥感图像处理任务。基础级遥感图像处理软件包提供几何校正、影像分析、可视化和自动专题地图输出等功能;高级遥感图像处理软件包增加了更高级且精确的遥感制图、影像处理和地理信息分析等功能;专业级遥感图像处理软件包在高级软件包的基础上,增加了用于遥感与地理分析专业的综合工具,如混合分类技术、雷达分析、可视化空间建模工具等[20]。

2) ENVI

ENVI 是美国研究系统公司(Research Systems, Inc.)开发研制的遥感图像处理系统。ENVI 的主要功能包括常规影像处理、几何校正、定标、多光谱分析、高光谱分析、雷达分析、地形地貌分析、向量分析、区域分析、数字正射影像图(Digital Orthophoto Map, DOM)生成、三维景观图生成、遥感制图、数据融合等,提供了完备的地图投影软件包,具有强大的二次开发工具交互式数据语言(Interactive Data Language, IDL),能够在各种操作系统(包括 Windows、UNIX、Linux、Macintosh 等)环境下使用。ENVI 不仅能够处理通用格式的影像数据,而且能够处理 Landsat、SPOT、RADARSAT、NOAA、EROS、TERRA 等多种卫星影像数据[21]。

3) ECognition

ECognition 是德国 Definiens Imaging 公司的遥感影像分析软件。该软件突破了传统影像分类方法的局限性,实现遥感影像的面向对象分类。这种分类方法针对的是对象而不是传统意义上的像元进行分类,充分利用了对象信息和类间信息。面向像素的解算模式将像元孤立化分析,存在解译精度较低且斑点噪声难以消除的缺点。面向对象的图像分析操作过程主要包括两个步骤,即分割和分类。分割是把影像分解成具有一定语义相似特征的像元的集合,分类是对分割得到的影像对象进行类别划分。影像对象和像元相比,具有多元特征:颜色、大小、形状、匀质性等,充分利用影像对象的信息进行分类。ECognition 软件的主要功能包括多源数据融合、多尺度影像分割、基于样本的监督分类、基于知识的分类等[22]。

4) PIE

PIE 是国内一款高度自动化、简单易用的遥感图像处理软件,主要面向国内外主流的多源遥感图像数据提供遥感图像基础处理、辅助解译、信息提取及专题制图功能。该平台采用多核并行计算技术,大幅提高了软件运行效率,能更好地适应大数据量的处理需要;采用组件化设计,可根据用户具体需求对软件进行灵活定制,具有高度的灵活性和可扩展性,能更好地适应用户的实际需求和业务流程。目前 PIE 已广泛应用于气象、海洋、水利、农业、林业、国土、环保等多个领域。PIE 提供了面向多源、多载荷(光学、微波、高光谱、激光探测与测量(Light Detection and Ranging,LiDAR)等)的遥感图像处理、辅助解译及信息提取功能,是一套高度自动化、简单易用的遥感工程化应用平台[23]。

总体上,国外遥感图像处理软件发展早、功能强大、相对更加成熟,但是其界面不太适合国内用户习惯,且价格昂贵。国内遥感图像处理软件具有界面友好、使用方便等优点,但由于发展较晚,其功能和稳定性有待加强。近年来,国内遥感技术快速发展并广泛应用,促进了遥感图像处理软件不断成熟和提高。

第3章

卫星遥感图像解译的信息论基础

本章以信息论为基础,从信息论基础知识角度出发来理解卫星遥感图像成像过程中的信息流传递,并对整个过程中产生的不确定性进行分析。同时,本章介绍了卫星遥感图像中的信息量计算方法及常用的信息评价标准。

3.1 卫星遥感信息论

信息论之父克劳德·香农(Claude Shannon)提出:"信息是用来减少随机不确定性的东西。"可见,信息是为服务应用而存在的。在不同的需求与应用背景下,信息有着不同的存在状态。在卫星遥感领域中,整个系统的首要任务就是获取信息,如卫星设计时成像质量的预估、硬件的选型,定量遥感中辐射传输方程的建模、地表反射率的反演,遥感应用中图像的解译、地物的分类等,都需要提高遥感信息质量,具体则体现为遥感信息的产生、传递、处理与再生等过程。

3.1.1 信息论基础知识

1. 信息论的发展

信息论是一门集信息获取、信息传递、信息接收、信息保密等理论和方法的基础性学科,其主要基于信息熵的度量模型,以概率论与数理统计为主要方法,对信息量、数据传输、数据压缩、数据保密进行研究。信息论的主要目标是准确、快速、安全地将信息从产生端(信源)传送到接收端(信宿)。

信息论萌芽于20世纪20年代,奈奎斯特(Nyquist)通过研究通信的可靠性,提出了进行有效和可靠通信所需要的条件;哈特莱(Hartley)于1928年提出将消息作为代码序列,利用消息发出数目的对数度量消息中含有的信息量[24]。1948年,香农发表了划时代的《通信的数学理论》[25]一文,第一次将信息的传输过程以数学模型的方式进行研究。该论文与香农于1949年发表的《保密系统的通信理论》[26]一起奠定了现代信息论的基础,因此香农被公认为"信息论之父"。此后,信息论大概经历了3个发展阶段。

第1阶段:信息论产生(1948年)。以香农在贝尔研究所发表的《通信的数学理论》一文为代表,该论文以概率论为数学工具,系统地阐释了信息在通信系统中的传播方式及定量化方法,标志着信息论的创立。

第2阶段:信息论探索(20世纪50年代)。20世纪五六十年代是信息论的探索阶段,信息论诞生初期也仅仅在通信领域中有一定的应用。由于信息是具有广泛适用性的,人们对利用信息理论来研究事物及现象的信息过程存有强烈的兴趣,因此信息论得以与其他学科发生交叉,其中具有代表性的就是信息和信源编码的研究。这标志着信息论正处于知识积累与扩张阶段。

第3阶段:信息科学时代(20世纪70年代)。随着信息时代的到来,尤其是计算机诞生以来,随着算力的提升,人类对于自然事物及现象的定量分析能力越来越高。信息时代数据剧增,而如何对大体量信息进行衡量,从而使其成为与能源、材料等类似的客观可衡量的资源,也成为一个迫切需要解决的难题,其中具有代表性的为应用信息论的发展。信息论也冲破了最初的通信领域,与科技人文等方方面面产生了众多的交集,最终发展成为信息科学。

因此,自香农信息论诞生以来,其研究范围已经不限于运用数学理论来研究通信系统信息传递过程,信息论如今已经深耕于通信、遥感、人工智能等众多领域,进而形成了庞大的信息科学体系。我国信息科学研究专家钟义信也在这一领域做出了许多突出贡献[27]。

2. 信息的传输

香农对"信息"进行了准确定义,信息传输的过程可以分为 3 部分,首先由信源发出消息,消息的内容由信源完全确定,经过信源编码后将信息经通信信道传递给信宿,最后通过译码器将信源发出的消息进行还原。这一过程明确指出了"信息"的定义与语义无关,反而信息可以通过编码方式变为一种可供读取的"语言"能力。我们日常生活中接触的文本、音频、视频等都是将信息通过编码方式进行定量表达。据此,香农将传输语言利用的通信信道或声学语音等媒介抽象为噪声信道,并借用热力学术语"熵"(Entropy)作为测量信道的信息能力或者语言信息量的一种方法。基于熵概念,香农手工统计了英语字母的概率,首次测定了英语字母的熵为 4.03bit;我国语言学家冯志伟在 20 世纪 70 年代采用香农理论,在世界上首次估算出汉字的熵为 9.65bit[28],为我们把数学方法与具体应用相结合来度量信息、分析信道奠定了基础,跨出了科学认知的第一步。随着技术的发展,信息论已经涵盖众多学科领域,一般把信息论分成 3 种不同类型[29]。

(1) 狭义信息论是一门应用数理统计方法来研究信息处理和信息传递的科学。其研究存在通信和控制系统中普遍存在着的信息传递的共同规律,以及如何提高各信息传输系统的有效性和可靠性。

(2) 一般信息论主要研究通信问题,但还包括噪声理论、信号滤波与预测、调制与信息处理等问题。

(3) 广义信息论不仅包括狭义信息论和一般信息论的问题,而且包括所有与信息有关的领域,如心理学、语言学、神经心理学、语义学等。

在对信息论研究的过程中,首先应该明确消息、信号与信息的区别。在信息论中,消息是具体的,可以理解为信源发出的由一定序列的字符串组成的集合,如一串英文字母、一段音频、一幅图像等。信号也是具体的,是指传递消息的载体,如电磁波信号、光信号等。信息则是抽象的,指事物的运动状态及状态的变化方式,它看不见、摸不着,代表一种抽象的意识或者知识。例如,人们能从外界的环境中获取较多的信息,如在观看一则电视新闻后便可以获得新闻所要表达的观点,这时即获得了信息。理清这三者之间的区别与联系,有助于加深对信息论的理解。

对于传统的通信系统,如书信、电报、有线电话等来说,信息的传输具有统一的规律,即在收信者接收到送信者发出的消息之前,消息的内容具有不确定性,只有在接收并分析消息之后,才会使不确定性减少,从而获得其中的信息。因此,通信的基本过程就是消除或者部分消除不确定性的过程。在遥感、测绘、机械、生物学等领域同样可以用这样的思路进行类比研究,以传统的通信系统信息论模型入手,首先研究通信系统模型的基本规律。

如图3-1所示,信息由信源处以符号串的形式发出,经信源编码、信道编码传入信道中,在信息的接收端经过信道解码、信源解码逆变换操作,最后被信宿接收处理。在这一过程中,信源编解码的主要功能是将数据解压缩,使信息可以有效传输;信道编解码的主要功能是将数据以一定格式进行编译,使数据可以可靠传输;同时,为了保证数据的安全传输,又加入了数据的加解密技术。因此,编码与解码、压缩与解压缩、加密与解密共同保证了信息传输的有效性、可靠性、保密性。信息论主要围绕以上3个特性展开。

图3-1 通信系统模型

(1)信源:发送信息的源头,实际信源的输出是由信源完全确定的,如由一串字母组成的英文句子、由一系列像素点构成的图像。信源从基本消息集合中取出基本消息,并以符号串的方式输出。由于信源在某时刻输出的符号是随机的,从随机变量角度来看,某一时刻信源可发出的符号构成表3-1所列的概率空间。

表3-1 信源输出概率空间

X_k	x_1	x_2	x_3	...
P_k	$P(x_1)$	$P(x_2)$	$P(x_3)$	...

$\sum_{1}^{n} P_k = 1$

信源依据符号的离散特性可分为离散信源和连续信源。信源依据各取值符号之间的独立相关性可分为有记忆信源和无记忆信源,如果信源发出的各个符号之间是独立不相关,则称为无记忆信源;反之,则称为有记忆信源。信源依据平稳特性可分为平稳信源和非平稳信源。一般情况下,我们接触的信源为非平稳的有记忆信源。

(2)信宿:信息传递系统中信息输出终端,即信息的接收者。例如,人听到对方说话时、蝙蝠收到自己发出的声波时都充当着信宿的角色。

(3)信道:信息传输的通道,是信息传输的媒介,如有线电话中的电缆系统、无线通信中的"频段"。这里所说的信道包括调制与解调过程。

(4)编码器:分为信源编码器和信道编码器,在信息论中指信号变化的设备,其将信源发出的信号通过特定的编制方式转换为可供传输的信号。常见的编码器有增量型编码器、绝对值型编码器等。

(5)译码器:信号的解译装备,其收到由编码器发送的信号后,将其转换为可被信宿理解的信号。

译码器与编码器共同保证了数据传输的有效性和可靠性。

3. 信息的度量

这里首先引入观察模型的概念,信息的获取大致需要 3 个部分,即信息发送、信息观察、信息接收。一般情况下,观察模型都是非理想的,即在信息观察过程中,由于干扰因素作用,接收到的信息往往不等于发送的信息。

我们已经知道,信源从基本消息集合中取出所需要发送的符号,其符号出现的概率值 $P(x_i)$ 称为先验概率,其值一般由经验或者统计规律得出。对于某信源 $\sum_{1}^{n} P_i = 1$,我们称此信源为完备信源。信源在某一时刻发出的符号串性质由信源完全确定。通过对信源的观察,并排除观察过程中受到的干扰,最终得到观察结果,观察后符号的概率值变为 $P(x_j)$,称为后验概率。在这一过程中,信源在观察前与先验概率有关,具有先验不确定性;观察后对信源依旧持有的不确定性称为后验不确定性,与后验概率有关。整个过程通过对信源输出的观察,不确定性减少,减少值为先验不确定性与后验不确定性之差,称为信息。

信息的度量就是利用一定的数学工具来研究信息传输中不确定性度量的过程。由于对信息的度量就是对其不确定性进行度量的过程,因此称未经统计平均的不确定性指标为自信息,称统计平均意义下的不确定性指标为熵。

1) 自信息

假定一个情景,在对目标地物遥感成像时,由于光照、天气、地形、载荷等因素的影响,目标成像效果一般不相同,即遥感图像中目标的可解译程度具有不确定性。我们发现,对于某一事件 X_i 来说,其出现的概率越大,不确定性就越小。由于信息的获取建立在不确定性消除或者部分消除的基础上,且这种不确定性应当是概率的函数,因此利用对数函数的性质引入自信息的概念,具体如下。

假设事件 X_k 发生的概率是 $P(x_k)$,自信息 $I(x_k)$ 的定义为

$$I(x_k) = -\log P(x_k) = \log\left[\frac{1}{P(x_k)}\right], \quad k = 1,2,\cdots \quad (3-1)$$

由式(3-1)可以看出,自信息是指某一符号出现概率的先验不确定性信息量度。事件发生的概率越大,其可能性越大,不确定性越低,自信息越小。自信息的单位由对数函数所取的底决定,如果以 2 为底,则单位为 bit/符号;如果以 e 为底,则单位为 nat/符号;如果以 10 为底,则单位为 dit/符号。另外,自信息量恒大于零,且自信息量并不能等同于信息,而是对于某个符号先验不确定性的信息量度。

依据自信息的概念,同理可以给出条件自信息。其物理意义为接收到信号 Y 后,X 还剩余的不确定性,公式为

$$I(x_k \mid y_j) = -\log P(x_k \mid y_j) = \log\left[\frac{1}{P(x_k \mid y_j)}\right] \quad (3-2)$$

2) 信息熵

由于自信息只能表示单一事件发生的不确定度,而不能表示信源在总体统计意义下的平均不确定性,因此在研究过程中引入了信息熵的概念。熵最初在热力学第二定律中被提出,是表示物质状态的一个单位,其物理含义为系统的混乱程度。香农将这一概念运用于信息论的研究,并在《数学的通信理论》一文中给出了信息熵的含义,即

$$H(X) = \sum_{k=1}^{K} P_k I(x_k) = \sum_{k=1}^{K} P_k \log \frac{1}{P(x_k)} \qquad (3-3)$$

式中:$I(x_k)$为随机事件 x 的自信息量;K 为信源 X 发出的符号数。

在信息论中,信息熵是信息的一个关键度量,又称为熵、信源熵、平均自信息量。其物理含义是信源 X 发出符号数的平均不确定度,其值为自信息量的期望。信息熵的单位与自信息量的单位相同,依据对数底的不同,单位可以为 bit/符号、nat/符号、dit/符号。

3)联合熵

设两个随机变量 X、Y,它们出现的联合概率为 $P(x,y)$,为了确定这两个变量之间的不确定性,给出联合熵的定义,即

$$H(XY) = \sum_{k=1}^{K} \sum_{j=1}^{J} P(x_k, y_j) \log \frac{1}{P(x_k, y_j)} \qquad (3-4)$$

式中:K、J 分别为信源 X、Y 发出符号的数量。

因此,联合熵的物理意义为信源 X、Y 的平均不确定性。

4)条件熵

在联合熵的基础上,我们给出了条件熵的定义,已知条件概率 $P(x_k|y_j)$,则

$$H(X|Y) = \sum_{k=1}^{K} \sum_{j=1}^{J} P(x_k, y_j) \log \frac{1}{P(x_k|y_j)} \qquad (3-5)$$

条件熵的物理含义为在接收到 Y 后信源 X 还剩余的平均不确定性。

5)互信息

在非理想的观察模型中,为了度量信息接收者从发送者处获得的信息,引入了互信息(Mutual Information)的概念。假设 X、Y 两个随机变量,其中发送信号为 X,接收信号为 Y,则互信息 $I(X;Y)$ 表示接收到信号 Y 后,从 Y 中获得的 X 的信息量大小。其值为后验不确定性 $I(x_k|y_j)$ 与先验不确定性 $I(x_k)$ 之差。互信息量属于信息,其公式为

$$I(x;y) = \sum_{k=1}^{K} \sum_{j=1}^{J} P(x_k, y_j) \log \frac{p(x_k, y_j)}{p(x_k) p(y_j)} \qquad (3-6)$$

式中:$P(x_k, y_j)$ 为 X 和 Y 的联合概率分布函数;$p(x_k)$、$p(y_j)$ 分别为 X 和 Y 的边缘概率分布函数。

若 $I(X;Y)$ 表示的是统计平均意义下的互信息,则此时称为平均互信息量。

4. 信源编码理论

在通信系统的信息传输模型中,由于信道噪声的存在,使得信源发出的消息很难准确无误地传递到信宿。信道编码与解码解决了这个问题,保证了信息传输的可靠性。在讨论信源编码之前,基于信道编解码的功能,可以将信道视为一种等效无噪声信道,即信息在信道传输过程中是没有损失的。因此,无信道干扰的通信系统模型如图3-2所示。

图3-2 无信道干扰的通信系统模型

信源编码是通过某种对应法则,将信源发出的符号编码为一种可传入信道的变换方式。消息符号经编码器的作用传入通信信道中,提高了信息传输的有效性。信源编码与信源解码相互关联,分别作为信道的输入与输出。

1)冗余度

冗余度是指通信系统中每个符号实际包含的信息量与该符号理论上可能包含的最大信息量之差。冗余度越大,则信息传输的有效性越低,每个符号包含的信息量越小。信源编码的作用就是最大程度地降低冗余度,从而提高信息传输的效率。

2)信源编码的分类

信源编码按照信息的失真程度可分为无失真信源编码和有失真信源编码两类。其中,无失真信源编码又称为冗余度压缩编码,其编码方式只针对信源的冗余度进行压缩,从而提高了单个符号包含的信息量大小,并且在经过信源解码之后可以保证无失真地恢复为信源所发出的符号序列,因此无失真信源编码不会改变信源的熵;有失真信源编码又称为熵压缩编码,主要针对压缩后不能完全恢复信源信息的情况,重点保障在一定速率及误差条件下使失真降到最小,因此有失真信源编码会降低信源的熵。

3)编码器的数学模型

由于信源编码可以看作一种对信源符号的变换操作,因此编码器的数学模型如图 3－3 所示。

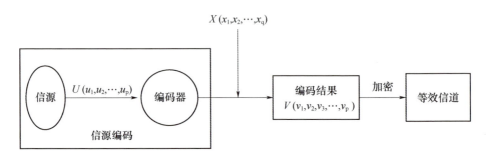

图 3－3　编码器的数学模型

在图 3－3 所示的编码器中,信源发出的符号序列为 $U(u_1,u_2,\cdots,u_p)$,经编码器作用后变为可传入信道的符号序列 $V(v_1,v_2,\cdots,v_p)$。由于编码器中发生的是一一对应的变换,因此经编码器的输入与输出符号也是一一对应关系,即 $u_i \leftrightarrow v_i(i=1,2,\cdots,p)$。

为了保证信源编码的输出 V 代表的符号集合可供信道有效传输,首先定义可供信道传输的符号集合为 $X(x_1,x_2,\cdots,x_q)$,因此输出 v_1 代表从符号集合 X 中取出的一个或者若干个符号组成的单个或一串符号集合。

在信息论中,信源编码表示的 x_i 称为码元,代表信源编码输出 V 可以选择的元素。由全体 x_i 组成的集合 X 称为码元集合。v_1 由于取自集合 X,因此称为码字。由码字构成的集合 V 称为码或码字集。

信源编码的每个码字(符号)包含的码元数量不一定相等,根据每个码字中码元数量的不同,给出了码长 l_i 的概念,其代表单码字中码元的数量(长度)。若每个码字中码元长度相等,则称为定长码,否则称为变长码。因此,经信源编码后的平均码长为

$$\bar{l} = \sum_{i=1}^{p} P(u_i) l_i = \sum_{i=1}^{p} P(v_i) l_i \qquad (3-7)$$

式中:$P(u_i)$ 为单个长度为 l_i 的码字出现的概率。

由于信源编码输出的一一对应性质,因此 $P(u_i)=P(v_i)$。

由于信源编码的输入 u_1、码字 v_1 及码元 x_i 各自都有相应的概率,且各自范围内概率之和为 1,因此根据信息熵的公式,U、V、X 的信息熵分别为 $H(U)$、

$H(V)$、$H(X)$,三者之间的关系如下:

$$R = H(X) = \frac{H(U)}{\overline{l}} = \frac{H(V)}{\overline{l}} \qquad (3-8)$$

式中:R 为信息率,代表平均一个码元含有的信息量大小,其数值与 $H(X)$ 相等。

3.1.2 卫星遥感的不确定性问题

卫星遥感信息论的基础是卫星遥感的不确定性问题。由于卫星遥感图像获取过程中的非接触性特征,温度、大气、光照和气候条件等外部环境因素及镜头、传感器、卫星平台等内部设备设施的影响都会导致成图信息与实际地物信息存在差异,这种差异称为卫星遥感的不确定性。这种不确定性最终会影响用户获得遥感图像信息产品的实用价值。因此,建立统一的卫星遥感图像不确定性度量模型,并针对不确定性进行分析和计算,提高遥感图像信息的质量和可靠度是当前的热门方向之一。

1. 卫星遥感的不确定性分析

遥感是一种不通过直接接触目标而获取其信息的探测技术,这种非接触的信息获取方式不可避免地带来了遥感图像的不确定性。遥感数据的不确定性主要是指遥感图像对客观世界的随机性、不精确性或模糊性的反映,同时也源自图像使用人员的主观认知能力。因此,空间数据的不确定性既有客观世界的固有不确定性,也有人为因素引起的不确定性。应该说,不确定性的存在是遥感图像数据的常态,必须要降低不确定性,提高遥感图像的应用水平。

一方面,客观世界是非线性多参数的复杂巨系统。客观世界的复杂性是造成不确定性的重要原因之一,某些空间实体没有明显边界,或者无法确定其边界,还有许多目标的边界体现出渐变的特征,不同空间地域的边界划分不是泾渭分明的,存在一个模糊的过渡区域,实际在处理时却不能避免过渡区域,因为目前的大部分技术还没有处理这些环境的能力。

另一方面,人的认知过程是科学技术的应用、模型建立、公式计算及操作过程的基础,但由于人的认知过程是一个复杂的过程[30],每个人对客观世界的认知不同，使得人在认知和应用科学技术进行操作的过程中会引起不确定性；空间物体的复杂性使得人们在处理过程中要对其进行简化处理，抽象其主要特征，在这一过程中也会引入信息的不确定性。

综上，卫星遥感的不确定性来自3个方面。

1) 遥感数据获取的不确定性

地物的遥感信息从成像到输出的过程中，不确定性来自地物固有的不确定性、环境变化引起的不确定性、大气不均匀性引起的不确定性及遥感平台不稳定带来的不确定性。例如，自然条件和卫星平台的影响会在图像获取时造成一定的图像畸变，从而带来不确定性。在遥感成像过程中，当目标物的直接反射、大气程辐射和邻近地物的反射这3部分能量到达传感器入瞳时，会经过聚光器、光电转换、模/数转换，最后记录灰度值。传感器接收到的电磁波十分微弱，在进行放大增益的过程中，得到的图像只是地物的相对近似。同时，卫星平台的稳定性和飞行速度等多种因素都可能会造成传感器系统位置和姿态的不稳定，从而带来遥感数据的不确定性。

遥感信息传输过程中存在信息的衰减和增益，主要包括遥感图像的辐射失真和几何畸变。辐射失真是指遥感器在接收地物的电磁波反射或本身辐射时，由于大气层、遥感器本身特性、地物光照条件等原因的影响，导致所获得的测量值与实际辐射率不一致；几何畸变是指由于遥感器本身物理特性、遥感平台及地球运动等原因造成的几何位置上的偏差。

2) 遥感数据处理过程中的不确定性

在遥感数据的处理过程中，根据不同的应用目的，数据处理的过程不同，方法也有所不同。通常，对数据最基本的处理主要包括辐射校正、几何校正、多源数据融合、图像增强、数据转换与传输、分类与信息提取及评价。

一般将遥感图像数据进行辐射校正后，会得到带有残余误差的不确定性辐射数据；进行几何校正后，也会得到带有残余误差的不确定性几何数据。最后，对数据进行转化、增强、提取等处理。在这一过程中，不仅有上一阶段的原有残余误差的传递，还有在处理过程中可能引入的新误差。因此，在图像校正、空间与光谱的增强与变换及图像融合的处理过程中都会产生新的不确定性。在多光谱数据处理中,各波段图像能够捕获特定波段下的地物辐射性,通过后期的图像融合等处理手段,能够得到更为丰富的图像信息,而在数据融合过程中,原始图像含有的位置误差和属性误差可能会传递、叠加到新图像中。

在遥感数据的转换过程中,无论是向量到栅格还是栅格到向量数据的转换,或者是传输过程中的压缩与解压,都会产生新的不确定性。例如,栅格数据转换为向量数据有不同的转换方法,使用不同的转换方法会得到不同的结果,使得空间数据存在模糊和不精确的现象,这也会造成遥感数据的不确定性。

对带有不确定性的图像数据进行分析处理的过程中既有原有残余误差的传递,也存在分类过程的不完善产生的新误差。例如,遥感图像分类包括特征提取、选择训练区域、标识分类结果等步骤。在分类过程中,不确定性的存在是不可避免的,主要包括分类器性能的不确定性、参考数据的不确定性、特征提取和特征选择的不确定性、关键参数选取的不确定性及分类后处理的不确定性等。

3)遥感数据内容的不确定性

关于遥感数据内容的不确定性,最典型的是卫星光谱遥感。光谱遥感技术利用地物波谱特性,波谱特性取决于空间实体的物质成分和物质结构,不同类型的地物具有不同的物质成分和结构,因此也会具有不同的电磁谱特性,相同类型的地物则会具有相似的电磁谱特性。在利用遥感技术探测客观世界时,会发现空间物质光谱的复杂性也可能导致图像数据的不确定性。不同目标的遥感图像可能显示出光谱不确定性现象。在遥感图像中,同物异谱和同谱异物的存在会导致不确定性。一方面,客观世界中即使属于同一类型的地物,不同个体之间只可能相似或十分相似,而不可能完全相同。同一类型地物个体与个体之间,其物质成分和物质结构也存在着一定的变幅,故而波谱也同样会存在变幅,它们具有相似但不一定完全相同的波谱特性;同一类型地物,当外界环境处于不同状态时,如对太阳光相对角度不同、密度不同、含水量不同等,会呈现不同的谱线特性,这是同物异谱。另一方面,同一地理位置的遥感图像会受到自然条件的变化、人为的作用、气候条件的不同等多种因素的影响,因此呈现出的信息存在复杂和不确定性。在某一个谱段区,两个不同地物也可能呈现出相同的谱线特征,这是同谱异物。

另外,在成像过程中,遥感器的采样点不仅包括目标地物的波谱信息,也可能掺杂邻近地物的波谱信息。遥感图像中某一个像元尤其是边界上的像元掺杂邻近地物的波谱信息,产生了相邻像元亮度值的自相关现象,由于混合像元造成图像数据的不确定性,这使得像元本身就存在不确定性。遥感数据往往是多时相遥感数据,在同一个数据集中会存在不同时间段的遥感图像,随着时间序列的变化,同一地理位置的遥感图像数据由于气候差异、物化条件变化、人为作用、自然动力现象等多种原因,所表现的信息时长变化也具有复杂性,这种时相变化也会造成信息的不确定性。遥感图像数据的复杂性及遥感图像中地物纹理特性的复杂性也都会使信息存在不确定性[31]。

综上,从遥感数据的获取处理到最终输出过程中,由于操作和环境等各种影响引入了数据获取误差、数据处理误差、数据转换误差、信息提取误差,这些误差最终都会对遥感产品产生不确定性[32]。由误差传播规律可知,在遥感数据的获取、处理、分析、转换等过程中产生的不确定性都会积累叠加,最终的卫星遥感图像实际质量会包含一定的误差,这些不确定因素对后续的解译与应用造成了很大的障碍。

2. 卫星遥感图像信息量描述

卫星遥感图像信息量反映了卫星遥感的不确定性。由于信息量本身具有广义性、复杂性的特征,因此不同的行业对信息量有着不同的理解。针对卫星遥感图像而言,可供人认知的信息大致分为客观信息与主观信息两类。

客观信息主要体现在图3-4所示的光学遥感系统成像链路模型中,期间伴随着数据产生、传递、分发、存储等。当代卫星遥感信息的研究也主要停留在这一范畴。能量传输、星上处理、星地链接、数据共享是造成客观不确定性的主要因素,且这种不确定性造成的信息缺失、信息虚假是绝对的,不以人的意志为转移。因此,提高硬件的精度与寿命、算法的适用性与效率、模型的拟合度与泛化能力是降低噪声影响、提高信息获取水平的主要途径。

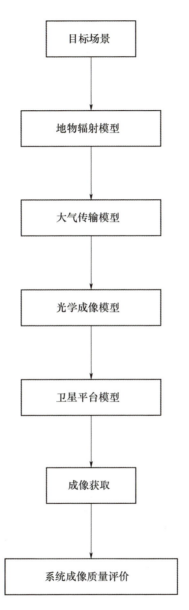

图3-4 光学遥感系统成像链路模型

主观信息则建立在客观信息之上,是对客观信息内容的提炼与总结。客观信息只是对事物及其发展过程的客观反映,对于卫星遥感数据获取及成像来说,也仅是对客观存在的地物进行信息采样描述的过程。而从认识论来说,人是认识的主体,一切信息都要经过人的主观作用才可发展为有用的主观信息。因此,主观信息的质量受用户主观不确定性影响。在遥感解译应用中,客观的图像信息经过解译人员的判读操作变为有用的主观信息,其中客观图像信息的真实性、解译人员的经验水平都是影响解译判读的重要因素。

综上,卫星遥感图像信息量是指可被感知与提炼的信息材料,是主客体统一的产物,其中客观信息描述了信息体量的大小,主观信息描述了信息质量的好坏。

3. 基于不确定性的信息量测度

基于不确定性的信息量测度是在考虑信息主客观差异情况下给出的信息量大小的度量方式。从广义上来说,信息量测度是一种函数,如长度、面积、体积、质量等都是测度。因此,在不同的测度下,信息量往往不同。在基于不确定性的信息量测度下,不确定性是影响信息量大小的主要因素。

在卫星遥感领域,客观信息量的大小主要由空间分辨率、量化等级、时间序列等描述,因此高分辨率、高量化等级、长时间序列往往带来更多的客观信息量。主观信息量大小主要由解译特征库、解译人员能力、自动解译模型、其他非遥感因素等决定,而更加完备的解译特征库、经验更丰富的解译人员、更贴合实际的解译模型对于精确提取主观信息尤为重要。

对于主、客观信息来说,只有在某个或者若干个测度下才可对信息提取能力与大小进行衡量。目前卫星遥感信息论研究主要集中在对客观信息的描述上,聚焦于遥感成像的整个过程。经过一系列模型优化、数据采集与分发过程,使卫星获取的目标信息最大程度地与真实目标信息相符,从信息论角度来看,实际上是完成了目标物信息至像信息的转换。主观信息量由于其不稳定因素较多,对其进行信息定量化处理较为困难,常用方法主要有粗糙集处理、模型化分析等。同样,从信息论角度来说,其实际上完成了目标像信息至解译信息的转换。因此,物信息、像信息及解译信息逻辑可用图3-5所示。

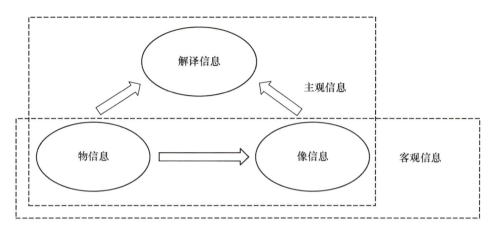

图 3-5 主客观信息的逻辑关系

由于信息不确定性的存在,卫星遥感图像在变为主观可利用信息的过程中经历了物信息—像信息—解译信息 3 个阶段。同时,解译信息实际上是主观信息的具体表现之一,其突出特征为高度抽象化。足量且准确的客观像信息是产生高质量主观解译信息的必要条件,即解译信息完成了在物信息背景下客观信息至有用信息的转变,从而被解译人员所利用。解译的目的就是使主观信息尽可能逼近客观信息,因此应尽最大可能降低不确定性带来的信息缺失与冗余。

4. 遥感图像解译信息量

在信息爆炸的当代,信息的量化是处理海量信息的基础,规范化、模型化是分析信息的必要途径。卫星遥感图像信息主客观两方面既有关联,又有差异,使用数学方法对其进行统一衡量具有重要的意义。因此,基于主客观信息概念,给出遥感图像解译信息量公式,即

$$I_E = -\log \frac{I_T}{I_A} \qquad (3-9)$$

式中:I_E 为卫星遥感图像信息量;I_T 为目标信息,反映了主观需求;I_A 为总体信息,主要参考客观信息中的图像信息。

式(3-9)是在统一应用背景下,综合考虑主客观信息,针对单一测度单一数据的卫星遥感图像信息量化方法,其既可描述解译信息量,也可分别描述主客观信息量,具有较广泛的适应性。例如,在客观信息提取过程中,利用灰度指

标可以测算每一个灰度对总体灰度频数而言的信息量;在主观信息提取过程中,利用目标检测锚框可以测算每一个感兴趣目标对于所有已发现目标而言的信息量;在数据量增多的情况下,可以用统计平均的方法计算相应测度下的平均信息熵,即可求得平均不确定性;同时,不同测度、不同数据间的信息度量指标可以由互信息理论来计算不确定性相关程度,从而可以找出不确定性之间的主导因素。值得说明的是,式(3-9)既可适用于卫星遥感图像解译,也可推广到其他遥感图像解译中。

综上,基于遥感图像解译信息量公式,可以完成卫星遥感图像客观信息度量、主观信息度量、信息相关性分析等工作,为分析遥感图像的解译性提供了有力的工具。

3.2 卫星遥感图像信息量

卫星遥感图像是进行解译的原材料,同时也是物信息到像信息转换的产物。数字图像处理是产生有效像信息的途径,同时也是数据冗余的来源。本节主要利用客观信息提取思想,从信息特征、全色图像信息、多波段图像信息角度进行信息量求解过程计算。

3.2.1 卫星遥感图像信息特征

像元是数字图像组成的基础,是研究数字图像信息量的起点。对于一幅数字图像的单像元来说,其信息量的组成主要有灰度信息量和位置信息量两部分[33]。设某像元的灰度级数为 m,其中每个灰度值出现的概率服从均匀分布 $P(x=k) = \frac{1}{m}(k=1,2,\cdots,m)$,利用自信息的概念即可给出数字图像单像元灰度信息量公式,即

$$I_k = -\log_2 P_k = -\log_2 \frac{1}{m} = \log_2 m \qquad (3-10)$$

由式(3-10)可知,假如灰度量化级数为0~255,则其灰度信息量值为8bit/像元,正好对应8位量化。

由于图像纹理的存在,因此数字图像中每个像元所处的位置也会携带相应的信息,称为位置信息量。设一幅图像由$2^j \times 2^l$个棋盘格组成,按照自信息量的公式,则该数字图像行方向上携带的信息量J_k为$j$bit,列方向上携带的信息量L_k为$l$bit。因此,在考虑灰度信息量和位置信息量之后,一幅数字图像单像元携带的信息量为

$$H_k = I_k + J_k + L_k \qquad (3-11)$$

卫星数字图像作为解译人员获取信息的第一手材料,整个成像过程中大气辐射传输特性、传感器分辨率、数字化等都会影响最终像片具有的信息量。因此,在对图像信息量定量化处理之前,我们需要了解一幅卫星数字图像具有的信息特征。

1. 波谱信息特征

波谱信息特征是数字图像重要的特征之一。数字图像成像过程中,传感器收集到不同波段的 DN 值,经归一化处理转换为带有量纲的像元值,后经波段合成形成各种彩色图像。在排除同谱异物的情况下,单一的像元对应不同的波谱特性。特别是在高光谱应用中,较多的谱段在光谱层面提供了丰富的信息,解译人员通过对高光谱波谱图的研究便可解译相应的目标。图 3-6 所示为褐色砂砾质土壤的波谱特性曲线。

2. 空间信息特征

空间信息特征主要由空间位置信息和空间图像信息组成。空间位置信息是指所要解译的目标实际在地球上的真实地理坐标,与投影系、几何校正等有关。在解译过程中,某地物目标所处的位置本身就会带有一定的信息量,如一栋建筑出现在茂密的森林中所蕴含的信息往往比出现在密集的居民区要多。这种由于地理位置带来的信息量通常需要大量的人为经验判定,因此很难定量描述其信息量大小,其是图像空间信息特征的重要组成部分之一。图 3-7 是丛林中某阵地卫星遥感图像,其空间位置信息由目视解译方法判别得出。

空间图像信息是指在给定一幅图像后,图像所包含的信息量大小。点、线、面的组合提供了一幅图像的空间结构信息,色相、明度、饱和度的不同又带来了丰富的色彩信息。一幅图像所能带来的信息特征主要有色彩、结构、

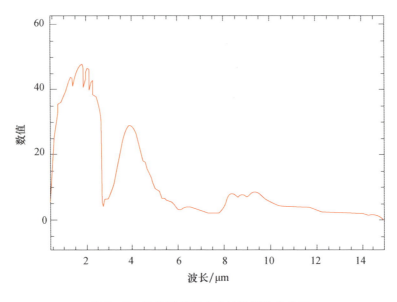

图3-6 褐色砂砾质土壤的波谱特性曲线

图3-7 丛林中某阵地卫星遥感图像

距离、纹理等。因此,由于采样、量化、波段组合、噪声特征等差异性,一幅图像具有的信息量也各不相同。本章之后的内容介绍的图像信息就是指空间图像信息。图3-8是某图像的空间图像信息,包括投影方式、分辨率、格式等信息。

```
Dims: 7621 x 7761 x 1 [BSQ]
Data Type: UInt
Size: 118,355,598 bytes
File Type: TIFF
Projection: UTM, Zone 49 N
   Datum    : WGS-84
   Pixel    : 30 Meters
```

图 3-8 某图像的空间图像信息

3. 时间信息特征

时间信息特征是指不同时相的卫星数字图像所能带来的信息。目前,飞速发展的视频卫星可以做到对某一地面目标的"凝视"监控,这对于获取目标的行动方向、意图等信息具有很好的效果。不同的卫星具有不同的时间分辨率,对于重访周期较短的卫星来说,其最快可以达到以小时计的观测速度,对变化的目标具有较好的监测能力,如可以利用不同时相的像片观察土地利用的变化。同时,不同时相的卫星遥感图像对于人文历史变迁研究起到了很好的推动作用。图 3-9 展示了 20 世纪 60 年代由时间信息表现出的山村的变迁。

3.2.2 全色卫星数字图像信息量

全色图像是一幅由单波段组成的以灰度图显示的黑白图像,如在 Landsat8 中第 8 波段就为全色波段。全色卫星数字图像具有较高的分辨率,可以较大程度地保留地物具有的信息。其可以与其他波段融合用于图像增强,同时可以在一定程度上提升解译的成功率。

1. 灰度直方图

灰度直方图是反映一幅图像中灰度级数分布的图表。整个图表以灰度级为横坐标,以每个灰度级出现的频数为纵坐标,以离散函数的方式反映了灰度级与灰度频数的对应关系。将一幅图像所有像元的灰度级视为随机变量的条件下,灰度直方图可以很好地反映一幅数字图像的统计特性。图 3-10 是灰度直方图的绘制过程。

图 3-9　20 世纪 60 年代由时间信息表现出的山村的变迁

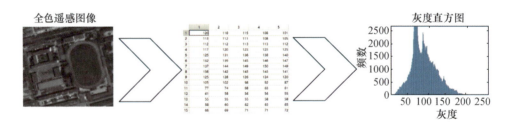

图 3-10　灰度直方图的绘制过程

灰度直方图由于只能统计像元灰度的分布特性,因此其只能统计像元灰度信息量,而无法反映位置信息量。同时,需要注意的是,一幅数字图像对应唯一的灰度直方图,而一个灰度直方图可以对应多幅数字图像。

2. 灰度信息熵

由于每幅图像的灰度直方图是确定的,因此定义一幅图像中某灰度级出现的概率为

$$P_i = \frac{n}{m} \quad (3-12)$$

式中:n 为某灰度级出现的频率;m 为灰度级频率总数。

这样就建立了从概率论角度分析卫星数字图像信息量的前提。借助信息论中信息熵的概念,可以得到全色单波段图像信息熵公式,即

$$H = -\sum_{i=1}^{K} p_i \log_2(p_i) \quad (3-13)$$

式中:K 为灰度级数,如在 8 位量化中 $K=256$。

在信息论中,信息 = 后验不确定性 − 先验不确定性。信息熵是事物平均不确定性的度量指标,事物的不确定性越大,则信息熵越大。从信息论解译的角度来看,数字图像的灰度信息熵就是一种先验不确定性。信息熵越大,那么在消除这种先验不确定性的过程中所能获得的信息量越多。

以上信息熵是基于灰度直方图计算而来的,它反映了由灰度的分布特征带来的平均不确定性大小,称为灰度信息熵。灰度直方图的分布从某种程度上可以反映图像细节的多少。一幅图像的细节越多,其直方图灰度分布越分散,信息熵越大,在减少这种不确定性的过程中所能获得的信息越多;反之,如果直方图灰度分布越集中,信息熵越小,在减少这种不确定性过程中所获得的信息就越少。也就是说,在后者条件下某事件的发生越接近于确定事件。以下是在同一分辨率、不同时相下的某海港图像灰度信息熵对比。

由图 3-11 可以看出,正是因为船只的出现,使得该海港图像的灰度分布相对分散,细节较多,信息熵相对较大。我们在消除这种不确定性的过程中便得到了"船只"的信息。

以上例子针对的是同一分辨率条件下不同场景的信息量计算。对于同一场景不同分辨率的图像来说,灰度信息熵对比如图 3-12 所示。

由图 3-12 可以看出,在同一场景不同分辨率的图像中,主观上越清晰的图像熵越大,不确定性越大,那么解译人员在消除这种不确定性的过程中可以

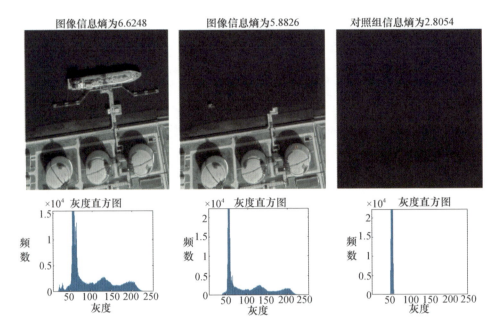

图 3-11　在同一分辨率、不同时相下的某海港图像灰度信息熵对比

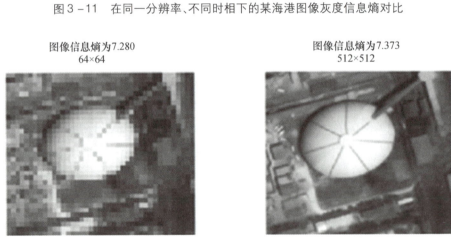

图 3-12　同一场景不同分辨率的图像灰度信息熵对比

从中获得的目标信息就越多。例如,图 3-12 中清晰的图像不仅可以解译大型建筑,还可以解译周围小型建筑群,符合人们的主观认知。

综上所述,卫星遥感图像解译过程其实就是消除不确定性,获取信息的过程。信息的获取由于难易程度、任务目标不同,解译人员可以依据图像的灰度信息熵进行任务量提前判定。

3. 单像元噪声疑义度

设全色 m 像元 $\times m$ 像元的遥感图像,像元灰度按 $q$bit 量化,则每景图像能存储的数据总量为

$$Q = b\,m^2 \qquad (3-14)$$

在信息论中,平均互信息是指接收到信号 Y 后,从 Y 中所能获得的 X 的信息量大小。其公式为

$$I(X;Y) = H(X) - H(X|Y) \qquad (3-15)$$

在通信传输模型中,由于信息传输过程中信道噪声的影响,使得信息的输入与输出往往不一致。因此,式(3-15)中的条件熵 $H(X|Y)$ 也称为信道疑义度,字面理解为信息传输过程中对信源 X 不确定性尚存的疑问。由于平均互信息量等同于信宿所能收到的信息,因此信息量可以理解为先验不确定性与信道疑义度之差。

在一幅遥感图像中,图像所能储存的数据量 Q 并不能等同于信息量。数据量指的是存储一幅图像所占用的内存大小,在计算机中通常体现为文件大小;信息量是指人们可以从一幅遥感图像中获得的信息多少。实际遥感图像的信息量还与噪声疑义度、邻元相关性、波段相关性及几何畸变等多种因素有关。

实验证明,遥感图像的灰度信号与噪声皆成正态分布[34],设其方差分别为 δ_ε 和 δ_η,则有

$$H_{(\varepsilon)} = \ln\sqrt{2\pi e\delta_{(\varepsilon)}} \qquad (3-16)$$

$$H_{(\eta)} = \ln\sqrt{2\pi e\delta_\eta} \qquad (3-17)$$

因此,单像元灰度的平均信息量可以表示为[35]

$$H_{(g)} = H_{(\xi)} - H_\eta = \ln(\delta_\varepsilon/\delta_\eta) \qquad (3-18)$$

这说明单像元灰度的信息量等于其信噪比的对数。

表 3-2 所列为某图像灰度标准差(Standard Deviation)查询结果。

表3-2　某图像灰度标准差查询结果

基本统计	最小值	最大值	均值	标准差
波段1	0	255	87.96	75.81
波段2	0	255	87.96	69.28
波段3	0	255	67.00	66.95

表3-3列出了256级灰度情况下几种典型信噪比的像元灰度信息量。表3-3中的数据说明,采用很简单的单像元编码压缩方法就可能实现约2.3倍的完全无损压缩,即解压缩后可以完全恢复原数据。

表3-3　256级灰度情况下几种典型信噪比的像元灰度信息量

δ_ε/bit	δ_η/bit	$H_{(g)}$/bit
48	4	2.48
48	3	2.77
48	2	3.18
32	1	3.47

4. 像元邻元相关性

在概率论中通常用相关系数(Correalation Coefficient,CC)来描述两个变量之间的相关性。对于一幅数字图像来说,由于图像中纹理等内容的存在,像元间存在一定的关联,因此这里给出数字图像自相关系数公式,即

$$\rho = \frac{\sum_{i=1}^{m}\sum_{j=1}^{n}[G_t(i,j)-\overline{G}][G_s(i,j)-\overline{G}]}{\sqrt{\sum_{i=1}^{m}\sum_{j=1}^{n}[G_t(i,j)-\overline{G}]^2}\sqrt{\sum_{i=1}^{m}\sum_{j=1}^{n}[G_s(i,j)-\overline{G}]^2}} \quad (3-19)$$

式中:$\overline{G}$为像元平均灰度值;$G_t(i,j)$为目标像元的灰度值;$G_s(i,j)$为相邻像元的灰度值。

实践证明,遥感图像的灰度由一阶马尔可夫统计随机过程,其协方差矩阵可以表示为

$$C = \delta^2 \begin{vmatrix} 1 & \rho & \rho^2 & \cdots & \rho^{n-1} \\ \rho & 1 & \rho & \ddots & \\ \rho^2 & \rho & 1 & & \vdots \\ \rho^{n-1} & & \cdots & & 1 \end{vmatrix} \quad (3-20)$$

式中:δ^2 为信号方差;ρ 为相邻像元间的自相关系数,$\rho \leq \left(1 - \dfrac{\delta_\eta}{\delta_\varepsilon}\right)$。

图 3-13 所示为按照一阶马尔可夫特性理解的遥感图像像元之间的相关性。图 3-13 中,1 为中心像元,按 8 联通原则,ρ 为 $\tau=1$ 的邻像元与中心像元的相关系数,ρ^2 为 $\tau=2$ 的邻像元与中心像元的相关系数。按信息论的原理,相邻像元间的互信息量为

$$I(\tau, \tau+1) = -\ln(1-\rho) \quad (3-21)$$

ρ^2	ρ^2	ρ^2	ρ^2	ρ^2
ρ^2	ρ	ρ	ρ	ρ^2
ρ^2	ρ	1	ρ	ρ^2
ρ^2	ρ	ρ	ρ	ρ^2
ρ^2	ρ^2	ρ^2	ρ^2	ρ^2

图 3-13 遥感图像像元之间的相关性

由中心像元增加 t 个像元时,所增加的信息量为

$$H_{(t)} = t\ln(\delta_\varepsilon/\delta_\eta) + t\ln(1-\rho) \quad (3-22)$$

由式(3-22)可以看出,当 $t>0$ 时,由于 $t\ln(1-\rho)$ 恒小于 0,因此可以认为由于图像的邻元相关性,中心像元每增加一个,单像元的信息量减少 $\ln(1-\rho)$。

5. 单波段全色图像信息量

综合前面有关信息熵、疑义度、邻元相关性等内容,可知一幅遥感图像包含的信息量是由众多因素综合考虑后得出的。设一幅图像的信息熵为 H,噪声疑义度为 H_η,邻元互信息量为 H_γ,则图像单像元实际的信息量为

$$H_f = H - H_\eta - H_\gamma \quad (3-23)$$

若图像的大小为 $m \times n$，则单波段全色图像总信息量为

$$W = m \times n \times H_f \tag{3-24}$$

3.2.3 多波段卫星数字图像合成及信息量

1. 多波段数字图像彩色合成

对于卫星遥感数字图像来说，卫星记录并传输至地面站的是一个由数字组成的矩阵，不能被人眼识别感知。卫星遥感图像人工解译的过程可以理解为人眼感知数字图像并加以分析提取信息的过程。图像只有经过显示过程，才能解译出所需要的信息。因此，解译人员需要了解图像显示的过程及图像拉伸等基本处理方法。

卫星数字图像显示是将一系列离散数字矩阵转换为人眼可见图像的过程。由于像素本身是没有颜色的，因此应将传感器记录的像素值转换为具有颜色的地物显示效果，其合成过程如图 3-14 所示。

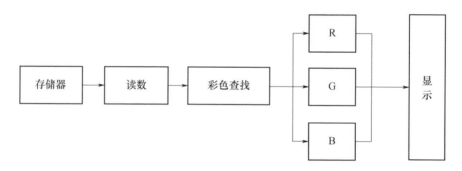

图 3-14　图像彩色合成过程

由此过程可以看出，遥感图像显示的过程就是将遥感数据选择的波段作为 R、G、B 通道，并赋予不同色彩的过程。若 R、G、B 全都由一个波段赋值，那么最终显示为单波段的黑白图像，否则显示为彩色图像。色彩显示很重要的一步是将每个像元代表的数值赋予相应的颜色，此时组成颜色最基本的源组成的集合称为色彩模型，常用的色彩模型有 RGB、IHS 等。

图 3-15 反映了人眼对于不同波长范围的可见光所能感知的能力大小。由图 3-15 可知，人眼对于光的感知范围在 0.38~0.76μm。也就是说，光谱信

息只有在该范围内,人眼才可以感知色彩。彩色与非彩色的区别在于非彩色特指灰阶,彩色是指除黑白色系列以外的各种颜色。

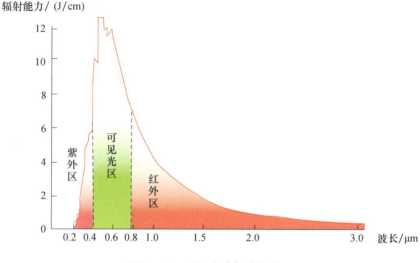

图 3-15　可见光感知波段范围

彩色图像的显示是由彩色合成来实现的,彩色合成的主要方法有伪彩色合成、真彩色合成、假彩色合成等。

（1）伪彩色合成。伪彩色合成是将一幅灰度图像转换为彩色图像的过程,主要合成方法为密度分割。密度分割是将单波段的遥感图像灰度范围进行分割,并对每个分割块赋予不同的颜色。这样做的目的在于提高图像显示的差异性,从而更有利于对目标的解译。因为伪彩色合成使用单波段作为 RGB 的通道,且图像颜色通常与实际地物不符,因此称为伪彩色。

（2）真彩色合成。真彩色合成是在三通道波段选择时,分别选择红波段、绿波段、蓝波段作为 RGB 进行合成。此时合成的颜色与地物实际的颜色最为接近,因此称为真彩色合成。

（3）假彩色合成。假彩色合成是在进行 RGB 三通道波段选择时,波段选择的方式是任意的,这样做的目的在于利用不同的波段组合,使得最终显示的图像更符合人眼的视觉认知能力,更有利于突出目标地物。

2. 多光谱图像波段组合

在普通数字相机摄影中,由于摄像机传感器只能捕获红绿蓝 3 个波段的能量,因此普通数字相机拍摄的是真彩色合成图像;而卫星传感器所能捕获能量的波段数一般会大于 3。

在多光谱遥感中,假彩色合成图像由于可以使用不同的波段组合,因此其表现地物信息丰富程度的能力各不相同。理论上,可以利用不同的波段组合方式来突出所要解译的目标,从而降低目视解译的难度,提高解译速度。其中最有利于解译的波段组合称为最佳波段组合。下面以 Landsat8 为例,介绍各种波段组合下的图像合成效果,以及利用 OIF 指数评估波段合成所能提取信息量的大小。

Landsat8 是美国发射的 Landsat 系列第 8 颗卫星,其于 2013 年在加利福尼亚范登堡空军基地由 Atlas – V 火箭搭载发射成功。Landsat8 卫星搭载的传感器主要有用于多波段成像的 OLI(Operational Land Imager)传感器和用于热红外成像的 TIRS(Thermal Infrared Sensor)传感器,其各个波段的信息如表 3 – 4 所列。

表 3 – 4　Landsat8 传感器各个波段的信息

传感器类型	波段	波长范围/μm	空间分辨率/m
OLI	波段 1 Costal	0.433 ~ 0.453	30
	波段 2 Blue	0.450 ~ 0.515	30
	波段 3 Green	0.525 ~ 0.600	30
	波段 4 Red	0.630 ~ 0.680	30
	波段 5 NIR	0.845 ~ 0.885	30
	波段 6 SWIR 1	1.560 ~ 1.660	30
	波段 7 SWIR 2	2.100 ~ 2.300	30
	波段 8 Pan	0.500 ~ 0.680	15
	波段 9 Cirrus	1.360 ~ 1.390	30
TIRS	波段 10 TIRS1	10.60 ~ 11.19	100
	波段 11 TIRS2	11.50 ~ 12.51	100

(1) 波段4、3、2组合为真彩色合成,主要用于反映实际地物的颜色,如图3-16所示。

图3-16 波段4、3、2合成

(2) 波段7、6、4组合为假彩色合成,这种合成方式由于运用了短波红外波段,因此对于城市或者居民地的检测有很好的效果。图3-17所示的居民地被赋予紫色,因此城市目标被突出显示。

图3-17 波段7、6、4合成

（3）波段 5、6、4 组合为假彩色合成，由于 6 波段可以使土壤和水体显示较高的对比度，因此这种彩色合成方式可以有效地区分陆地和水体。如图 3-18 所示，相较于真彩色合成，山中的河流可以更加明显地显示出来。

图 3-18　波段 5、6、4 合成

（4）波段 6、5、2 组合为假彩色合成，可以用于农作物的监测，有效解译山区内的耕地，如图 3-19 所示。

（5）波段 5、4、3 组合为假彩色合成，可以突出植被，其中植被被赋予了深红色，如图 3-20 所示。

3. 多波段数字图像信息量公式

多波段数字图像是多波段组合后的结果，不同的波段组合会影响整幅图像信息量的大小。实践证明，图像的波段之间具有一定的相关性。下面以 Landsat8 中自然真彩色波段合成方式 4-Red、3-Green、2-Blue 为例进行介绍。设 4、3、2 波段的单波段信息量分别为 W_4、W_3、W_2，则合成后的图像总信息量为

$$W_{4,3,2} = W_4 + W_3(1-\rho_{4,3}) + W_2(1-\rho_{4,2})(1-\rho_{3,2}) \quad (3-25)$$

式中：$\rho_{x,y}$ 为 x、y 波段间的相关系数。

图3-19　波段6、5、2合成

图3-20　波段5、4、3合成

对于其他波段组合方式及波段数量不同的情况,多波段数字图像信息量可以依此类推。表3-5和表3-6所列为Landsat8某图像各个波段的协方差及相关系数。

表3-5 各个波段的协方差

协方差	波段1	波段2	波段3
波段1	5747.74	3904.76	5275.82
波段2	3904.76	4799.69	2655.74
波段3	4275.82	2655.74	4481.73

表3-6 各个波段的相关系数

相关系数	波段1	波段2	波段3
波段1	1.00	0.74	0.84
波段2	0.74	1.00	0.57
波段3	0.84	0.57	1.00

在理解数字图像信息量计算过程之后,下面以Landsat8图像的4、3、2波段组合为例,介绍求得一幅图像的信息量过程,具体如下。

（1）计算图像信息熵。

（2）计算噪声疑义度。

（3）计算邻元相关系数。

（4）计算波段方差和相关系数矩阵。

（5）代入信息量公式进行求解。

3.3 卫星遥感图像解译信息论方法

在信息量提取的3个阶段中,物信息具有的信息量最多,这是卫星遥感解译信息论的基本立场,客观信息转换为主观信息的过程也就是解译的基本过程。因此,卫星遥感图像解译伴随着主客观信息的相互作用。物信息、像信息和解译信息三者之间的包含关系如图3-21所示。

由图3-21可知,解译信息既源于像信息,又源于物信息。解译信息与像信息在包含于物信息的同时,二者彼此区分,却又相互联系。掌握主客观统一

第 3 章 >> 卫星遥感图像解译的信息论基础

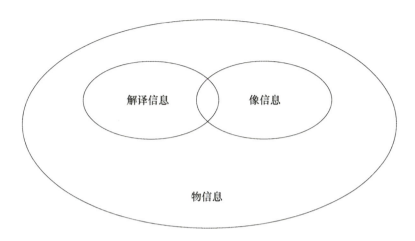

图 3-21　物信息、像信息和解译信息三者之间的包含关系

的图像解译信息论方法，有助于深刻认识地物信息在卫星遥感成像传递过程中的变化规律。

本节从主观信息量角度介绍基于主观认知的解译信息量评价标准，利用图像解译信息量公式[式(3-9)]解释图像质量方程的来源，同时从客观信息量角度介绍在不同图像处理技术手段下信息量的差异产生与需求应用。

3.3.1　基于主观认知的解译信息量评价标准

卫星遥感解译是获取地物目标信息重要的手段之一。目前，卫星数量越来越多，未来还会有更多的卫星发射升空，其中不乏高分辨率对地观测卫星。大量的数据伴随着大量的信息，对目视解译与大数据时代下的智能解译带来了新的机遇与挑战。从信息获取角度来说，我们可以思考以下问题：什么是好的图像？标准是什么？哪些图像可以带来更有价值的信息？

遥感是由人创造，用于认识客观世界变化规律的工具。从认识论角度来说，遥感的本质是一种信息提取的过程。信息有其客观性及有用性之分，客观性是指不以人的意志为转移的信息，如卫星所成图像携带的信息就属于客观信息；有用性是指对客观信息进行提炼而获得的信息，如卫星遥感图像信息需要经过人的作用（解译）才可以变为可利用信息，人在该过程中发挥着主观能动作用。

目视解译是一种主观行为，其突出特点是较依赖于人为经验。在不同的应用背景下，不同解译人员的主观意识会造成解译准确率的不同。美国于 20 世纪 60 年代起陆续发射了"锁眼"等系列侦察卫星，在更有利于对地观测的同时，海量的需要目视解译的卫星数据也给解译人员带来了较大的挑战，其中参差不齐的解译效果更是极大地降低了任务完成的效率和精度。因此，美国制定了一套主客观结合的美国国家图像解译度分级标准(the National Imager Interpretability Rating Scale, NIIRS)及在客观物理参数下衡量解译效果的一般图像质量方程(General Image Quality Equation, GIQE)。

1. NIIRS

在介绍 NIIRS 之前，首先介绍遥感图像质量评价。遥感图像质量评价大致分为主观评价与客观评价两种，如图 3 - 22 所示。

图 3 - 22　遥感图像质量评价

主观评价基于人的视觉特点，其分为直接评价与间接评价。直接评价是利用目标解译的识别概率、识别时间、距离度量等内容进行评价，间接评价是指基于图像视觉特性、被感知程度及任务执行情况进行评价。主观评价的特点是受人为因素影响较大。

第3章 >> 卫星遥感图像解译的信息论基础

客观评价是利用可以测量的定量参数,通过数学模型计算,得到图像的质量好坏及目标解译识别概率的信息。

NIIRS 是一种通用的分级方式,是对目标信息获取能力、解译识别概率、解译信息质量等内容进行评价的一系列标准体系。其最初在图像分辨率评估和报告标准委员会(Image Resolution Assessment and Reporting Standards Committee,IRARS)赞助下于 20 世纪 70 年代开发。NIIRS 的基本思想是通过建立一个分级量表,将需要解译的目标分为 0~9 级,从而判定一幅图像可以提取什么信息或不可以提取什么信息。随着遥感技术的发展,NIIRS 分为可见光、红外、SAR 等标准。表 3-7 列出了可见光的 NIIRS 评价标准(1994)[36]。

表 3-7 可见光的 NIIRS 评价标准

等级	分类	判据
0		由于图像模糊、恶化或极差的分辨能力,致使解译工作无法进行
1		发现中等大小的港口设施或辨别大型机场的跑道和滑道
2	空	发现机场的大型机库
	电	发现大型固定雷达站(如 AN/FPS-85、COBRA DANE、PECHORA、HANHOUSE)
	陆	发现军事训练区域
	海	发现海军设施的大型建筑(如仓库和建造大厅)
	文	发现大型建筑(如医院和工厂)
3	空	辨认所有大型飞机(如 707、CONCORD、BEAR、BLACKJACK)的机翼形状(直翼、掠翼和三角翼)
	电	由形状、土丘及混凝土顶罩辨认地对空导弹基地的雷达和制导区域
	陆	由形状和标志发现直升机升降场
	海	辨别停泊在港口的大型海面舰只的类型(巡洋舰、补给舰、非战斗舰或商船)
	文	发现铁路线上的火车或标准滚动台座(但不要求辨认出每个车厢)
4	空	辨认所有大型战斗机(如 FENCER、FOXBAT、F-15、F-14)
	电	发现独立的大型雷达天线(如 TALL KING)
	陆	辨别履带车辆、野战炮、大型舟桥设施及成群出现的轮式车辆
	海	判定中等大小潜艇(ROMEO、HAN、Type 209、CHARLIE Ⅱ、ECHO Ⅱ、VICTOR Ⅱ/Ⅲ)的头部形状(尖头、钝头或圆头)
	文	辨认铁路调车场中每一节火车、铁路线、控制塔及铁道交叉点

（续）

等级	分类	判据
5	空	基于加油设备辨别 MIDAS 和 CANDID
	电	辨认雷达是安装在汽车上还是安装在拖车上
	陆	辨认已展开地对地战术导弹系统的类型（FROG、SS-21、SCLID）
	海	辨认 KIROV-、SOVREMENNY-、SLAVA、MOSKVA-、KARA-、KRESTA-Ⅱ级舰只上 TOP STEER 或 TOP SAIL 对空监视雷达
	文	辨别每节火车的类型（敞蓬车、平板车或厢式货车）及机车的类型（蒸汽机车还是内燃机车）
6	空	辨认小型或中型直升机的型号（如 HELIX A、HELIX B 和 HELIX C，HIND D 和 HIND E，HAZE A、HAZE B 和 HAZE C）
	电	辨认 EW/GCI/ACQ 雷达天线的形状，是抛物面、有剪边的抛物面还是矩形
	陆	辨别中型卡车的备用轮胎
	海	辨认在 SLAVA 级舰艇上 SA-N-6 导弹的每一个垂直发射器顶盖
	文	辨认轿车和厢式旅行车
7	空	辨认战斗机大小飞机（如 FULCRUM、FOXHOUND）的附件和整流罩
	电	辨认电子车辆的入口、阶梯和通风口
	陆	发现反坦克导弹的安装（如 BMP-1 上的 SAGGER）
	海	辨认在 KIROV、KARA 和 KRIVAK 级舰只上 RBU 的每个炮管
	文	辨认铁轨的每个节点
8	空	辨认轰炸机上的铆钉线
	电	发现安装在 BACKTRAP 和 BACKNET 雷达顶部的角状和 W 状天线
	陆	辨认手持式地对地导弹（如 SA-7/14、REDEYE、STINGER）
	海	发现安装在甲板上的起重机的卷扬机钢索
	文	辨认汽车的雨刮器
9	空	从飞机体表嵌板紧固件的"一"字槽中辨认"十"字槽
	电	辨认天线罩连接导线的浅色调的小型陶瓷绝缘子
	陆	辨认卡车的车牌号
	海	辨认编织绳索（直径在 1~3in）
	文	发现铁路线上的每一个道钉

对于遥感卫星来说，目标解译的目的可以分为发现、识别、确认、详细描述 4 个不同的层级。图 3-23 所示为目视解译层级的实例。其中，发现指的是可以

找到目标,注重对目标的有无进行判定,如图 3-23(a)中可以发现机场的存在;识别是指可以判定目标的基本类型,如区分飞机、坦克等,注重对目标的类别特征进行判定,如图 3-23(b)中可以发现机场中飞机的存在;确认是指可以判定特定目标的准确类型,如飞机的型号,如图 3-23(c)中可以确认飞机为民用某型号飞机;详细描述是指可以判定目标的细节属性,如图 3-23(d)中可以确认飞机的翼展、颜色、状态等。

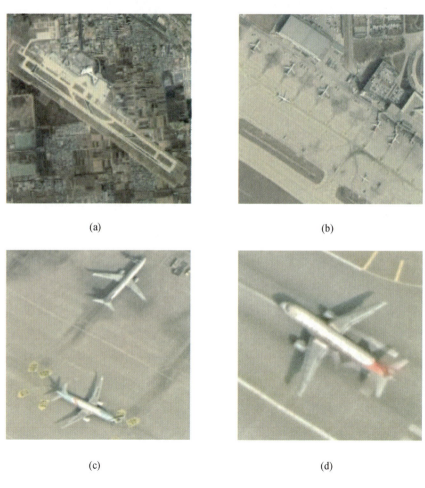

图 3-23　目视解译层级划分实例
(a)发现;(b)识别;(c)确认;(d)详细描述。

2. GIQE

NIIRS 在信息量提取与解译难度之间提供了一个良好的准则,但是由于其认为主观因素影响较大,因此对目视解译人员的经验要求较高。20 世纪 80 年代末,人们根据 NIIRS 开发出了 GIQE 算法。GIQE 算法的目的是通过输入参数预测 NIIRS,从而可以从定量角度为解译人员提供参考信息。GIEQ 算法公式如下:

$$\text{NIIRS} = 1.0251 - a \lg \text{GSD}_{\text{GM}} + b \lg \text{RER}_{\text{GM}} - 0.656H - 0.344 \frac{G}{\text{SNR}}$$

(3-26)

式中:GSD 为地面采样间隔;RER 为边界响应函数;SNR 为信噪比;H 为边界响应尖峰,通常定义为距离边界中心 1.25 个像素的边界响应;a、b 为常量。

式(3-26)是经验公式,从其本质来说,是图像解译信息量公式(3-9)的变体。其中,GSD、RER 可看作不同测度下的数据指标。利用 GIQE 对传感器进行在轨信息获取能力评估时,使用的是客观的传感器数据;对传感器发射前进行成像性能预估时,输入的是人为主观测度参数。因此,GIQE 是常用的主客观统一信息度量指标。

实践研究证明,使用图像质量方程计算得到的图像质量等级与应用专家根据一定准则判读得到的图像质量等级具有很好的相关性,这表明利用 GIQE 通过图像分析得出的 NIIRS 可以描述真实的解译特性。

NIIRS 和 GIQE 经常作为主观认识与客观物理参数结合的方法,在卫星遥感领域具有广泛的应用。例如,GIQE 可以很好地预判成像载荷拍摄像片所能达到的效果,因此美国的"全球鹰"无人机及"锁眼"卫星在设计之初就参考了 GIQE;同时,GIQE 在无人机和卫星航迹规划中也有重要的作用,根据侦察目的的不同,利用 GIQE 预判平台侦察位置的 NIIRS 可以达到避免火力打击,有效优化航迹的目的。

3.3.2 基于信息量评估的图像差异性分析

1. 图像拉伸信息量

图像拉伸属于图像增强方式之一,在实际的解译应用中,图像拉伸伴随着对比度的改变,最终使得目标的信息边缘更容易识别,从而提高目视解译的成功率。对比度是指最大灰度与最小灰度的差。然而,实际应用中,对于一些对比度较小的图像来说,由于图像灰度差异较小,使得目视解译的过程很难正确识别地物。因此,可以通过图像显示拉伸方式改变对比度。常用图像拉伸方式如图 3-24 所示。

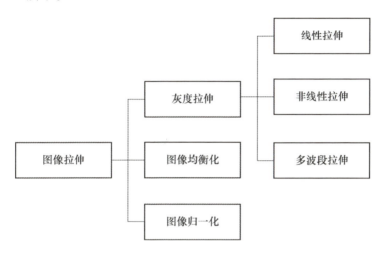

图 3-24 常用图像拉伸方式

图像拉伸作为一种改善图像的方法,在卫星遥感解译中常用于提高目标的对比度,增大与周围环境的反差,从而达到有效解译的目的。图 3-25 是在雾天某目标经图像线性拉伸前后对比。

(a)   (b)

图 3-25 在雾天某目标经图像线性拉伸前后对比

(a)拉伸前;(b)拉伸后。

从图 3-25 可以看出,经过图像拉伸后,对比度发生了明显的改变。主观上拉伸后的图像由于具有较高的对比度,解译人员能够从图像中获得更为丰富的信息,如坦克、树木、文字显示得更为清晰。从信息论角度来说,拉伸后的图像单像元所能带来的信息熵也是不同的,其信息熵结果如图 3-26 所示。

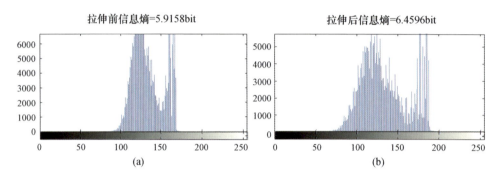

图 3-26　图像拉伸前后信息熵结果

(a)拉伸前;(b)拉伸后。

图像信息熵表征单个像元能带来信息量的大小,与灰度直方图有着密切的联系。由于图像拉伸效果增加了图像所能显示的灰度级别数量,带来了更多的灰度信息,因此图像解译人员可以由图像获得更加明确的目标信息。

2. 目标伪装信息量

下面给出一个实例,比较在不同伪装条件下某目标数字成像后的信息量大小。

在卫星遥感图像解译领域,对于目标的有效识别是至关重要的一部分。实际上,地面上的目标为了躲避卫星的监视,常常采用主动伪装的方法来改变自己的外观,以达到适应所在背景环境,从而混淆解译人员视觉捕获能力的目的。伪装网、迷彩服便是应用了这一原理。图 3-27 是两个在同一草地背景下不同伪装网的数字图像。下面通过信息量计算方法研究不同伪装效果下图像信息量的差异。

首先,计算单像元的信息熵。图 3-27 第一波段的灰度直方图如图 3-28 所示。

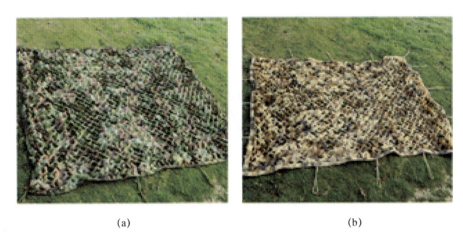

图3-27 同一草地背景下不同伪装网的数字图像

(a)伪装1;(b)伪装2。

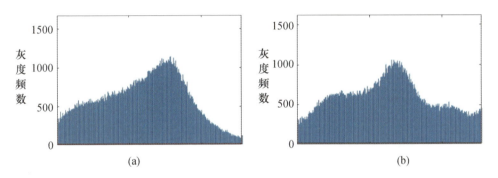

图3-28 第一波段的灰度直方图

(a)伪装1灰度直方图;(b)伪装2灰度直方图。

直观上看,伪装1比伪装2更接近于草地背景色,因此伪装1的直方图相比伪装2更为集中。表3-8是各个波段的信息熵。

表3-8 各个波段的信息熵

信息熵	伪装1	伪装2
波段1/bit	7.81	7.90
波段2/bit	7.70	7.74
波段3/bit	7.41	7.29

由于两幅图的成像方式和拍摄环境相同,因此认为其信噪比大致相同,故忽略噪声疑义度带来的影响。下面计算波段邻元相关性及互信息量,结果如表 3-9 所列。

表 3-9 波段邻元相关性及互信息量

波段 1		波段 2	
自相关系数 ρ	互信息量/bit	自相关系数 ρ	互信息量/bit
0.57	0.37	0.61	0.41
0.57	0.37	0.51	0.31
0.58	0.37	0.59	0.39

因此,在顾及图像的邻元相关性及互信息量后,各个波段信息熵计算结果如表 3-10 所列。

表 3-10 各个波段信息熵计算结果

信息熵	伪装 1	伪装 2
波段 1/bit	7.44	7.49
波段 2/bit	7.33	7.43
波段 3/bit	7.04	6.90

由于图像的色彩合成模式为 RGB 合成,因此计算各图的相关系数矩阵,结果如下。

$$\text{波段 1} = \begin{bmatrix} 1.00 & 0.93 & 0.87 \\ 0.93 & 1.00 & 0.84 \\ 0.87 & 0.84 & 1.00 \end{bmatrix} \quad \text{波段 2} = \begin{bmatrix} 1.00 & 0.91 & 0.91 \\ 0.91 & 1.00 & 0.85 \\ 0.87 & 0.85 & 1.00 \end{bmatrix}$$

$$(3-27)$$

因此,根据式(3-25),图像信息熵及总信息量对比如表 3-11 所列。

表3-11 图像信息熵及总信息量

信息熵及总信息量	伪装1	伪装2
信息熵/bit	8.10	8.25
图像大小/像素	418×370	418×370
信息量/bit	1.25×10^6	1.28×10^6
信息量差值/bit	3×10^4	

由表3-11可以看出,伪装1的色彩在主观上更加贴近草地背景色,因此相对更难被发现。从信息论的角度分析,伪装效果越好的目标,会使得整个图像主观显示更为"均质",灰度直方图更为"集中",因此存在更小的信息量。这说明模糊、伪装效果好的卫星遥感图像会给解译人员带来更大的解译难度。

需要注意的是,多光谱图像由于像元间、波段间存在相关性,会产生数据冗余现象。因此,可以通过各种图像增强及变换函数等方法来突出所需信息,从而提高信息提取效率。

3. 卫星遥感图像波段组合 OIF 指数

由于不同波段组合产生的地物波谱信息不同,因此其蕴含的信息量也不同。在信息论应用中,为了评价和比较不同组合波段条件下所能获得信息量的大小,给出了 OIF 指数的概念,公式如下:

$$\text{OIF} = \frac{\sum_{i=1}^{3} \sigma_i}{\sum_{i=1}^{2} \sum_{j=i+1}^{3} |r_{ij}|} \tag{3-28}$$

式中:σ 为标准差;r 为相关系数。

由式(3-28)可以看出,波段的相关系数越小,标准差越大,OIF 指数越大。这也说明了不同彩色合成的图像信息量与波段标准差成正比,与相关系数成反比。因此,OIF 指数越大的波段组合所能表现出的地物信息越丰富,所蕴含的信息量越大。表3-12是 Landsat8 搭载的 OLI 传感器在之前提到的不同波段组合情况下的 OIF 指数与信息量。

表 3-12　OIF 指数与信息量

OIF 指数	信息熵/bit	信息量/bit
71.15	4.42	2.6×10^8
78.16	5.52	3.3×10^8
98.24	6.72	4.0×10^8
96.48	7.51	4.4×10^8

由表 3-12 可以看出,在不同的波段组合下,OIF 指数和信息熵呈正相关。

在实际的目视解译中,解译人员为了更迅速地提取目标信息,通常会利用经验选取不同的波段组合,如利用 6、5、2 波段组合解译山区中的耕地,这是一种定性的方法。同时,OIF 指数利用信息论原理从定量的角度给出了图像信息量大小的比较方法,是一种最常用的目视解译信息提取能力的指标。

3.3.3　基于最大熵原理的卫星遥感图像分割

1. 图像分割

图像分割是数字图像处理的重要内容之一。一幅图像具有灰度、纹理、大小、颜色、形状等特征。图像分割的原理就是依据以上特征,在同一区域内,将特征相似的部分分为一类,从而在不同的区域体现不同的差异。图像分割的方法主要有基于阈值的图像分割、基于边缘的图像分割、基于区域的图像分割、基于聚类分析的图像分割、基于小波变换的图像分割、基于神经网络的图像分割等。

图像分割在计算机视觉中具有重要的意义,在人工智能飞速发展的今天,高精度的图像分割更有利于提高分类精度,从而使得模型更好地对目标进行预判。图 3-29 是图像分割示例。

2. 最大熵原理

最大熵原理由 E. T. Jaynes 于 1957 年提出。Jaynes 认为:"在只掌握部分信

图 3-29　图像分割示例

息的情况下,要对分布做出推断时,应该取符合约束条件但熵值最大的概率分布[37]。"该过程其实可以看作一个最优化问题,在实际应用中,人们常常使用建立模型的方法解决这类问题。最优化问题的核心是找到最优解。当约束条件足够时最优解可求得;反之,当约束条件不足时只能求得多解。利用熵的定义对多解进行定量化比较可以得到最优解。

举一个简单的例子,在预测抛掷硬币的正反面概率时,"硬币有正面和反面两种情况"就是一种约束。因此,根据常识,利用这一约束条件可以很容易得到硬币为正面或者反面的概率均为 1/2;如果用最大熵原理解释,就是在离散随机变量各种可能的概率分布中均匀分布的熵最大。而实际情况中,如果加入了"硬币的内部材质不均匀""抛掷过程中有空气阻力"等约束,其概率分布一定会发生变化。但人们在只有一个约束的情况下,更容易相信"正反均为 1/2"这一结果,这体现了"在所有解中,熵最大的解最优"这一原则。

3. 基于一维熵的卫星遥感图像分割

图像处理中,一维熵指的就是离散灰度直方图的熵,即统计平均意义下的不确定性。一维熵是图像灰度分布离散程度的体现指标之一。一维熵卫星遥感图像分割的原理是以图像灰度熵为指标,设置一定的阈值,以达到区分目标与背景的效果,并按照一定的法则进行二值化处理,从而达到突出目标、抑制背景的作用。

设一幅图像由 $m \times n$ 个像素组成,共有 L 灰度级,当设定的阈值分割指标为 t 时,目标与背景内各个灰度的分布概率如下。

目标:

$$p_o = \frac{p_i}{p_t} \quad (i = 1, 2, \cdots, t) \qquad (3-29)$$

背景：

$$p_b = \frac{p_i}{1 - p_t} \quad (i = t, 2, \cdots, L) \tag{3-30}$$

其中

$$p_t = \sum_{i=1}^{t} p_i \tag{3-31}$$

因此，按照信息熵原理，目标与背景的信息熵分别如下。

目标：

$$H_O = -\sum_{i=1}^{t} p_o \log(p_o) \tag{3-32}$$

背景：

$$H_B = -\sum_{i=1}^{t} p_b \log(p_b) \tag{3-33}$$

建立最大熵函数：

$$H = H_O + H_B \tag{3-34}$$

则 $H_{\max}$ 即为所求，即在 $H_{\max}$ 条件下的 t 为最大熵分割阈值。

一维熵图像分割方法属于基于阈值的图像分割方法。图 3-30 ~ 图 3-32 是不同卫星遥感目标基于一维熵图像分割结果。

 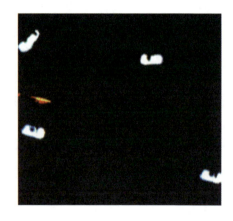

图 3-30　汽车图像分割结果

图3-31 飞机图像分割结果

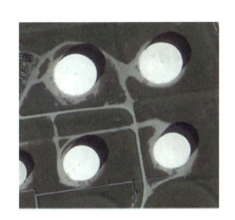 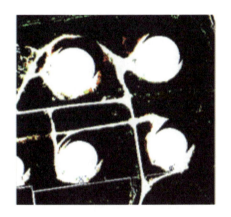

图3-32 油罐图像分割结果

卫星遥感图像分割技术在目标解译中有着重要的作用,最大程度地突出目标及抑制背景,在一定的情景中可以更有效地提高判读人员的判图效率。事实上,以上示例只是图像分割的方法之一,利用信息论对图像进行分割的方法还有最小交叉熵法、二维熵图像分割、最佳直方图熵法等。

第4章

卫星遥感图像解译基本方法

卫星遥感图像解译的基本方法可分为两类:目视解译和计算机辅助解译。目视解译发展较早,使用广泛,但是需要专业解译人员具有丰富的经验知识积累。计算机辅助解译是在计算机技术、模式识别方法和人工智能方法的基础上发展起来的,能够实现卫星遥感图像的自动化信息提取;同时,计算机辅助解译结果需要运用目视解译的方法进行校验。在实际应用中,两者相辅相成,互为补充。

4.1 概述

目视解译也称人工解译或人工判读,是指专业人员通过直接观察或借助辅助仪器从卫星遥感图像上获取地表信息的方法[6-7]。目视解译是使用最早的遥感图像解译方法。例如,地学研究者通过目视解译卫星遥感图像,能够获得山地、水体、植被、地貌等信息;农业学者通过目视解译卫星遥感图像,能够掌握农作物的生长情况、病虫灾害情况等信息;城市规划人员通过目视解译卫星遥感图像,能够掌握城市土地使用情况;考古学家通过目视解译卫星遥感图像,能够获得古迹及其可能存在位置的信息;军事人员通过目视解译卫星遥感图像,能够发现感兴趣目标的状态和活动信息。目视解译是判读人员和卫星遥感图像相互作用的复杂过程,涉及人的主观认知、经验知识等多方面内容。正因此,专业的判读人员除了在培训上需要长期甚至终生学习外,还需要通过大量的工作实践及不断更新知识提高判读水平。

计算机辅助解译以遥感数字图像为研究对象,在计算机系统支持下,综合运用地学分析、遥感图像处理、地理信息系统、计算机视觉、模式识别与人工智能技术,根据遥感图像中目标地物的各种图像特征,结合专业知识进行分析和推理,得到用户所关心的信息[8]。其基本目标是将人工目视解译遥感图像发展为计算机支持下的遥感图像理解。利用计算机对卫星遥感图像进行解译的难度很大,原因在于卫星遥感图像是从太空成像的,成像过程会受传感器、大气条件、太阳位置等多种因素的影响,图像中所提供的地物信息不仅不完全,而且或多或少地带有噪声,因此人们需要从不完全的信息中尽可能精确地提取出地表场景中感兴趣的目标。除此之外,随着高分辨率遥感卫星的发展和应用,卫星遥感图像进入了亚米级甚至是分米级时代,遥感图像类型繁多、信息量大,并且所需的知识体系复杂,使得精准提取出感兴趣的目标的难度变得越来越大。

利用卫星遥感图像可以客观、真实和快速地获取地物信息,这些遥感数据在资源勘探、环境监测、自然灾害评估与军事侦察上具有广泛的应用前景。因此,利用计算机进行遥感图像智能化解译,快速获取地表不同专题信息,并将这些专题信息应用于不同领域,是实现遥感图像自动理解的基础研究之一,具有重要的理论意义和应用前景。

从解译层次、图像波段数、空间信息等方面进行对比,目视解译和计算机辅助解译具有各自的优缺点[7],如表4-1所列。

表4-1 目视解译和计算机辅助解译方法对比

类型	目视解译	计算机辅助解译
解译层次	多个像元	单个像元
面积估算	有限	可以精确估计
图像波段数	有限,一般不超过3个	能进行多波段分析及特征变换

(续)

类型	目视解译	计算机辅助解译
区分亮度水平	有限,一般不超过16个亮度值	能充分利用所有的亮度水平
地物形状信息	可得到利用	需要较为复杂的软件及算法
空间信息	可得到利用	目前的技术有限
非遥感资料	可得到利用	目前的技术有限
解译时间	慢	快
结果重现性	较差	好

除了卫星遥感图像解译的目视解译和计算机辅助解译两种基本方法之外,还有人机交互解译、人工智能解译方法,但是这些方法本质上都可以归结为目视解译或计算机辅助解译的范畴。

人机交互解译,其现实需求是目视解译难以满足实时处理大量信息的要求,需利用计算机辅助目视解译,这就需要在遥感图像信息提取和解译过程中,既要求图像解译人员能充分运用他们的解译经验,又要求计算机发挥处理图像信息的优势。实现该目的的途径之一是为遥感图像人机交互解译方法提供较好的技术环境,确切地说是为图像解译提供所需要的各种操作[7]。

人工智能解译主要是利用深度学习技术实现卫星遥感图像的智能化信息提取。近年来,深度学习技术在图像识别领域广泛应用并取得较好效果。深度学习也称深度神经网络,本质上是多层神经网络的复兴,是在大数据、强大的计算能力和优良的算法设计等条件下发展起来的。深度学习通过多层神经网络逐层提取图像特征,并输出高层抽象信息,具有优异的学习能力。卷积神经网络(Convolutional Neural Networks,CNN)是典型的深度学习模型。从解译基本方法上,人工智能解译属于计算机辅助解译的范畴;从模式识别的角度,深度学习属于监督分类的范畴。基于人工智能的卫星遥感图像解译将在本书第10章详细介绍。

4.2 目视解译

本节从视觉认知基本原理、目视解译标志、目视解译基本方法和目视解译基本步骤4个方面阐述目视解译的内容。

4.2.1 视觉认知基本原理

视觉认知涉及人眼的生理基础和心理基础,本节从这两个方面详细阐述视觉认知的基本原理。

1. 生理基础

1) 人眼的基本构造与功能

人从外界获取的信息中,80%以上都是通过视觉获取的。根据生理学的研究,人的眼睛由两部分组成,即眼球壁和折光部分,眼球的细部构造在获取图像信息中具有不同的作用,具体如图4-1所示。

当人眼观察图像时,图像反射的光线从外膜进入眼球,经过多层眼膜的传输和调节控制,聚焦在视网膜的感光细胞上,视网膜上的神经冲动再经神经通路传到大脑皮层中的视觉皮层。人脑对图像信息的加工是多级处理过程,在初级视皮层,大脑对图像信息的处理是分别进行的,即按照形状、颜色、空间位置等分别进行处理;然后,通过大脑皮层的多级联结,图像的形状、颜色、景深、大小和方向等均按照精确的时间-空间配位整合,构成一个整体,在人的脑海里构成一幅完整的图像。

由卫星遥感图像的成像机理可以知道,图像中光谱信息和灰度信息是多种因素综合作用的结果,这些因素包括地物的反射和辐射特性、大气条件和太阳光照条件、卫星的轨道高度和观测角度等。这些因素的变化都会改变图像的光谱和灰度信息,也会改变所看到的图像。图像在视网膜上产生的图像以点的方式组织在一起,但人在大脑中感觉到的是物理可变的外表后面的特征。因此,大脑不但把点状的传感信息聚集成整体,而且经过一个因素分解的过程,把这些光照条件、观察者的位置和方位等因素分离出去,得到纯粹的关于物体的信

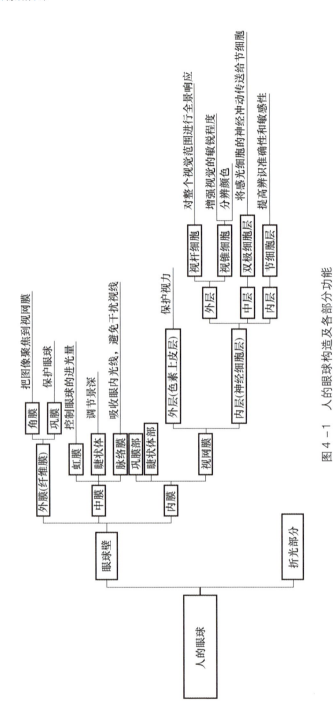

图 4-1 人的眼球构造及各部分功能

息。总之,大脑不是直接根据外部世界而在视网膜上投影成像,而是根据经过聚焦过程和因素分离过程处理以后的信息来识别物体的。

2) 人眼的色度学分析

(1) 可见光。根据光学理论,光是一种以电磁波形式存在的物质,人眼所能看见的光称为可见光,是波长范围为 380~760nm 的电磁波,其在电磁波谱中的波段范围如图 4-2 所示。

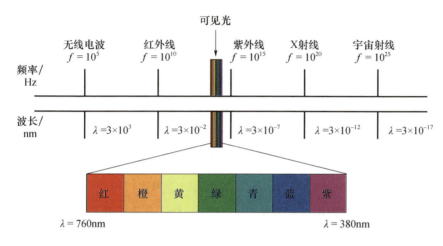

图 4-2 可见光在电磁波谱中的波段范围

可见光有如下特性:波长范围有限,只占整个电磁波谱中极小的一部分;不同波长的光呈现出的颜色各不相同,随着波长由长到短,呈现的颜色依次为红、橙、黄、绿、青、蓝、紫。

(2) 视敏曲线。人眼的视觉特性和大脑视觉区域的生理功能决定了客观光波刺激人眼而引起的主观效果。不同波长的光引起的人眼的感受程度是不同的,功率相同但波长不同的单色光,人眼感受的明亮程度不同。眼睛的灵敏度与波长的这种依赖关系可以用相对视敏曲线来表示[9],如图 4-3 所示。

图 4-3 中,明视觉相对视敏曲线反映了正常光照下人眼对不同波长光的敏感程度,暗视觉相对视敏曲线反映了微弱光线下人眼对不同波长光的敏感程度。

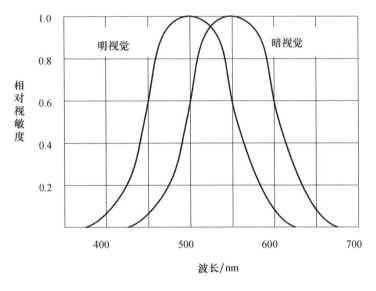

图 4-3　相对视敏曲线

（3）人眼的细节分辨能力。人眼的生理构造决定了其对景物细节的分辨能力，该分辨能力可以用几何分辨率来表示。人眼的几何分辨率以刚好可以被眼睛分辨的两点或两线对瞳孔中心的张角来表征，如图 4-4 所示。

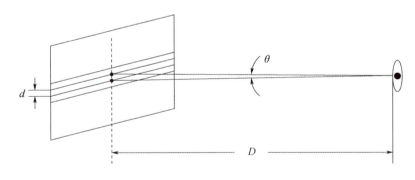

图 4-4　人眼的几何分辨率

图 4-4 中，D 表示人眼与图像之间的距离，d 表示人眼刚好能分辨的最紧邻的两点之间的距离，θ 表示人眼对该两点的视角。

据生理研究学者的测定，一般人眼的分辨张角为 $6'$，即 $0.1°$，相当于圆周的 $1/3600$。也就是说，当一个物体进入瞳孔形成的张角正好是以其距离为半径的圆周长度的 1/3600 左右时,该物体就会区别于背景而被人眼看到。如果 D 增大或者 d 缩小,该物体的像点就会融入背景中而不能被人眼看到。另外,其他因素也会影响人眼的几何分辨率,如人眼对线状物体的辨别能力比对点状物体的辨别能力要强;加大照度,人眼分辨率也随之明显加大;反差对人眼的极限分辨角影响也很大,实验表明,复杂的图像背景下人眼的分辨率将大为降低。

(4) 人眼的色彩感觉。对于彩色光,其通常可由亮度、色调和饱和度 3 个物理量来描述,这 3 个量常被称为彩色三要素。亮度表示彩色光对人眼刺激程度的强弱,它与彩色光的能量及波长的长短有关;色调表示彩色之间色相的差异,如通常所指的红色、绿色、蓝色等表述,不同波长感觉出不同色调,故色调用波长表示;饱和度表示彩色的浓淡或深浅程度,用百分数表示,它与彩色光中所含白光的多少有关,纯谱色光的饱和度为 100%,纯净白光的饱和度为 0%。亮度、色调、饱和度的表示如图 4-5 所示。

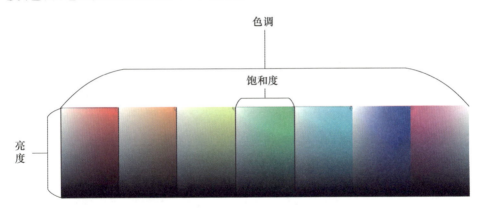

图 4-5　亮度、色调、饱和度的表示

2. 心理基础

人的心理特点对卫星遥感图像解译存在一定的影响,具体如下。

(1) 在同一时刻,只有一种地物是目标地物,图像中的其他部分则是目标的背景。当解译人员观察图像时,其注意力集中在目标上。

(2) 解译人员过去的经验与知识结构对目标物体的确认具有导向作用。因此,对于卫星遥感图像上同一目标地物,不同的解译人员可能会得出不同的结论。

(3) 心理惯性对目标地物的识别具有一定影响。在观察目标物体的图形结构时,对于空间分布比较接近的物体,图形要素容易构成一个整体。例如,人们习惯把一个封闭的圆看成一个整体。具有相似颜色的目标地物易与背景相混。

(4) 图像解译需要一个过程,需要一段时间,在该期间,目视解译人员需先区分目标地物和背景,然后辨识目标的细节,最后构成一个完整的图像知觉。为了正确辨认图像中的目标地物,需要一个最低限度的时间才能完成。

4.2.2 目视解译标志

卫星遥感图像解译标志是指地物的光谱、辐射、空间和时间特征在遥感图像上的各种特有的表现形式。通常,卫星遥感图像目视解译标志包括形状(Shape)、大小(Size)、色调(Hue)、阴影(Shadow)、位置(Site)和活动(Activity)。下面逐一分析各个解译标志并给出示例。

1. 形状

形状是指地物在遥感图像上呈现出的外部轮廓。例如,多数人工目标有明显的轮廓,在卫星遥感图像上会呈现出特定的形状。由于卫星遥感图像是由卫星携带的成像载荷对地面俯视拍摄形成的,因此图像上的地物目标形状是顶视平面图,这与我们日常看到的地物目标的外形有很大区别。另外,由于卫星成像方式、飞行姿态或地形起伏的变化,地物目标在卫星遥感图像上的形状会有所差异。

图 4-6~图 4-8 分别为北京奥体中心、美国五角大楼、迪拜棕榈岛的卫星遥感图像,图 4-6~图 4-8 在形状上均具有区别于地物背景的形状轮廓。

2. 大小

大小是对遥感图像上地物的尺寸、面积、体积的度量,是卫星遥感图像上测量地物目标重要的量化特征。计算卫星遥感图像上地物的大小必须考虑图像的比例尺,根据地物目标在图像上的尺寸和图像的比例尺大小,能够计算或估算该地物目标的实际大小、面积等。此外,卫星遥感图像的空间分辨率、地物目标本身亮度与背景亮度的对比关系也会影响地物目标大小的判断或计算。图 4-9 为上海虹桥国际机场图像,图 4-10 为民用飞机图像,图 4-11 为河流和大坝图像,图 4-12 为居民地图像。

第 4 章 >> 卫星遥感图像解译基本方法

图 4-6　北京奥体中心图像

图 4-7　美国五角大楼图像

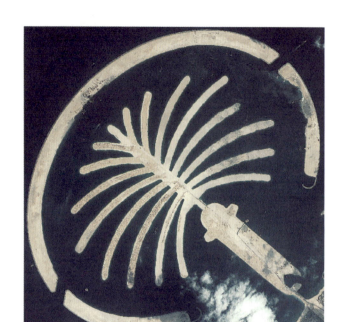

图4-8 迪拜棕榈岛图像

图4-9 上海虹桥国际机场图像

第 4 章 >> 卫星遥感图像解译基本方法

图 4-10　民用飞机图像

图 4-11　河流和大坝图像

图 4-12 居民地图像

3. 色调

色调对于不同类型的遥感图像其意义是不同的,具体如下。

(1)对于全色或黑白遥感图像(图 4-13),地物在图像中表现出的黑白深浅程度称为灰度。

(2)对于可见光彩色遥感图像(图 4-14),地物在图像中表现出的亮度、色调和饱和度称为色彩。

(3)对于热红外遥感图像(图 4-15),地物的色调差别表示地物辐射温度的差别。

(4)对于高光谱图像,地物的色调差别反映了材质信息的差别。

(5)对于 SAR 图像(图 4-16),地物的色调差别表示地物反射电磁波能量的大小。

4. 阴影

与色调特征相似,阴影对于不同类型的遥感图像其意义也是不同的,具体如下。

第4章 >> 卫星遥感图像解译基本方法

图4-13　北京首都国际机场全色遥感图像

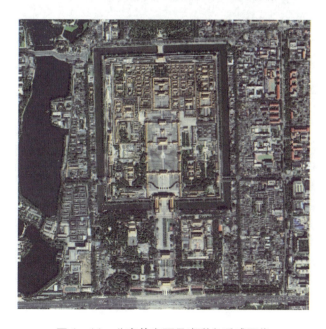

图4-14　北京故宫可见光彩色遥感图像

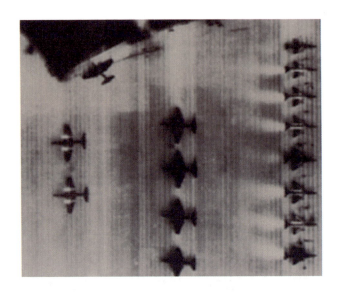

图 4-15　飞机热红外遥感图像

图 4-16　桥梁 SAR 图像

（1）对于可见光卫星遥感图像,地物的阴影是光束被地物遮挡而产生的影子,如图 4-17 所示。阴影对于图像解译的作用体现在两方面:一是地面目标在更高的地物阴影笼罩下往往在图像上亮度较暗、模糊不清,甚至丢失,这给图像解译带来很大的不便;二是根据地物位置、太阳高度角、阴影的长度和方向等信息可以判断地物的高度、形状等属性。

图 4-17　罗马斗兽场可见光图像

（2）对于 SAR 图像,地物的阴影是由于雷达波束被遮挡而产生的盲区形成的,如图 4-18 和图 4-19 所示。

（3）对于热红外卫星遥感图像,地物的阴影是由于温度差异形成的,一般表现在温度较低的地段。例如,夏季中午飞机飞离机场不久进行热红外成像,地表仍会留下飞机的阴影,如图 4-20 所示。

此外,热红外图像和 SAR 图像的阴影在白天、晚上都会产生。

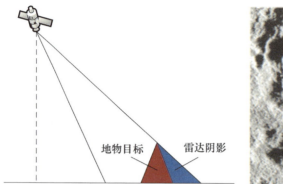

图 4-18　SAR 图像中的阴影

图 4-19　罗马斗兽场 SAR 图像

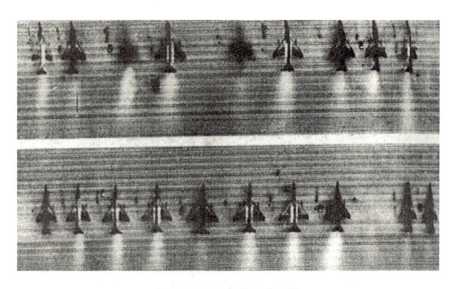

图4-20　飞机热红外图像

5. 位置

位置是指地物所处环境在图像上的反映。地物目标和周围地理环境总是存在着一定的空间联系,并受周围地理环境的制约。位置是识别地物目标的基本特征之一,可分为地理位置和相对位置,通常一幅卫星遥感图像都有成像的经纬度信息,由此可以推断该图像所处的国家、温度带、气候等信息,图4-21为包含经纬度信息的涠洲岛图像;而相对位置则可以为具体地物目标的解译提供重要依据,图4-22为火车站和码头图像。

6. 活动

活动是指同一地区或同一类地物随时间变化表现出来的特征。例如,对于植被覆盖的地区,随着植物的出芽、生长、茂盛、枯黄的自然生长过程,地面植被景观会呈现出春季为露土、夏季为枝叶覆盖、秋季为树叶枯黄、冬季为冰雪覆盖的现象。又如湖泊,随着季节的变化,夏季和秋季湖泊会有洪水期,湖泊面积较大,如图4-23所示;而到春季和冬季的枯水期,湖泊面积较小,如图4-24所示。根据活动特征能够判断工业目标的运转生产情况,图4-25为运转中的货运码头。图4-26为生产中的钢铁厂。

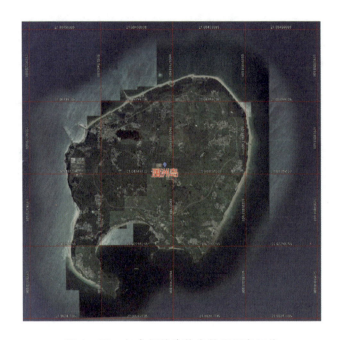

图4-21 包含经纬度信息的涠洲岛图像

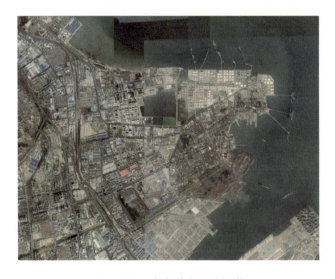

图4-22 火车站和码头图像

第4章 >> 卫星遥感图像解译基本方法

图4-23 秋季雁栖湖图像

图4-24 春季雁栖湖图像

图4-25 运转中的货运码头图像

图4-26 生产中的钢铁厂图像

此外,遥感研究时相变化,主要反映在地物目标光谱特征随时间的变化而变化上。处于不同生长期的作物,其光谱特征不同,可以通过动态监测了解它的变化过程和变化范围。充分认识地物的时间变化特征及光谱特征的时间效应,有利于确定识别目标的最佳时间,提高识别目标的能力。

上述形状、大小、色调、阴影、位置和活动 6 种目视解译标志可以分为 3 个层次:第 1 个层次包括形状、大小和色调,这 3 类解译标志比较简单易用,在图像解译中操作对象非常具体;第 2 个层次包括阴影和位置,这 2 类解译标志使用难度中等,需要解译人员具有一定的背景知识;第 3 个层次包括活动,这类解译标志比较复杂,在图像解译中操作对象非常抽象,需要解译人员具有丰富的人文、地理、社会知识,特别是目标结构、设施生产流程等背景知识积累。目视解译标志的划分如图 4 - 27 所示。

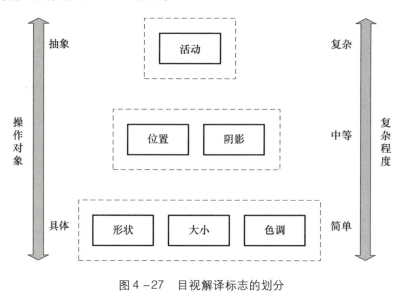

图 4 - 27　目视解译标志的划分

4.2.3　目视解译基本方法

卫星遥感图像目视解译基本过程是解译人员根据经验知识和解译标志识别图像中的地物目标。其基本方法有以下几种[5]。

(1)直接解译法,即根据目视解译标志直接确定地物目标属性与范围的一种方法。例如,根据人工地物的形状和位置可以判断出建筑物、道路、桥梁等;根据机场的规模和跑道的长度等信息可以判断出机场的级别、起降飞机的类型等;根据 SAR 图像上色调的明暗可以判断回波的强弱,进而分析出地物的特性;根据阴影的长度可以判断出地物目标的高度等。

(2)对比分析法,通常包括空间对比和时间对比。例如,根据机场和飞机制造厂的组成、特点、配套设施等可以区分有跑道的地物是机场还是飞机制造厂。另外,根据同一地区不同时间的图像,可以分析该地物的发展变化。

(3)信息融合法,主要包括遥感图像的融合、非遥感信息与遥感图像的融合等。例如,利用全色图像和高光谱图像融合,可提高高光谱图像的空间分辨率;利用光学图像和 SAR 图像融合,可识别光学图像中因气象原因缺失的信息。此外,利用地形中的等高线等高程信息和遥感图像融合,结合树木的生长带,可以识别不同树木的类别。

(4)综合推理法,即综合利用多种解译标志,结合背景知识,分析、推断某种目标地物的方法。例如,道路延伸至山脚下突然中断,可以推断有隧道通过山中,进而从山的另一面寻找断头路,初步判断该道路是穿过隧道的同一条路。此外,公路和铁路在图像上比较相似,可以根据铁路弯道半径大,而公路的转弯半径小,或者有锐角的情况,进而区分公路和铁路。

4.2.4 目视解译基本步骤

卫星遥感图像目视解译是一项认真细致的工作,解译人员必须遵循一定的行之有效的步骤,才能更好地完成解译任务[7]。

1. 准备工作

为了更好地完成目视解译任务,需要认真做好解译前的准备工作。解译前的准备工作通常包括:一是明确解译任务与要求;二是搜集与分析有关资料;三是选择合适波段与恰当时相的遥感图像。

2. 初步解译与样区考察

初步解译是指掌握解译区域特点,确立典型解译样区,探索解译方法,为全面解译奠定基础。在室内初步解译的重点是建立图像解译标志,为了保证解译标志的正确性和可靠性,必须进行样区的野外考察。在野外考察中,为了建立样区的解译标志,必须做大量认真细致的工作。根据目标地物与图像特征之间的关系,通过图像反复解译和野外对比检验,建立遥感图像解译标志。

3. 详细解译

初步解译与样区考察后,即可在室内进行详细解译。在详细解译中,通常遵循全面观察、综合分析、由表及里、循序渐进的原则。对于复杂的地物现象,可以综合利用多种解译方法。无论应用何种解译方法,都应把握目标物体的综合特征,重视解译标志的综合运用,提高解译质量和解译精度。卫星遥感图像解译标志是识别地物的重要依据,由于某些解译标志存在一定的可变性和应用局限性,因此图像解译时不能只使用一两项解译标志,必须尽可能运用更多的解译标志进行综合分析,提高解译的准确性。

4. 野外验证

室内详细解译的结果需要进行野外验证,以检验目视解译的质量和解译精度。对于详细解译中出现的疑难点、难以解译的地方,则需要在野外验证过程中补充解译。野外验证是指再次到遥感图像解译样区去实地核实图像解译结果。野外验证的主要内容包括两方面:一是检验专题解译内容是否正确、定位是否准确;二是进行疑难问题的补充解译。

5. 绘制成图

卫星遥感图像目视解译成果一般以遥感图像专题图的形式表现出来。将遥感图像目视解译成果转绘成专题图可以采用两种方法:一是手工转绘成图;二是在精确几何基础的地理地图上采用转绘仪进行转绘成图。

应当指出,上面介绍的遥感图像目视解译5个阶段仅是解译过程的一个基本步骤,在实际解译中,往往需要多次重复以上基本步骤或其中部分步骤。

4.3 计算机辅助解译

本节首先对计算机辅助解译的基本内容、影响因素和特征进行概述,然后详细介绍计算机辅助解译基本原理和基本方法。

4.3.1 计算机辅助解译概述

1. 基本内容

计算机辅助解译通过对地球表面及其环境在遥感图像上的信息进行属性的识别和分类,达到识别图像中实际地物和提取地物信息的目的。其与人工目视解译的目标一致,只是手段不同,计算机辅助解译是利用计算机实现对遥感图像的理解。

在实际应用中,利用计算机进行遥感图像解译、专题信息提取,并利用这些专题信息更新和建立地理数据库等都离不开遥感图像分类技术。遥感图像分类是模式识别技术在遥感数字图像处理中的具体运用,从定义上来说,遥感图像分类是将图像中每个像元根据其光谱信息、空间结构信息和(或)其他专题信息,按照一定的规则或算法划分为不同的类别。遥感图像计算机分类按照决策规则可分为空间模式识别和光谱模式识别。空间模式识别是将图像数据按照几何形状、大小等从二维灰度空间转换到目标模式空间,将空间区域划分为不同的子区域;光谱模式识别是依据地物在遥感图像上的反射光谱特征,按照各类地物的光谱特征来选择特征参数,利用计算机技术把各个像元归类到所对应的类别。

遥感图像分类是遥感图像信息处理中的基本问题之一,遥感技术很多方面的应用都涉及遥感图像分类问题的研究,遥感图像分类方法性能的提高制约着遥感技术的应用和发展。同样,遥感技术的不断发展,使基于图像目视解译进行分类,到计算机进行自动解译,再到人机交互,以及发展到智能解译等过程,研究者们都在不断试用、改进及探索新的方法,不断提高遥感图像自动分类算法的精度和速度[38-39]。

2. 影响因素

卫星遥感图像由于平台高度,在成像过程中受传感器、大气条件、太阳位置等多种因素影响,图像中所提供的目标地物信息不完备,或多或少地带有噪声。因此,遥感图像分类是从不完备的信息中尽可能精确提取出地表感兴趣目标物的过程。另外,遥感图像信息量丰富,任何地物都有其独特的电磁波特性。但是,由于光照条件不同、大气层干扰和其他环境因素的影响,同一地物的电磁波特征值并不是固定不变的,而是呈现一定的离散分布性。不同地物空间信息的相互影响与干扰致使目标信息的提取非常困难,遥感图像的地域性、季节性和不同的成像方式等也增加了利用计算机对遥感图像进行解译的难度。例如,高分辨率遥感图像的光谱波段较少而空间信息多,数据量变大,地物信息细节丰富,地物目标的光谱特征信息变化较大,而且不同地物会出现光谱信息的相互重叠,存在同物异谱和异谱同物现象,相同类别的地物波谱特性信息差异变大,地物在图像上的光谱信息之间的统计可分性被降低。

图像分类的目的是对图像使用地物特征自动识别的定量技术来代替图像数据的目视解译。遥感图像的解译,除了利用地物的光谱特征外,还需利用地物的形状特征和空间关系特征,因此需要提取图像的其他特征。例如,对于高分辨率遥感图像,可以清楚地观察到丰富的结构信息,如建筑物、农田、厂房等,因此可以设法提取这类地物的形状特征及其空间关系特征,作为结构模式识别的依据。由于高空间分辨率的遥感数据过程中遇到的详细结构、混合的光谱特征和存在的高度信息畸变等,需要把空间和光谱信息同时使用开展地物目标的识别。

影响计算机辅助解译结果的因素可分为以下几个方面。

(1)类别的可分性。非人为影响下的原始地物波段具有可分性是开展遥感图像分类的前提条件。

(2)波段维数。在图像波段信噪比达到一定要求的情况下,光谱波段越多,越有利于分类。

(3)训练样本的采样方案和数量。训练样本要具有代表性,训练样本数量越多,地物训练特征越全面。

(4)分类器的类型和分类方案。分类器采用的分类准则、算法和模型直接影响分类精度。

3. 特征

遥感图像特征是计算机辅助解译的基础,遥感图像反映的是连续变化的物理场,记录的是地物辐射能量的分布。遥感图像特征从视角上分为光谱空间、图像空间和特征空间。图像特征是对图像的像素属性的概括,从不同角度描述了图像的性质。

通过对遥感图像中各类型地物的光谱和空间信息进行特征选择和分析,用一定的手段将特征空间划分为互不重叠的子空间,将图像中各个像元划分到各个子空间。分类特征就是能够反映地物波谱信息和空间信息的变量,根据解译标志的属性可以分为光谱特征、几何特征和地理特征。光谱特征包括波形特征、多时相特征和数字变换特征,几何特征包括形状、大小、纹理和图案等,地理特征包括地域特征、地形特征和物候特征等。

4.3.2 计算机辅助解译基本原理

计算机分类的基本原理是将地物在遥感图像上的每个属性当作一个变量,参与分类的这些属性(也称为特征变量)构成了一个 n 维的特征空间,同类地物的像元在特征空间中聚集在一起,不同地物的像元在特征空间中呈分离状态,如图 4-28 所示。

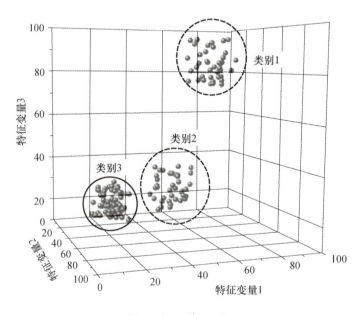

图 4-28 特征空间

遥感图像用亮度值或像元值的大小差异和空间变化表示不同地物,这是区分图像中不同地物的物理依据,如图 4-29 所示。同类地物在相同条件下(如光照、地形、纹理等)具有某种内在相同或相似的光谱信息和空间信息特征,将这些特征作为分类处理的变量,通过一定的手段将其集群在同一特征空间区域;不同地物的空间和光谱特征有所不同,则将其集群在不同的特征空间区域。

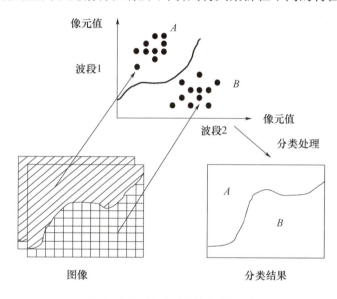

图 4-29　遥感图像的分类原理

分类的本质就是从观测样本的属性中选取对判断目标具有差异的特征,并利用这些特征建立判断标准,从而将观测样本划分为不同的类别。计算机分类采用决策理论或统计方法,以图像中每个像元的属性特征为依据,假定成像条件不变或误差可估计,基于像素间的差异进行地物类别划分,如图 4-30 所示。按照光谱空间进行分类时,把具有类似光谱反射或辐射组合的像元按类别分组,假定这些类别代表地物表面特征的特定种类,而不关心分类像元领域或周围的情况,单独对每个像元分类;按照空间关系分类,是根据某像元及其周围像元的空间关系进行图像分类。空间分类考虑的是图像的结构、像元相似度、大小、形状、方向等特征。

遥感图像的分类特征在目视解译中已有详细介绍,这里不再赘述。下面重

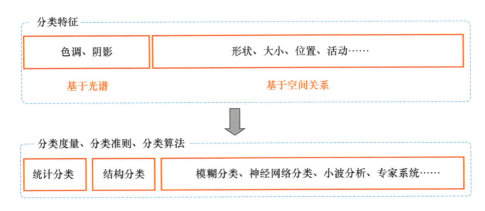

图 4-30 遥感图像的计算机分类

点介绍计算机分类度量。遥感图像分类的主要依据是图像像素的相似度,常使用距离和相关系数来衡量相似度。采用距离(特征空间中像元数据和分类类别特征的距离)衡量相似度时,距离越小,相似度越大;采用相关系数衡量相似度时,相关程度越大,相似度越大。分类度量方式包括相关系数、相似系数、欧几里得距离、标准化距离、J-M 距离、切比雪夫距离、绝对距离、马氏距离、混合距离等。

(1) 相关系数:

$$r_{ij} = \sum_{k=1}^{p} (x_{ki} - \overline{x_i})(x_{kj} - \overline{x_j}) \Big/ \sqrt{\sum_{k=1}^{p} (x_{ki} - \overline{x_i})^2 \sum_{k=1}^{p} (x_{kj} - \overline{x_j})^2}$$

(2) 相似系数:

$$\cos\theta_{ij} = \sum_{k=1}^{p} X_{ij} X_k \Big/ \sqrt{\sum_{k=1}^{p} x_{ki}^2 \sum_{k=1}^{p} x_{kj}^2}$$

(3) 距离。

① 欧几里得距离:

$$d_{ij} = \sqrt{\sum_{k=1}^{p} (x_{ki} - x_{kj})^2}$$

② 马氏距离:

$$d_{ij}^2 = (x_i - x_j)^T \sum_{ij}^{-1} (x_i - x_j)$$

③ 绝对距离：

$$d_{ij} = \sum_{k=1}^{p} |x_{ki} - x_{kj}|$$

④ 混合距离：

$$d_{kg} = \sum_{k=1}^{p} |X_{ki} - M_{kg}|$$

⑤ J–M 距离：

$$J_{gh} = \left\{ \int x \left[\sqrt{p(x|g)} - \sqrt{p(x|h)} \right]^2 d_x \right\}^{1/2}$$

⑥ 切比雪夫距离：

$$d_{ij} = \max_{1 \leq k \leq p} |X_{ik} - X_{jk}|$$

⑦ 标准化距离：

$$D_{gh} = \sqrt{\sum_{k=1}^{\infty} \left(\frac{(M_{kg} - M_{kh})^2}{S_{kg} S_{kh}} \right)} \qquad s_{kg} = \sqrt{\frac{1}{n_g - 1} \sum (x_{kg} - M_{kg})^2}$$

分类准则包括基于分类的错误概率最小的最小误差准则、损失的条件数学期望最小的最小风险准则、条件概率的聂曼–皮尔逊准则、平方误差最小的最小二乘准则和基于后验概率分布衡量的熵函数可分性准则。

计算机分类基本过程如图4–31所示。

图4–31 计算机分类基本过程

（1）根据图像分类目的选取特定区域的遥感数字图像，需考虑图像的空间分辨率、光谱分辨率、成像时间、图像质量等。

（2）根据研究区域收集与分析地面参考信息与有关数据，对数字图像进行辐射校正和几何纠正。

（3）根据分类要求和图像数据的特征选择合适的图像分类方法和算法，制定分类系统，确定分类类别。

（4）找出代表这些类别的统计特征。

（5）为了测定总体特征，在监督分类中可选择具有代表性的训练场地进行采样；在非监督分类中，可用聚类等方法对特征相似的像素进行归类，测定其特征。

（6）对遥感图像中各像素进行分类。

（7）分类精度检查。在监督分类中把已知的训练数据及分类类别与分类结果进行比较，确认分类的精度及可靠性；在非监督分类中，采用随机抽样方法，分类效果的好坏需经实际检验或利用分类区域的调查材料、专题图进行核查。

4.3.3 计算机辅助解译基本方法

分类方法是指把具有某些共同点或相似特征的事物归属于一个集合的逻辑方法。遥感图像分类方法的核心是数字（量化）特征的建立和分类器的选择，如图4-32所示。

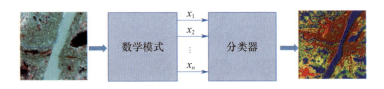

图4-32 遥感图像计算机自动分类的核心

分类器是分类中具体使用的分类准则、算法和模型，同一分类方法中有不同的分类器。遥感图像是根据研究对象的特征进行划分的，一些学者对其进行了总结。按照不同规则，主要的遥感图像分类方法有：根据是否需要提供已知类别及其训练样本分为监督分类方法和非监督分类方法，根据使用的数学方法分为统计法和模糊数学法，根据像素被划分为一个类还是多个类分为硬分类方法和软分类方法，根据是否假定类的概率分布函数并估计其分布参数分为参数分类方法和非参数分类方法，根据使用了哪种像素信息分为像素级分类方法、亚像素级分类方法、面向对象分类方法及场景级分类方法。

遥感图像自动分类的最终目的是让计算机识别感兴趣的地物,输出识别结果,并对识别正确率进行评价。预处理工作结束后,就将参与分类的数据准备,接下来的工作就是从这些数据提供的信息中让计算机"找"出所需识别的类别。非监督分类方法和监督分类方法是遥感图像的典型分类方法,下面介绍这两种方法及其分类器[38-39]。

1. 非监督分类方法

非监督分类方法是在没有先验类别(训练场地)作为样本的条件下,即人们事先不知道类别特征,主要根据数据遥感图像地物的光谱特征的分布规律,即自然聚类的特性,按照统计性判别准则,以像元间相似度的大小进行归类合并的方法。这种分类只是达到了区分不同类别的目的,并不能确定类别的属性,其分类的结果、类别的属性是在分类结束后通过目视解译或实地调查确定的。非监督分类方法主要采用聚类分析把一组像素按照相似性归成若干类别,对图像上不同类地物波谱信息(或纹理信息)进行特征提取,确定两个特征向量之间的"相似度",通过统计特征的差别来达到分类的目的,使得属于同一类别的像素间的距离尽可能小,而不同类别上像素间的距离尽可能大。

非监督分类方法的流程如图4-33所示。

非监督分类方法的特点主要有:①不需要训练样本,先分类;②分类后再对各类别赋予属性;③自动化程度高;④完全按照像元的光谱信息特征进行分类,适用于对分类区不了解的情况。

常见的非监督分类方法有 K 均值算法和迭代自组织数据分析算法(Iterative Self-Organizing Data Analysis Techniques Algorithm,ISODATA)。

1) K 均值算法

K 均值算法是一种常见的聚类算法,又称为分类集群算法。K 均值算法的聚类准则是使每一聚类中,多模式点到该类别中心的距离的平方和最小。其基本思想是通过迭代,逐次移动各个基准类别的中心,直至聚类域中所有样本到聚类中心的距离平方和最小为止,如图4-34所示。

该算法的结果受到所选聚类中心的数目与其初始位置、模式分布的几何性质和读入次序等因素的影响,并且在迭代过程中没有调整类数,因此可能产生

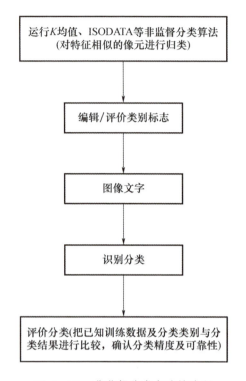

图4-33 非监督分类方法的流程

不同的初始分类,得到不同的结果,这是这种方法的缺点。可以通过其他简单的聚类中心试探方法,如最大最小距离定位法找出初始中心,提高分类效果。

2)ISODATA算法

ISODATA算法的基本思想是以初始类别为"种子"进行自动迭代聚类,属于启发式聚类,在迭代过程中可将一类一分为二,也可能将二类合二为一。利用动态聚类,在K均值算法基础上,增加对聚类结果的合并和分裂操作,使像元的归属类别和类别总数都在迭代中调整。ISODATA算法与K均值算法有以下两点不同:①ISODATA算法不是每调整一个样本的类别就重新计算一次各类样本的均值,而是在每次把所有样本都调整完毕之后才重新计算一次各类样本的均值,前者称为逐个样本修正法,后者称为成批样本修正法;②ISODATA算法不仅可以通过调整样本所属类别完成样本的聚类分析,而且可以自动地进行类别的"合并"和"分裂",从而得到类数比较合理的聚类结果。

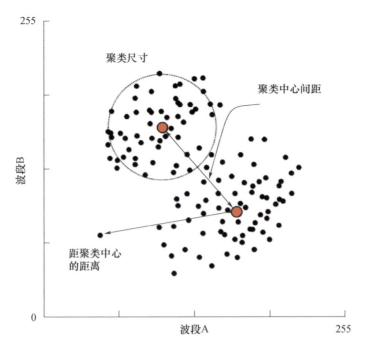

图 4-34　K 均值算法聚类中心变化

ISODATA 算法迭代过程如图 4-35 所示，K 均值算法与 ISODATA 算法分类结果对比如图 4-36 所示。

2. 监督分类方法

监督分类方法通过选择具有代表已知地面覆盖类型的训练样本区，根据已知训练区提供的样本先验知识，用训练样本区中已知地面各类地物样本的光谱特征来"训练"计算机，通过选择特征参数，建立识别各类地物的判别函数或模式（如均值、方差、判别域等），据此对未知地区的像元进行分类处理，依据样本类别的特征识别非样本像元，归属到已知具有最大相似度的类别中。其关键过程是利用一定数量的已知类别函数求解待定参数，即学习或训练，然后将未知类别的样本的观测值代入判别函数，再依据判别准则对该样本的所属类别做出判定。例如，一幅卫星遥感图像，可以通过目视解译得到水体所占整个图像比例的信息，这时我们就有了水体的先验知识。在这种情况下，根据样区类别的信息对非样本数据进行分类就是监督分类。

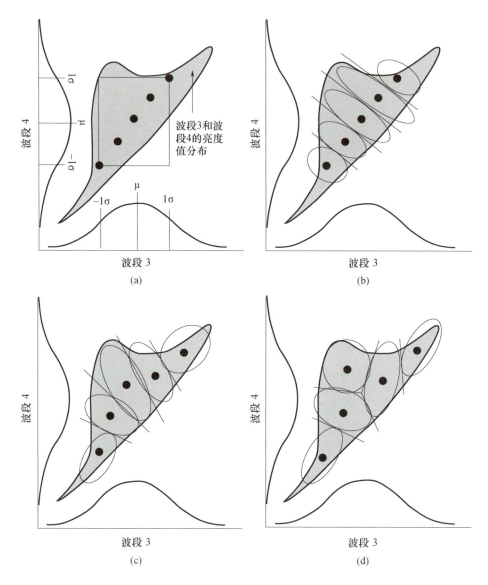

图 4-35 ISODATA 算法迭代过程

(a)初始向量分布;(b)第 1 次迭代后的聚类情况;
(c)第 2 次迭代后的聚类情况;(d)第 n 次迭代后的聚类情况。

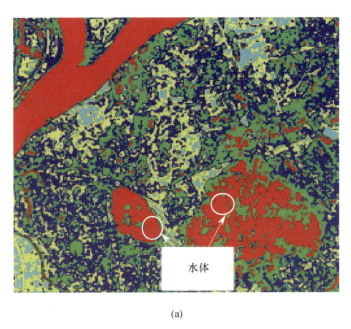

(a)

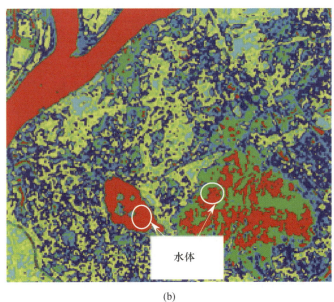

(b)

图 4-36　K 均值算法与 ISODATA 算法分类结果对比
(a) K 均值算法分类;(b) ISODATA 算法分类。

在监督分类过程中,首先选择可以识别其类别的像元建立模板,然后计算机系统根据模板自动识别具有相同特征的像元,对分类结果进行评价后再修改模板,多次反复后确定较为准确的最终模板,并进行分类。监督分类方法的流程如图4-37所示。

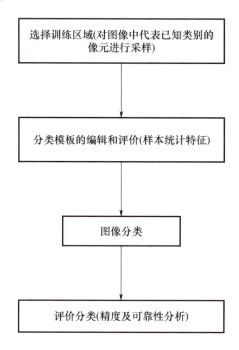

图4-37 监督分类方法的流程

监督分类方法的特点如下。

(1)根据应用目的和区域,有选择地决定分类类别作为训练区,避免出现一些不必要的类别。

(2)训练样本选择不同,分类结果会出现极大的差异。因此,应控制训练样本的选择,样本选择顾及空间分布(如同类地物向阳面、向阴面)和时间差异(如同类地物的季节性差异)因素。

(3)已知地表覆盖类型的代表样区、用于描述类别特征、其精度直接影响分类,通过检查训练样本来决定训练样本是否被精确分类。

(4)避免了非监督分类中对光谱集群的重新归类。

监督分类方法以实际地物类别的先验知识为基础,根据每一类别的具体情况进行分类特征处理及判别函数计算,因此分类所得的每一类别都有实际物理意义。监督分类方法是遥感图像计算机分类中最常用的方法,其典型的分类器有以下几种。

1) 最小距离分类法

最小距离分类是利用训练样本中各类别在各波段的均值,根据各像元与训练样本平均值距离的大小来决定其类别,如图 4-38 所示。最小距离分类器有绝对值距离、欧几里得距离和马哈拉若比斯距离。

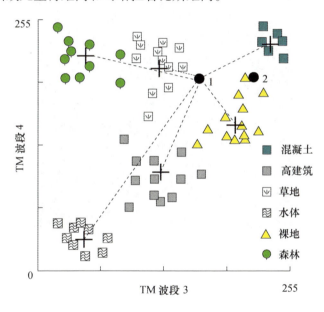

图 4-38 最小距离分类

假定拟分类为 n 个类别:C_1,C_2,$\cdots$,C_n,则分类步骤如下。

(1) 第 i 个类别训练区域的样本个数为 N_i,计算每个类别特征均值,即

$$M_i = \frac{1}{N_t} \sum_{j=1}^{N_i} X_j$$

(2) 计算未知样本与各类均值特征间的距离,即

$$d_i(X)$$

(3) 按照到各类别中心距离最小为准则完成类别划分,即

$$X \in C_i, \text{if} d_i(X) \geq d_j(X), i \neq j$$

2) 最近邻域分类法

最近邻域分类法首先计算待分像元到每一类中每一个统计特征量间的距离,这样该像元到每一类都有几个距离值,取其中最小的一个距离值作为该像元到该类别的距离,最后比较该待分像元到所有类别间的距离,将其归属于距离最小的一类,如图 4-39 所示。

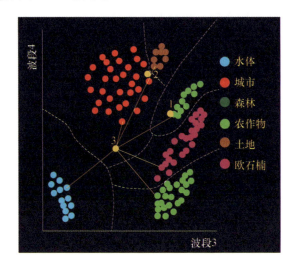

图 4-39 最近邻域分类法

K 最近邻算法的定义如下:如果一个样本在特征空间中的 K 个最相邻样本中的大多数属于某一类别,则该样本也属于该类别,即第 i 类别的临近样本数:

$$g_i(x) = k_i$$

$$X \in C_i, g_i(X) \geq g_j(X), i \neq j$$

3) 平行管道分类法

平行管道分类法比较简单,其以地物的光谱特性曲线为基础,以同类地物在特征空间上的特征曲线为中心,以相似阈值为半径,形成一个包括该集群的"盒子",作为该集群的判别函数,以该类别变差范围或判定区来对未知像元进行分类,若像元落入该类别变差范围之内,如果像元是在所有类别变差范围之

外,则规定它为"未知"像元,如图 4-40 所示。

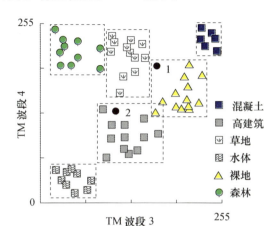

图 4-40 平行管道分类法

这种聚类方法实质上是一种基于最邻近规则的试探法,其具体步骤如下。

(1) 在原始遥感图像上任选一个样本向量(分量为各波段亮度值)作为第一类的特征向量,同时将该样本向量对应的像元标为第一类。选取 c 个类别的训练区域,第 i 个类别训练区域 T_i 的样本个数为 N_i,计算每个类别的均值,即

$$M_i = \frac{1}{N_i} \sum_{j=1}^{\infty} X_j$$

(2) 设置光谱响应相似性度量阈值 T,由基准光谱响应曲线为中心,以 T 为半径形成的平行管道代表同类地物波谱响应曲线随机变动的容忍范围,落入一个平行管道的各响应地物将被认为属于同一类别。

(3) 以行、列的顺序依次对图像中所有的像素进行处理,读取样本向量,设为 X,与已经形成的各个类别的特征向量 $x_i (i=1,2,\cdots,$已形成的类别数$)$,$x_i = [x_{i1}, x_{i2}, x_{i3}, x_{i4}]$ 与阈值 T 比较,若下式成立,则像元属于该类:

$$|x_{i1} - m_1| \leqslant T \text{ 且 } |x_{i2} - m_2| \leqslant T \text{ 且 } |x_{i3} - m_3| \leqslant T \text{ 且 } |x_{i4} - m_4| \leqslant T$$

所有像元聚类完毕,输出标记类别图像。

平行管道分类法的分类结果与第一个聚类中心的选取和阈值 T 的大小有关,该方法的优点是计算简单。

4）最大似然分类法

最大似然分类法首先定义一个从属于某种类别的概率分布集群,然后把待分类像元落入各类别的条件概率作为判别函数,通过求出每个像元对于各类别的归属概率,将像元落入某类别的条件概率最大的类定义为该像元的类别,如图4-41所示。

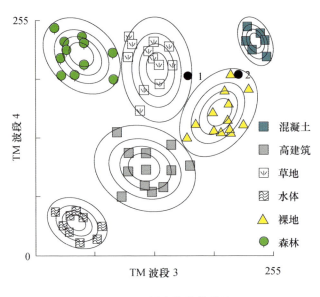

图4-41 最大似然分类法

该方法主要根据相似的光谱性质和属于某类的概率（见下式）最大的假设指定每个像元的类别,是基于贝叶斯准则的分类错误概率或风险最小准则的分类器,即

$$P(C_i|X) = \frac{P(X|C_i)P(C_i)}{P(X)}$$

式中：$P(C_i|X)$ 为特征点 X 为类别 C_i 的概率；$P(X|C_i)$ 为 C_i 类别出现的概率；$P(C_i)$ 为整幅图像中 C_i 类别的概率；$P(X)$ 为类别无关的公共因子,并且

$$P(X) = \sum_{i=1}^{m} P(X|C_i)P(C_i)$$

若 $P(C_i)P(X|C_i) \geqslant P(C_j)P(X|C_j)$,则 $X \in C_i$。

5) 决策树

决策树分类器(Decision Tree Classifier,DTC)是一种多级分类方法。决策树模型呈树形结构,其中每个内部节点表示一个属性上的测试,每个分支代表一个测试输出,叶节点代表类别。决策树按照自顶向下的原则构建,将数据按树形结构生成若干分支,每个分支包含某类别的特征属性。

决策树由一个根节点、一系列内部节点(分支)及终极节点(叶)组成,每一节点只有一个父节点和两个或多个子节点。在分类时,分层次逐步比较类别特征差异,层层过滤,直到实现最终的分类任务。决策树在根节点和叶子节点之间形成了一个分类树结构,在树结构的每一分支处可以选择不同的特征用于进一步细分类。任何一次分类在分类树中称为一次决策节点,分类过程可以有多个决策点,每个决策点的决策函数可以源于多种类型的数据。

构建一个决策树分类器主要包括树的生成和剪枝。其中,决策树生成的基本过程为:将训练样本集作为树的根节点,根据某种分类规则,选择某一属性作为划分依据,根据该属性的不同取值,将当前节点分为若干个分支子节点,其中处于某一子节点的样本具有同一属性值。对每个分支子节点重复上述划分过程,直至叶节点中的样本是同一类别。决策树剪枝的目的是获得结构紧凑、分类准确率更高、更稳定的树,去除影响预测准确率的分支或者对提高准确率没有贡献的分支。经过剪枝,不仅能克服噪声,还能简化决策树,减少计算成本。

6) 支持向量机

支持向量机(Support Vector Machine,SVM)是 Vapnik 等以统计学习理论为基础,结合优化理论、核理论等建立起来的监督学习模型,可以广泛地应用于统计分类和回归分析。优化理论和最优分类超平面的思想是支持向量机建立的理论基础。

在机器学习中,可以提供学习经验信息的只有样本,这会使得损失函数的期望值(期望风险)无法计算。因此,传统的学习方法中使用样本定义的经验风险作为期望风险的估计,设计学习算法使其获得最小值,这便是经验风险最小化准则。而真实风险中除了考虑经验风险外,还要考虑所得结果的置信度问题,即置信风险。置信风险用一个估计的区间度量分类结果的可信程度,其大小受样本数量和分类函数 VC 维(Vapnik – Chervonenkis Dimension)影响。给定的样本数量越大,学习结果越有可能正确,此时置信风险越小;分类函数的 VC 维越小,泛化能力越好,置信风险也越小。经验风险的大小则与其相反。所以,在实际风险中,想要使经验风险与置信风险同时达到最小是不现实的。统计学习理论提出了一种新的策略,试图寻求经验风险与置信风险的和最小,即把函数集构造为一个函数子集序列,在每个子集中寻找最小经验风险,在子集间折中考虑经验风险和置信范围,取得实际风险的最小,这种思想就称为结构风险最小化准则。

支持向量机即通过寻求结构化风险最小来提高学习机泛化能力,实现经验风险和置信范围的最小化,从而达到在统计样本量较少的情况下,也能获得良好统计规律的目的,用来解决小样本、非线性及高维模式识别等问题。其基本思想是通过寻找一个既能保证分类精度,又使两类数据间隔最大化的超平面来实现监督学习,即将待分类数据点是低维空间中的点,通过升到 n 维以找到一个 $n-1$ 维的最大间隔超平面实现可分,将低维线性不可分的数据映射到高维实现线性可分。支持向量机的特点是能同时最小化经验误差和最大化分类间隔。支持向量机是从线性可分情况下的最优分类面发展而来的,最优分类面的基本思想可用图 4 – 42 表示的二维分类问题来阐述。

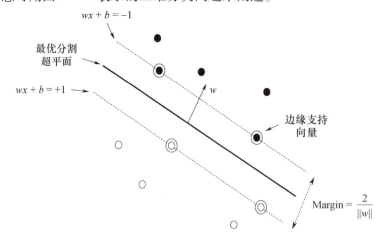

图 4 – 42 二维分类问题

第4章 卫星遥感图像解译基本方法

7) 人工神经网络

人工神经网络是一种模仿动物神经网络的认知方式,是进行信息处理的算法模型,具有自我学习和自适应能力。其原理是通过提供的大量相互对应的输入与输出数据,在神经网络的隐藏层利用多个神经元拟合输入与输出之间的函数关系,最终根据学习到的函数模型用新的输入数据推算输出结果。其在遥感图像计算机辅助解译中的应用有两个方面:一是用于遥感图像目标地物特征抽取与选择,即通过神经网络的自适应功能用遥感图像训练网络,将提取的特征储存在各个神经元的连接中;二是用于学习训练及分类器的设计,这是因为神经网络中增加了"激活层",使得分类器可以输出非线性的结果,提供多种复杂的类间分类界面,能够识别多目标的遥感地物类型。图4-43所示为简单的人工神经网络结构。

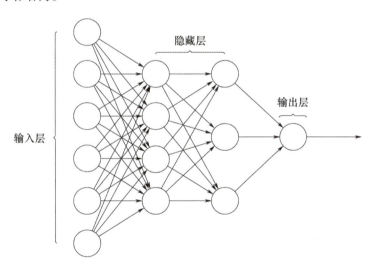

图4-43 简单的人工神经网络结构

反向传播(Back Propagation,BP)算法是指在网络学习过程中,将前向传播过程中产生的误差进行反向传播,并通过梯度下降法不断更新参数值,以此达到损失函数不断下降的目的。BP神经网络通过大量带有标签的样本进行训练,拟合出样本特征与分类类别之间的关系。神经网络的结构包括输入层、隐藏层和输出层。隐藏层可以为一层或多层,各隐藏层的神经元个数需要根据调参经验和实际问题的复杂度决定。增加隐藏层的节点数能使网络拟合更加复杂的特征，但同时也有可能出现过拟合风险，而且会增加网络的训练时间。因此，根据不同的分类任务设计合理的 BP 神经网络结构十分必要。

BP 神经网络中，输入层的神经元个数等于样本的特征个数，输出层的神经元个数等于分类的类别数。网络训练的实质就是不断输入训练样本，根据网络预测与样本标记值的差值（损失）对权值进行调整，直到损失减小到不再改变为止。当网络模型达到收敛状态时，则可用此训练好的模型对未知样本进行分类。

在 BP 神经网络训练之前，应当合理设置初始权重，否则可能会出现局部最优、不易收敛等情况。在网络的训练中，一般通过设置合适大小的学习率和动量项提高对网络训练的收敛效率。

深度学习是近 10 年发展起来的技术，其本质是深度神经网络的复兴，本书将在第 10 章中详细介绍该内容。

第5章

可见光卫星遥感图像解译

可见光卫星遥感图像能够把人眼可以看见的景物真实地再现出来,其优点是直观、清晰,易于判读。可见光遥感历史悠久,随着光学卫星成像分辨率的提高,对可见光卫星遥感图像解译能够得到大量有意义的信息,因此可见光成像成为对地观测常用的手段,本章主要介绍可见光成像原理、图像特点、解译方法和解译案例。

■ 5.1 可见光成像原理

可见光遥感的工作波长为 $0.38\sim0.76\mu m$,一般采用感光胶片或光电探测器作为感测元件,属于摄影成像遥感。它主要使用空间光学相机获取目标及背景反射或自身发出的可见光,记录的信息为遥感数字图像。可见光遥感图像是物体反射光或发光强度的空间分布。卫星光学遥感可以环绕观测地球各个区域,地表成像清晰,对于大气观测、灾害预报、环境监测、资源探测等具有很大优势。

5.1.1 卫星光学载荷

光学成像原理可分为三大类。一是几何光学、像差理论成像原理,通常的光学系统设计均以此理论为基础进行。二是衍射成像原理,其以波动光学的衍射理论为基础,结合通信理论中线性系统的方法,把成像系统视为空间不变的线性系统,成像系统的特性用相干传递函数(相干照明)或光学传递函数(非相干照明)描述。衍射成像原理在像质定量评价、卫星成像系统分辨率的研究及实现高分辨率成像等方面具有重要作用。三是干涉成像原理,其成像过程本质上是干涉过程,像面上任何一点的光扰动必然是出瞳上各点光扰动的叠加。干涉成像原理以光场的部分相干性为基点,衍射成像原理中的相干成像和非相干成像作为两个极限情况可以包括在干涉成像原理之中,因此干涉成像原理更具有普遍性。卫星光学遥感仪器根据不同的遥感应用选择上述成像原理[6-9]。

卫星光学遥感仪器由空间光学系统、探测接收和电路系统、热控装置和控制等光机电一体化仪器设备组成[40-41]。

卫星光学遥感仪器按照成像方式不同可分为画幅式和扫描式。图 5-1 所示为画幅式卫星光学遥感仪器,其主要用于测绘、目标定位、军事侦察和国土普查,特点是瞬间成像,适合动目标。

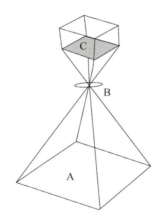

图 5-1 画幅式卫星光学遥感仪器

扫描成像有光机扫描方式(图 5-2)和线阵列推扫方式(图 5-3)两种,其特点是逐行成像,适合静目标。光机扫描仪是光学机械扫描式多光谱扫描仪的简称,是星载遥感系统中较早使用的传输型遥感器之一,又称多光谱扫描仪,其利用反射镜扫描成像方式扩大了观测视场。线阵列推扫方式是目前卫星光学遥感仪器成像的主要方式。

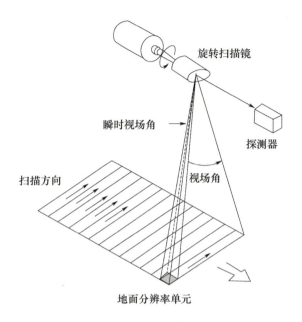

图 5-2　光机扫描方式

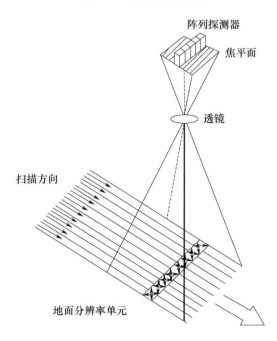

图 5-3　线阵列推扫方式

1. 空间光学系统

空间光学系统通常有折射式光学系统、折射－反射系统和纯反射式光学系统 3 种。

（1）折射式光学系统如图 5－4 所示，其特点是较适合视场大、焦距较短及通光口径不大的场合。但是，折射式光学系统的体积、质量大，难以获得大尺寸光学均匀的材料，随着焦距变长，其像差越难消除。

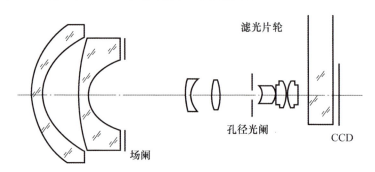

图 5－4　折射式光学系统

（2）折射－反射系统如图 5－5 所示，其特点是外形尺寸小，孔径和视场较大，整个系统同轴布置，结构复杂。折射－反射系统中，由反射镜产生所需的光焦度，用无光焦度的多块折射元件校正像差，扩大视场。

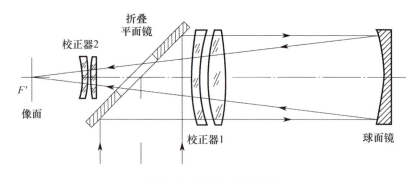

图 5－5　折射－反射系统

（3）纯反射式光学系统如图 5－6 所示，其特点是不存在任何色差，可用于宽谱段成像；通光口径较大，易解决由材料引起的系统笨重问题，适合大尺寸光学系统;结构紧凑,所需光学元件少,便于用反射镜折叠光路,且可采用超薄镜坯或轻量化技术,大大减少了反射镜的质量;反射离轴系统具有无遮拦、光学传递函数(Modulation Transfer Function,MTF)值高等优越性。

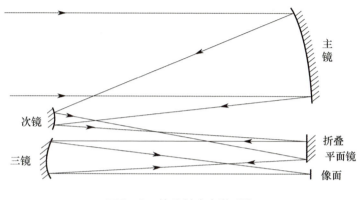

图 5-6 纯反射式光学系统

2. 探测接收和电路系统

在探测接收和电路系统中,CCD 的工作全部由驱动信号控制,因此输出的驱动信号质量至关重要。同时,CCD 输出信号的放大也是其关键之一。

CCD 的驱动时序因具体型号的不同而不同,实现方法主要有以下 4 种。

1) 普通数字集成芯片

此种方法多见于 CCD 产品说明书、经典著作提供的驱动电路及早期实际使用的驱动电路。驱动电路主要由主振、计数器、分频器、译码器、触发器和驱动器等中规模集成芯片组成。这种方法需要大量的集成芯片,因此具有体积大、功耗大、成本高、设计复杂、开发周期长、故障率高、电路不灵活等缺点,使其不能得到广泛地应用和发展。

2) 用 EPROM 产生 CCD 时序波形

此种方法的设计思想是:在 CCD 的一行周期中含有 N 个移位时钟周期(与像元数有关),在一个移位时钟周期内各路信号在不同时刻发生变化,将移位时钟周期划分成 P 个等时间间隔,称之为状态。一个行周期的时序波形对应于 $N \times P$ 个状态,各路信号对应的状态或 1 或 0,于是构成一组状态数据,将这些状态数据依次装到可擦除可编程只读存储器(Erasable Programmable Read Only Memory,EPROM)中。当 EPROM 地址顺序变化时,EPROM 便等时间间隔地依次输出这些数据,于是就形成了 CCD 所需的各路波形。这种方法的硬件电路主要由主振、EPROM、地址发生器(异步计数器)、地址信号同步电路(锁存器)和强制复位电路组成。显然,这种方法的硬件电路依然比较复杂,同样具有体积大、功耗大、成本高、设计复杂等缺点。但是,这种方法的最大优点是对任何型号的 CCD 来说,其硬件结构几乎不需要变化,故应用比较灵活。

3)用单片机输出驱动波形

此种方法是通过单片机输出指令来改变输出数据。其硬件电路极其简单,只需要单片机加驱动芯片,而且只是部分占用了单片机的硬、软件资源。但是,由于受到单片机的时钟频率限制,因此其不能应用于高速领域(若单片机主振时钟频率为 12 MHz,一个指令周期为 $1\mu s$,在一个移位时钟周期内含有 8 种状态,那么 CCD 可工作的最大频率仅为 125 kHz)。

4)专用大规模集成芯片

由于此种方法是将 CCD 驱动电路的所有电路集成在一块芯片上,因此其具有体积小、功耗低、故障率低、适用于高速应用场合等优点;其缺点是应用单一、在调试过程中难以排错等,且专用大规模集成芯片通常价格较为昂贵。

通常卫星光学遥感仪器的 CCD 的驱动逻辑采用直接数字电路驱动方法产生,虽然采用这种方法的电路比较复杂,但可获得高速驱动频率。

探测接收和电路系统设计原理框图如图 5-7 所示,现场可编程门阵列(Field-Programmable Gate Array,FPGA)芯片产生 CCD 芯片正常工作所需的驱动信号,其驱动信号必须满足严格的时序,以产生高质量的模拟图像信号;FPGA 驱动信号经过一定的电平转换和整形,以满足 CCD 信号要求;CCD 芯片正常工作后,输出对应的模拟图像信号,经过输出级电路进入信号放大器,图像信号经过信号放大后进入数据采集卡进行采集。FPGA 程序由 QuartusII 软件编程完成;整个驱动电路采用 Protel 软件设计制作,完成 CCD 驱动、CCD 信号整形和放大功能;数据采集卡的控制及电动机运动控制则由 PC 机软件完成。

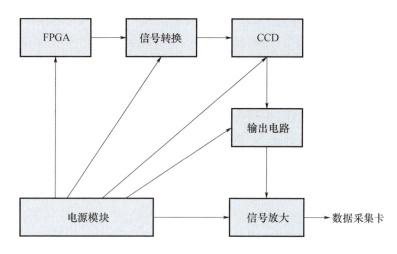

图 5-7　探测接收和电路系统设计原理框图

3. 热控装置和控制

空间遥感器是长寿命对地观测卫星的主要有效载荷,通常是具有较高分辨率的大型光学仪器。卫星的轨道寿命与任务性质要求遥感器在严酷的空间环境下具有可靠的光学性能,因此其必须有较高的热稳定性,即良好的抵抗空间热载荷的能力。空间光学遥感器在整个寿命期间处于真空冷黑环境中,受到不断变化的空间外热流和内部热源的影响,其温度水平和分布状态也处于不断变化之中,因此光机结构中不同部位具有不同的温度,甚至同一部位在不同时刻温度也不相同。这种不断变化的温度状态给光学成像系统成像质量带来极大的影响,主要体现在光学元件的折射率发生变化,形成折射率梯度;光学元件因不均匀热膨胀而导致面形变化;由于结构热变形导致光学元件刚体位移,即离轴、离焦和相对倾斜。这 3 种效应都会使光学系统产生视轴漂移、波前畸变,使光学系统 MTF 下降,导致成像质量变差。为了保证相机满足光学性能要求,必须进行严格的热光学分析,以便改进相机的设计,提高相机的热光学性能。

空间光学遥感器作为航天器的有效载荷,在卫星平台上的搭载方式为裸露于太空中,轨道寿命与任务性质决定了其必须在严酷的空间环境下才具有可靠的光学性能。遥感器安装在卫星平台外壁面上,在轨道运行过程中受到太阳辐照、地球红外辐射、地球阳光反照及空间冷黑热沉的交替加热和冷却,其表面各部分接受辐射热量不均匀,随时间的变化,将造成表面温度分布的不均匀和波动。遥感器与卫星平台外壁面上的法兰连接,与外界的热交换主要通过辐射及与卫星平台安装界面的热传导进行。热控系统的设计原则如下。

(1) 以被动热控为主,主动热控为辅。

(2) 尽量采用成熟技术,严格遵循各项热控规范和标准,以保证热控系统的高可靠性。

(3) 综合考虑光、机、电、热及空间轨道环境条件,从系统高度出发进行整体热控优化。

总体而言,空间光学系统的主要热控策略是在被动热控的基础上加主动热控。被动热控主要采用包覆多层隔热材料与热控涂层及加隔热垫等手段进行热隔离,主动热控主要采用电加热膜进行温差补偿的办法将温度拉平至热控指标范围之内。具体的热控效果需通过热光学分析进行验证。

4. 空间环境对成像的影响

遥感器是搭载在宇宙飞船或飞行器上的,在发射升空至预定轨道过程中要经受严峻的力学考验,包括发射瞬间强烈的振动和冲击;发射阶段匀加速度的过载载荷,这种过载可达到几个 g 甚至更大;在轨工作时处于微重力状态,与地面装调的系统相比发生了根本性变化。基于以上特殊环境因素,要保证遥感器上各个零部件正常工作,就要从其所要经受的这些力学环境及工作状态出发进行综合考虑。电控箱承载着遥感器 CCD 组件工作所需的全部电路板,电控箱设计是否合理,对能否保证各电路板正常工作且不影响其他部件,乃至整个空间光学遥感器能否正常工作都起着至关重要的作用。

另外,航天相机离焦是影响相机成像质量的重要因素。航天相机在运载发射过程中会受到冲击、过载、振动、空气压力影响,相机在空间轨道运行中受到太阳周期辐照而导致环境温度变化,这些因素都可能影响相机光学材料和相机结构,导致光机结构产生微变化,如光学镜头组件曲率半径变形、反射镜镜面变形等,从而使相机焦距发生变化,成像平面偏离 CCD 焦平面位置,产生离焦现象,影响相机系统 MTF 和成像质量。为使在上述环境条件下保证相机的成像质量,实时获得最佳分辨率图像,就必须对离焦进行补偿。

5. 卫星光学遥感仪器的主要技术指标

1) 调制传递函数

从信息角度来看,光学系统作为一个信息系统,其输出的信息相对于输入的信息肯定会丢失一部分。我们常常使用对比度来表征这种信息,即

$$MTF = 输出图像的对比度/输入图像的对比度$$

由于输出图像的对比度总是小于输入图像,因此 MTF 总是处于 0~1。根据不同的空间频率,即可获得系统的 MTF 图。

2) 信噪比

信噪比是指一个系统中信号与噪声的比例。信号指的是来自设备外部需要通过系统处理的信号,噪声是指该系统后产生的原信号中不存在的无规则额外信号。信噪比是光学遥感器辐射性能的重要指标。信噪比与目标的辐射和反射特性、背景特性、大气的透过率,光学系统的口径、相对空间、透过率,探测器的响应度、量子效率、比探测率等因素有关。

3) 定位精度

定位精度是指光学遥感器获得的图像和目标真实位置之间的对应关系的精确程度。定位精度取决于卫星姿态精度和稳定性、遥感器与卫星的相对位置的标定精度、遥感器内方位元素的标定精度等。

4) 体积、质量、功耗

空间遥感器需要搭载航天飞行器,而航天飞行器如人造卫星、航天飞机、火箭、空间站,其载荷能力都是有限的,所以对遥感器的体积、质量都有严格的要求。但是,为了实现空间遥感器的各项指标,如空间分辨率、光谱分辨率、地面覆盖范围等,空间遥感器的体积和质量必然是非常大的,因此如何根据要求在其中进行取舍是一个需要思考的问题。

5) 使用寿命

空间遥感器的使用寿命要有严格的规定,在元器件选取、失判依据、故障分析及备份替换、运转模式控制等方面要进行严格的论证,必须在使用寿命之内可靠运转。

5.1.2 卫星光学立体成像原理

卫星光学立体成像要能够具备获取立体遥感图像的能力,其通过立体观测得到地面目标的物理、几何属性。卫星光学立体成像技术主要包括光学立体成像与时间同步技术和卫星定轨定姿技术[42-43]。

1. 光学立体成像与时间同步技术

光学立体成像所用相机为双线阵相机或三线阵相机,具有特定交会角的前视和后视 2 台独立的 CCD 扫描相机的组合体就是双线阵相机,正视、前视和后视 3 台独立的 CCD 扫描相机的组合体就是三线阵相机。以下对三线阵相机进行说明。卫星在飞行中,任意推扫就会形成 3 个不同视角且相互重叠的图像。三线阵 CCD 在焦聚平面的排列如图 5-8 所示。

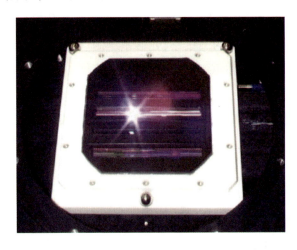

图 5-8 三线阵 CCD 在焦聚平面的排列

以三线阵 CCD 立体测绘相机为有效载荷的卫星光学立体成像,即三线阵立体测绘卫星。随着航天摄影测量技术在空间技术领域中的应用需要,且还要满足测绘定位所要求的精度指标和高分辨率清晰成像的技术要求,三线阵 CCD 立体测绘相机应运而生。三线阵 CCD 立体测绘相机总体技术主要包括相机的主要技术指标、光学系统指标的确定和光学镜头的选型、光机结构设计依据和特点、电子学系统的组成和与卫星的接口关系、相机结构的动力学特性、相机的热控等单元技术。三线阵CCD立体测绘相机是利用在3条线阵CCD推扫进行成像的。

三线阵CCD立体测绘相机的光学系统可以是一个光学镜头或者3个独立而焦距不同的光学镜头,但是后者的3个光学镜头的光轴必须位于同一个平面内并交会于一点,两种结构在成像原理上其实是等价的。三线阵CCD立体测绘相机的光电扫描成像部分由光学系统焦面上的3个线阵CCD传感器组成。三线阵CCD立体测绘相机的主要特点是在推扫区内任何一个地物点均有3个图像(前视、正视与后视图像),这3个线阵CCD相互平行排列并与航天飞行器与地物之间的速度向量方向垂直。因此,在航天器飞行时,每个CCD都以一个同步的周期T连续扫描地面,且对同一个地物产生3条等宽而不等视角的航带图像——正视图、前视图及后视图。正视图就是垂直对地成像的正视传感器产生的图像,前视图就是向前倾斜成像的前视传感器产生的图像,后视图就是向后倾斜成像的后视传感器产生的图像,如图5-9所示。

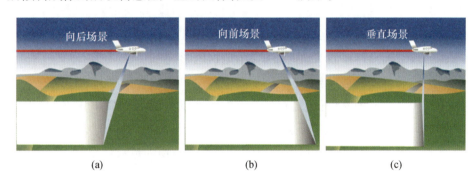

图5-9 三线阵CCD立体测绘相机成像场景

(a)后向扫描线组成;(b)前向扫描线组成;(c)垂直扫描线组成。

2. 卫星定轨定姿技术

为了保证卫星轨道的测量精度和姿态的确定精度,借助卫星遥感图像精确定位地面目标时,通常需要地面控制点的辅助。如果在部分地区工作人员无法设立控制点,则无控制点摄影测量的作用即凸显出来。三线阵立体测绘卫星在无控制点摄影测量时需要满足3个条件,才能完成立体测图及定位目标任务。首先,借助设备定位测量卫星轨道,并提供3个外方位位置元素;其次,借助三线阵CCD立体测绘相机推扫摄影地面空间,构成3幅重叠的航带图像;最后,测量卫星姿态,提供3个外方位角元素。GPS接收机是测量卫星轨道的常用设备,星敏感器、红外姿态测量仪等是测量卫星姿态的常用设备。

5.2 可见光遥感图像特点

可见光遥感图像相比于红外遥感和SAR遥感图像而言,最能直接体现出地物分布的特点,并且符合人类视觉的认知规律,能够清楚地观测到地面真实情况。但其观测条件较为苛刻,受到天气、气候、光照等影响,无法全天时、全天候对地面成像。

可见光遥感图像是所有类型遥感图像中使用历史最长的图像,可见光遥感图像的发展过程为由全色影像到彩色影像。全色影像中的全色波段一般为 $0.5 \sim 0.75 \mu m$ 的单波段,即从绿色往后的可见光波段(为防止大气散射对影像质量的影响,大多将蓝色光滤去)。获取全色遥感图像,即对地物辐射中全色波段的影像进行摄取。由于全色影像是单波段,因此显示的是灰度图片。全色遥感影像一般空间分辨率较高,但无法显示地物色彩。

多波段又称多光谱,是指对地物辐射中多个单波段的提取。其得到的影像数据中有多个波段的光谱信息,对各个不同的波段分别赋予RGB颜色,将得到彩色影像。例如,将R、G、B分别赋予R、G、B 3个波段的光谱信息,合成将得到模拟真彩色图像。通过多波段遥感影像可以得到地物的色彩信息,但是空间分辨率较低。实际操作中,经常将这两种影像融合处理,得到既有全色影像的高分辨率,又有多波段影像的彩色信息的影像。

5.3 可见光遥感图像解译方法

从可见光遥感图像中获取信息的方法通常有两种,即目视解译和计算机辅助解译。下面分别介绍这两种方法。

5.3.1 目视解译方法

可见光遥感图像目视解译是对可见光遥感图像上的各种特征进行分析、比较、推理和判断,最后提取出感兴趣的信息。在可见光遥感图像目视解译过程中,通常依据形状、大小、色调、阴影、位置、活动 6 个解译标志,采用直接解译法、对比分析法、信息融合法、综合推理法对感兴趣的地物目标进行解译,一般步骤包括:准备工作、初步解译和样区考察、详细解译、野外验证和绘制成图。这些内容在本书第 4 章已详细阐述,在此不再赘述。

5.3.2 计算机辅助解译方法

可见光遥感图像的计算机辅助解译从研究思路上可根据目标地物的特点从低、中、高 3 个层次进行描述和表达。低层次的描述对象是图像像素,它不含有任何语义信息;中层次是在区域分割的基础上抽取遥感图像的纹理特征、空间关系等特征,以描述和表达目标地物;高层次的描述和表达是理解图像有关的具有丰富语义的对象,按照分析目标来解译图像,实现图像的特征匹配与多目标地物的智能化识别[13]。

可见光遥感图像的计算机辅助解译基本过程如图 5-10 所示,主要分为可见光遥感图像预处理、可见光遥感图像增强处理和可见光遥感图像解译处理 3 部分[44-45],下面分别介绍其处理流程。

1. 可见光遥感图像预处理

原始遥感图像并不能直接应用,常常需要对其进行辐射校正、几何校正、多波段彩色合成、拼接、剪裁等处理,这些都称为遥感图像预处理。

1) 遥感图像的输入/输出与多波段合成

获得遥感数据之后,利用遥感数据之前,首先需要把各种格式的原始遥感数据输入计算机中,转换为各种遥感图像处理软件能够识别的格式,才能进行下一步的应用,这就需要对原始数据进行输入/输出并转换为所需要的格式。人眼对彩色物体的分辨率远高于黑白物体,因此需要将单波段的原始遥感图像合成为多波段彩色图像,使得遥感数据包含的信息量更大,能够提高对具有不同光谱特征的地物的识别能力。多光谱图像要求至少包含 3 个波段数据,并且各波段的配准误差小于 0.2 像素。

卫星遥感图像解译

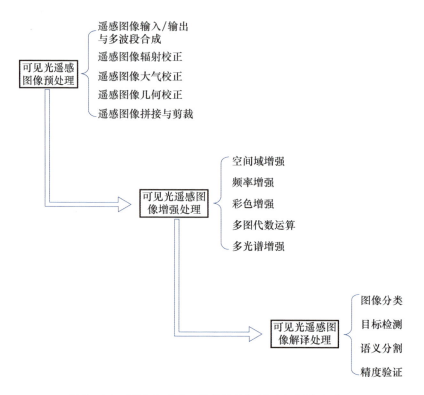

图 5-10　可见光遥感图像的计算机辅助解译基本过程

2）遥感数据的校正

遥感是为了获取地物的几何与物理属性应运而生的一项技术,但由于遥感成像过程中受一些因素影响,导致生成的遥感图像质量衰减。为了观测到地物的准确几何与物理信息,原始遥感图像需要经过图像处理,消除成像过程中的误差,实现对遥感数据的校正。造成遥感图像质量衰减的因素有辐射度失真、大气消光和几何畸变等,遥感图像数据校正的目的就是消除这些因素。由于遥感图像质量衰减的原因不同,因此针对不同的衰减需采用不同的校正方法进行处理。遥感数据的校正一般分为辐射校正、大气校正及几何校正等,下面分别展开介绍。

（1）辐射校正。辐射校正是指针对遥感图像辐射失真或辐射畸变进行的图像校正。消除或减弱辐射误差会减缓遥感图像的失真,对遥感图像的判读和解译意义重大。遥感图像辐射量失真主要是由于遥感器灵敏度特性引起的畸变,辐射误差产生的原因总体可以分为两种:传感器响应特性和外界自然条件。

遥感图像辐射校正主要包括以下3个方面。

① 传感器的灵敏度特性引起的辐射误差,如光学镜头的非均匀性引起的边缘减光现象、光电变换系统的灵敏度特性引起的辐射畸变等。

② 光照条件差异引起的辐射误差,如太阳高度角的不同引起的辐射畸变校正,地面倾斜、起伏引起的辐射畸变校正等。

③ 大气散射和吸收引起的辐射误差改正。

辐射校正的方法主要有两种,即相对校正和绝对校正。相对校正是找出遥感图像各像元、各波段之间的相对关系,通过分析辐射失真的原因和过程,建立辐射失真的数学模型,并通过对模型求逆得到遥感图像失真前的图像;绝对校正是实地测量地物的真实辐射值,寻找实测值与失真图像之间的函数关系,从而实现辐射校正。

(2) 大气校正。大气校正主要是消除由大气的吸收、散射等引起的失真,一般分为统计型和物理型两种类型。统计型大气校正基于陆地表面变量和遥感数据的相关关系,优点是可有效概括并建立从局部区域获取的数据,如经验线性定标法、内部平场域法等;物理型大气校正遵循遥感系统的物理规律,从而建立大气校正模型。但模型是对现实的抽象,优秀的模型会包含大量的变量,较为复杂,因此建立和学习物理模型的过程较为缓慢,花费时间成本较大,如6S模型、Mortran等。

常用的大气校正方法有基于理论模型和基于经验两类。其中,基于理论模型的大气校正方法需要建立大气辐射传递方程,并求解近似校正值;基于经验的大气校正方法如回归分析方法。实现精确的大气校正,获取模型中成像时刻气溶胶的光学参数、水汽的浓度等大气参数十分必要,需要获取每个波段像元亮度值与地物反射率的关系。在实际作业中,一般需要专门观测来准确获取这些数据,但由于测量数据所花费人力、物力成本较大,导致其应用受到一定限制。

(3) 几何校正。几何校正的目的是校正遥感图像成像过程中的各种几何畸变。影响图像几何畸变的因素主要包括：遥感器的内部结构畸变，如遥感器扫描运动中的非直线性等；遥感平台的运行状态，包括由于平台的高度或速度变化、轨道偏移及姿态变化引起的图像畸变；地球本身对遥感图像的影响，包括地球的自转、高程的变化、地球曲率等引起的图像畸变。

几何校正可分为几何粗校正和几何精校正。几何粗校正是针对引起畸变原因进行的校正，一般卫星将图像数据传输到地面站后，由地面站进行几何粗校正后进行下一步处理；几何精校正是利用控制点进行的几何校正，其使用数学模型近似描述遥感图像的几何畸变过程，并利用畸变的遥感图像与标准地图之间的一些对应点求得该几何畸变模型，然后利用此模型进行几何畸变的校正。

几何校正过程如下：首先，构建一个模拟几何畸变的数学模型，以建立原始畸变图像空间与标准图像空间的某种对应关系，实现不同图像空间中像元位置的变换；其次，利用对应关系把原始畸变图像空间中的全部像素变换到标准图像空间中的对应位置上，完成标准图像空间中每一像元亮度值的计算。

3）遥感图像拼接与剪裁

在遥感图像的应用中，常常需要把若干经校正的单幅遥感图像拼接起来。在遥感图像拼接过程中，首先需要根据任务要求挑选合适的遥感数据，尽可能选择成像条件相近的遥感图像，成像时间相近的图像色调基本一致，很大程度地减少误差与损失。

遥感图像拼接之前要进行几何校正，在进行拼接时，不同图像的色调、灰度存在差异，特别是在两幅图像的对接处当差异较为严重时，需要对图像的色调进行调整。为了消除两幅图像在拼接时的差异，有时需要调整重叠区的亮度，常用的调整方法：①把两幅图像对应像元的平均值作为重叠像元点的亮度值；②把两幅图像中最大的亮度值作为重叠区像元的亮度值；③将两幅图像的对应像元值进行线性加权运算，将结果作为重叠区像元点的亮度值。

在处理遥感图像时，经常需要从很大范围的整景遥感图像中取较小范围的图像进行研究与分析，此时就需要遥感图像的剪裁技术，包括规则范围和不规则范围的裁切。目前主要的遥感软件中都包含遥感图像裁切功能。

2. 可见光遥感图像增强处理

遥感图像在实际应用过程中有时会出现较差的目视效果,如对比度差、图像模糊、地物边缘部分不够突出等。有些图像波段多,数据量大,甚至出现数据冗余等情况,难以处理。针对上述问题,通常通过图像增强技术来改善图像质量或压缩图像数据量,更好地服务于图像分析与判读工作。

图像增强的主要目的是提高图像对比度、去除噪声、提高图像质量、压缩图像数据量等。图像增强的主要内容有空间域增强、频率增强、彩色增强、多图代数运算、多光谱增强等。

(1) 空间域增强。空间域增强,即根据不同任务突出图像上的某些特征,也可以有目的地抑制图像上传输过程中产生的噪声。空间域增强处理后的图像可能与原图像有较大差别,但通过突出有用信息或消弱无用噪声,可达到图像增强的目的。

(2) 频率增强。像元的灰度值随位置变化的频繁程度可以用频率来表示。频率增强技术主要包括平滑和锐化处理,平滑主要是抑制图像的高频率部分而保留低频率部分;锐化则刚好相反,即弱化图像的低频率部分而增强高频率部分。

(3) 彩色增强。彩色增强是指将灰度图像变为彩色图像,或者对 RGB 图像进行彩色变换,可以提升图像的可视性。彩色增强主要有伪彩色增强、假彩色增强和彩色变换 3 种方法。

① 伪彩色增强:把一幅黑白图像灰度像素值按一定的函数关系变换为彩色,得到彩色图像的方法。黑白图像的分辨能力在经过伪彩色增强后会有所提升,能够准确进行地物分类。

② 假彩色增强:处理同一场景多光谱图像最常用的方法,选择多光谱图像中的某 3 个波段,分别赋予红、绿、蓝 3 种颜色,即可合成彩色图像。在标准假彩色图像中,地物类型信息丰富,突出了植被、水体、城乡、山区、平原等特征。

③ 彩色变换:RGB 和 IHS 两种色彩模式相互转换,根据任务需求选择合适的彩色系统。遥感图像处理系统中经常使用 IHS 模型,其表示的彩色与人眼看

到的更为接近。

（4）多图代数运算。遥感多光谱图像和经过配准的两幅或多幅单波段遥感图像可以进行一系列的代数运算，达到图像增强的目的。下面介绍几种常见的代数运算。

① 加法运算：把两幅同样大小的图像对应像素值相加。加法运算的目的是对同一区域的多幅图像求平均，有效减少图像的加性随机噪声。

② 差值运算：把两幅同样大小的图像对应像素值相减。差值图像提供了不同时相图像的差异信息，常用在运动目标监测与跟踪、遥感变化检测等工作中。

③ 比值运算：两个不同波段的图像对应的灰度值相除，也常用于遥感图像的变化检测工作中。比值运算对于增强和区分在不同波段上比值差异较大的地物有明显的效果。

④ 图像复合：综合不同传感器获取的同一地区图像的特征，对其进行后续处理。由于不同传感器接收波长不同、分辨率不同，因此获取的遥感图像具有不同的特点，图像复合可以大大提高图像的应用精度。

（5）多光谱增强。多光谱增强采用对多光谱图像进行线性变换的方法，减少各波段信息之间的冗余，压缩数据量，保留对遥感解译更有用的波段数据。

3. 可见光遥感图像解译处理

遥感图像的解译处理主要包括图像分类、目标检测、语义分割（Semantic Segmentation）和精度验证等任务[46-47]，其基本内容仍是图像分类，关于图像分类的内容，本书在第 4 章已有详细介绍，在此不再赘述。

5.4 可见光遥感图像解译案例

本节通过典型地物的判读、目标检测和语义分割分别阐述可见光遥感图像目视解译案例和计算机辅助解译案例。

5.4.1 目视解译案例

遥感图像是探测目标地物综合信息的最直观、最丰富的载体，人们运用丰富的专业背景知识,通过肉眼观察,经过综合分析、逻辑推理、验证检查,把这些信息提取和解析出来的过程就是目视判读解译。

1. 居民地和道路判读

城市居民地的判读特点:房屋稠密,面积较大,建筑物排列整齐,能判读建筑物的形状、高度和周边环境,如图 5-11(a)所示。

农村居民地的判读特点:小而分散,有农田包围,能判读居民地的外形和面积及通向居民地的道路,如图 5-11(b)所示。

道路的判读特点:线状分布,大多为水泥材料,因此反映到影像中的色调较亮,但也受路面结构和湿度影响。铁路比公路弯曲度小,路两侧有车站等,易与公路区别;土路的弯曲度大,色调一般在浅灰色到深灰色之间变化。

2. 土地与土地利用判读

土地是一个综合概念,是包括气候、地貌、土壤、水文、植被等自然因素在内的自然综合体,同时也包括人类活动的作用和影响。

土地覆盖是指地球表面当前具有的自然和人为影响形成的覆盖物,如地表植被、土壤、冰川、湖泊、沼泽湿地及道路等。

土地利用是土地资源自然属性和经济特性的全面反映。土地利用是在自然、经济和技术条件的综合影响下,经过人类的劳动形成的产物,其在一定的空间分布上服从社会经济条件。

土壤受到其土地植被的影响,判读比较困难,因此经常应用逻辑推理法,根据土壤发生学的理论,按照成土因素进行判读。

不同土壤类型之间的光谱差异不明显,而且土壤的性状主要表现在剖面,而光谱反映的是表面,因此直接判读困难,一般用间接判读法,即根据其上生长的植被类型、地区的气候条件等分析、推断出土壤类型。不同条件下的土壤判读如下。

(1) 裸露土壤[图 5-12(a)]:可以直接反映在图像上,有机质含量高、湿度大者色调较暗;盐渍化或灰化土壤则相反,一般为浅色调。具有良好结构的土壤常表现为均匀的棉絮状图案,白浆土及盐碱化土壤一般形成单调均一的浅色图像。

(a)

(b)

图 5-11 居民地

(a)城市居民地;(b)农村居民地。

(2) 覆盖自然植被的土壤[图5-12(b)]：土壤被自然植被遮盖，在图像上得不到直接反映，但土壤和自然植被间往往存在密切的依存关系，可通过判读自然植被推断土壤类型和性状。

(3) 农业土壤[图5-12(c)]：通过作物种类及土地利用方式，按作物的光谱特性和物候期进行判读。农田有明显的几何形状，呈浅灰色或灰色，主要受土壤的性质、作物的种类、生长季节等影响。农田的周围常分布有小路和居民点。

(a)   (b)

(c)

图5-12　不同类型的土壤

(a)裸露土壤；(b)覆盖自然植被的土壤；(c)农业土壤。

（4）河流、湖泊。河流的图像呈弯曲的带状或线状，一般为黑色或灰色。其色调的深浅主要取决于摄影时的光照条件、水深河底颜色和水的清浊等因素。湖泊在影像上有着明显的轮廓，其形状不一，色调及其影响因素与河流相同，一般为暗色。

3. 地貌判读

利用光学卫星图像能判读地貌的类型、形态，如流水地貌、冰川地貌、风沙地貌、黄土地貌、火山地貌等。地貌在卫星图像判读时是较为直观的要素。卫星图像的比例尺小，能反映大的地貌形态特征，如平原、山地、丘陵；能判读主要的地貌类型及范围，如风沙地貌、黄土地貌、冰川地貌、火山地貌、流水地貌等。

例如，美国陆地卫星的 TM5、TM7 为区分岩石性质最好的波段，在 TM5 和 TM7 波段下各种岩石的光谱差异最明显。

地貌类型的外形差异在图像上能够较好区别，如流水地貌的冲积平原、风沙地貌的沙丘、火山地貌的火山锥、冰川地貌的冰川和角峰等。

在遥感图像上可识别构造的类型和岩层倾向，分析构造的运动。

对地貌形态判读需要考虑如下因素。

（1）山地、丘陵：由于地形起伏，形成阴坡和阳坡，产生色调的深浅变化；同时，可以根据山脊线和谷坡，以及山体分布的轮廓等进行判读。

（2）盆地（图 5-13）：由于被山地或高原包围，中间相对平坦，因此色调较均一。

（3）平原（图 5-14）、高原：地面较为平坦，色调均匀且单一，呈平面状展布。另外，平原是人口集中和主要的农作区，城镇广布，耕地宽平密布，道路交通及灌溉渠道纵横，共同构成了平原的景观。

（4）冰川地貌（图 5-15）：常年积雪地和冰川在图像上表现为白色，配合地形图可以确定雪线的高度。

（5）岩溶地貌（喀斯特地貌）：微地形特别发育，凹陷与凸起相互交替，在凹地色调较浅，构成明显色调相交替的图案，有些地方常出现河流突然消失或河流突然流出的现象。

第5章 >> 可见光卫星遥感图像解译

图5-13 盆地

图5-14 平原

图 5-15　冰川地貌

(6) 风成地貌(图 5-16)：一般为沙漠和荒漠地，植被稀少，地面裸露，在各波段都有较高的反射率，所以在图像上一般呈浅色调。沙漠在图像上形成大面积浅色调且疏密不同的波纹状图形。

(7) 黄土地貌(图 5-17)：色调较浅，分布均匀，在图像上形成独特的密集型树枝状的图形。

4. 植被判读

关于植被，主要是根据其纹理特征与色调变化进行判读。对经不同处理后的图像其判读标准各不相同，如在标准假彩色图像上植物一般表现为红色，幼嫩的植物呈粉红色，长势好的为红色，成熟的为鲜红色，受到伤害的植物呈暗红色，干枯的植物为青色，其判读标志为色调/色彩和纹理结构。纹理结构是细小地物在图像上构成的组合图案，地物的性质不同，组合图案也不同，因此可据此判读地物群体的性质。

第 5 章 >> 可见光卫星遥感图像解译

图 5-16　风成地貌

图 5-17　黄土地貌

卫星图像上,植被是群体的特征,不能反映个体的形态,只能判读出植被的类型、生长状况和分布范围。植被类型的判读要依据纹理结构和色调,并要有该地植物群落组成和植被分类图等资料,要经过实地调查和验证。植被的判读一般要用多波段合成图像,如标准假彩色合成图像,在该图像上植被为红色。

(1)稀疏林地和林中空地。稀疏林地的特点是林木稀疏,郁闭度在0.1以下,树木的阴影明显,如图5-18所示。

图5-18 稀疏林地

林中空地的形状不规则,边缘有明显的投落阴影,在小比例尺图像上常呈黑色的小穴状,如图5-19所示。

(2)树种或树种组:主要通过观察树形、枝和叶的着生状态、树冠直径和树高的关系、立地状况、色调、阴影等进行判断。

树种间色调的差异:夏季的红外图像、秋季的全色图像表现得好,但夏季的全色图像分类存在一定的困难,冬季对阔叶树不能识别。

在影像上区别人工林和天然林较为容易,人工林色浅、颗粒小,其构成状态较密集且整齐单一;而天然林稀疏、色深,颗粒明显,可以看出各树种的混交。各树种由于在遥感影像上表现出了各自不同的特征,因此在大比例尺的影像上可以准确地进行识别。

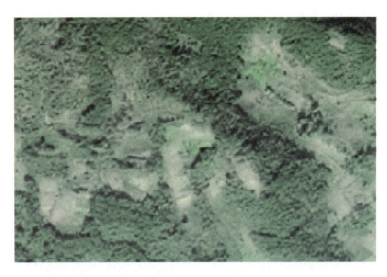

图 5-19　林中空地

① 云冷杉林(图 5-20)：云杉与冷杉冠形相似，呈圆锥形，颗粒小而稀疏，高低不齐，色暗，在南方多分布在高山峡谷区，林中常混有落叶松或白桦。

图 5-20　云冷杉林

② 落叶松林(图5-21):落叶松林呈灰白色,是针叶树中最淡的,但也随着摄影季节的不同而变化。其树冠为圆形或圆锥形,枝条疏,颗粒均匀整齐,顶部易消失,常与白桦混交。白桦颗粒一般比落叶松的大。

图5-21　落叶松林

③ 白桦林(图5-22):白桦树冠为卵形或圆形,颗粒均匀,林冠平整,呈灰白色,枝条较密,多与落叶松或山杨混交。

图5-22　白桦林

(3) 树木龄组:在照片上直接判读树木的年龄非常困难,所以通常根据有关因素对树龄进行间接推定。龄组判读一般按幼龄林、中龄林、成熟林 3 级进行划分。

① 幼龄林(图 5-23):树冠呈圆锥形,颜色比成熟林浅,林冠平整、细密,立体感不明显。

图 5-23 幼龄林

② 中龄林(图 5-24):树冠呈圆形或圆锥形,颗粒较明显,枝条较密,色调介于幼龄林与成熟林之间,立体感明显。

③ 成熟林(图 5-25):树冠大而明显,色调比幼、中龄林深,立体图像明显,枝条稀疏,林冠间的空隙比幼、中龄林都大。

5.4.2 计算机辅助解译案例

近年来,随着人工智能技术和计算设备的快速发展,遥感图像的计算机辅助解译逐渐将模式识别技术与人工智能技术相结合,根据遥感图像中目标地物的形状、大小、色调与空间位置等特征,结合物体目标的成像规律和解译经验等知识进行分析和推理,完成对遥感图像的自动化解译。

图 5-24 中龄林

图 5-25 成熟林

1. 基于卷积神经网络的遥感目标检测

深度卷积神经网络在近几年取得了巨大的进展,在诸多领域都引起了人们广泛的重视。光学遥感图像中的目标检测技术在军事和民用方面有着巨大的价值,利用深度卷积神经网络在光学遥感图像中进行目标检测已成为必然趋势。大量研究表明,当光学遥感数据集中目标较大、与背景对比度较为明显时,各种深度卷积神经网络可以取得较好的结果,一般超深度卷积神经网络取得的结果优于非超深度卷积神经网络取得的结果;而当遥感数据集中目标较小、与背景对比度不是很明显、背景干扰较为严重时,各个深度卷积神经网络取得的结果并不是很理想。相对而言,超深度卷积神经网络依旧优于非超深度卷积神经网络,但是并不是单纯地增加网络深度就可以取得更加理想的结果,结果的好坏还与网络的结构体系有关[48]。

1)飞机目标检测

遥感图像飞机目标检测是评估机场功能与重要程度、掌握敌情动态的重要途径。不管民用还是军用,飞机都具有重要的经济价值和军事价值。在军事方面,可以通过目标检测与识别技术自动监测敌方战机,提供军事情报或实施精确打击;在民用方面,可以通过自动检测飞机数量、位置等信息,合理调节并调度飞行任务[49]。图5-26所示为遥感图像的飞机目标数据集样本。

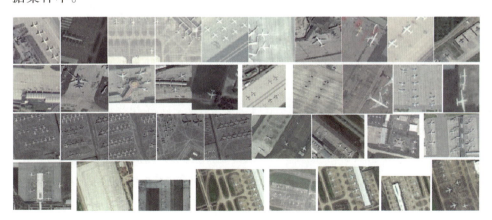

图5-26　遥感图像的飞机目标数据集样本

有了数据集样本后,选取设计好的网络结构,输入样本对其进行训练。通过分析不同学习率对损失函数产生的影响,调整网络参数。在困难样本的检测上,设置检测框与实际标签框 IoU(Intersection over Union)值大于某阈值(通常为 0.5)时为正样本,以此增加网络的可信度。在训练过程中,根据 GPU 运行内存及计算速度选择 mini-batch 和 epochs 的相应值,通过观察损失函数 loss 值的变化趋势确定训练是否完全。在检测过程中,根据遥感图像数据集的大小测试不同的尺度并探索不同尺度对检测的精度及召回率的影响。图 5-27 所示为遥感图像飞机目标检测的实验结果。

2)舰船目标检测

舰船是主要的海上运输载体和重要的军事目标,对舰船目标的自动检测在民用和军事领域都有重要的意义与价值。舰船的自动检测不仅可以监察走私等违法行为,也可用于定位遇难船只,为救援提供保障,还可用于监测敌方舰船,从而生成战斗情报并配合武器精确制导等。随着卫星遥感技术的蓬勃发展,并结合深度学习技术,基于遥感图像和深度学习技术的舰船目标检测技术作为一种主动监测的舰船动态的新兴技术,使得大范围、远海域的监测成为可能,极大地丰富了军事、海事部门的监测手段。相比于 SAR 遥感图像,光学遥感图像具有成像清晰、细节丰富、分辨率高等优点,在舰船检测方面有很大的优势[50]。

图 5-28 为各类型舰船样本样例,包括客船、散货船、集装箱船、驳船、游艇和军事船只。本案例利用 Yolo v3 目标检测算法检测舰船类型与位置,如图 5-29 所示,Yolo 将输入图像划分成 $N\times N$ 个网格,每个网格负责预测中心在该网格内的目标。图 5-30 中给出了各类型舰船的检测结果样例。

基于人工特征提取的传统舰船检测方法虽然计算简单,但是缺乏健壮性,在海面复杂的环境下容易检测失败。将基于深度学习技术的目标检测方法融入海上舰船目标检测中,可以实现快速高效稳定的智能舰船检测。另外,随着舰船样本数据的大量出现,网络的训练也更具有收敛性,因此基于深度学习的遥感图像舰船检测技术发展迅速,在实际应用中取得较好的表现。

第 5 章 >> 可见光卫星遥感图像解译

图 5-27 遥感图像飞机目标检测的实验结果

舰船类型	样例1	样例2	样例3	样例4
客船		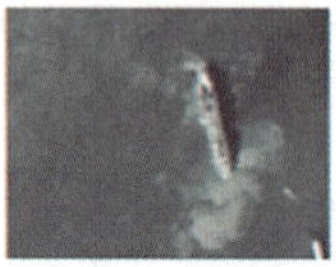	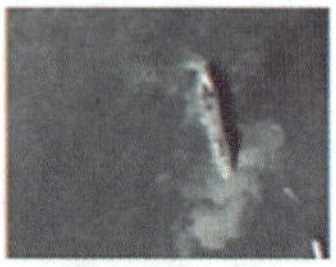	
散货船	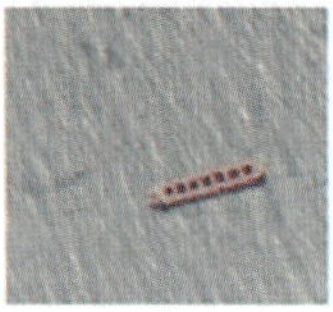	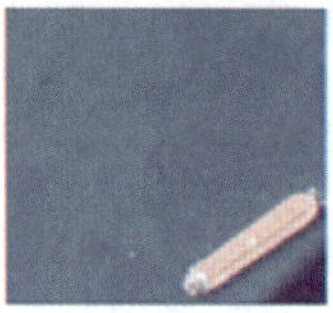		
集装箱船	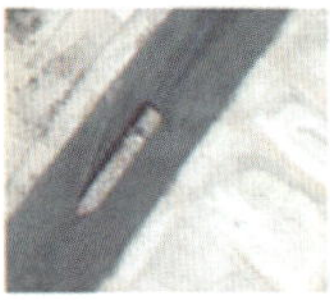		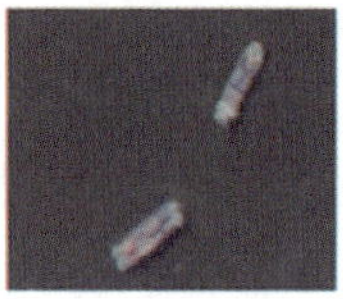	
驳船	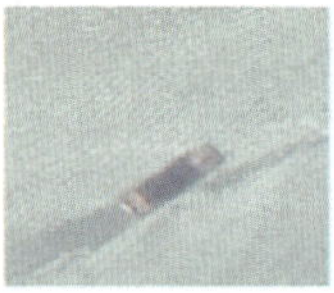	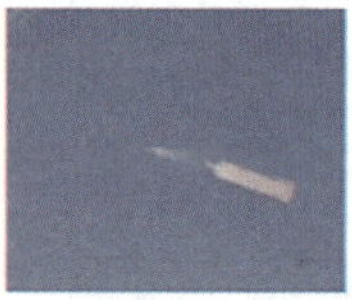	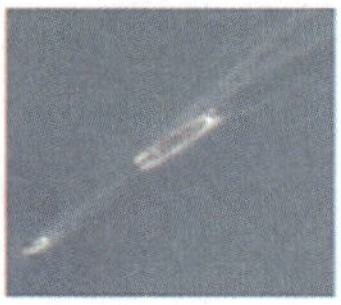	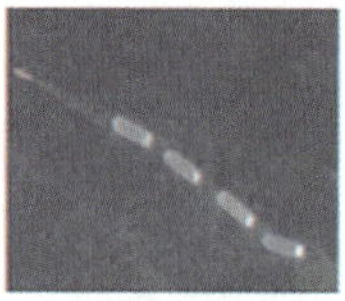
游艇	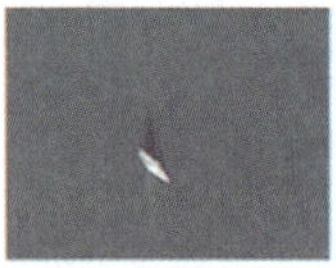	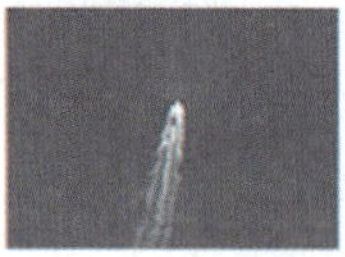	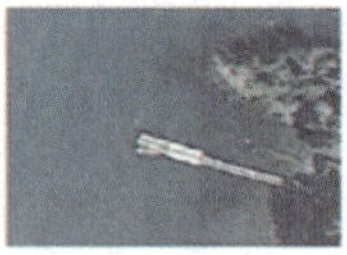	
军事船只			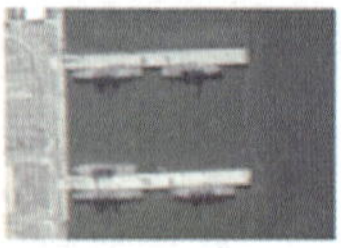	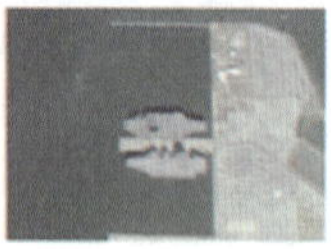

图 5-28 各类型舰船样本样例

第 5 章 >> 可见光卫星遥感图像解译

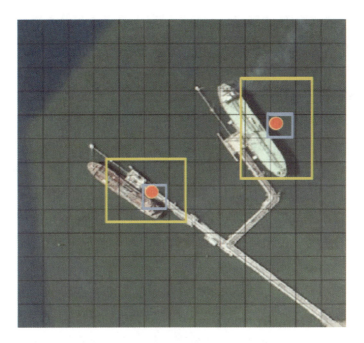

图 5-29 按网格覆盖图像预测包围盒

图 5-30 各类型舰船的检测结果样例

目前针对遥感图像的舰船检测相关研究主要集中在静态遥感图像上。随着吉林系列国产高分辨率视频遥感卫星的产品化，将深度学习技术使用在遥感视频图像中，可实现舰船动态跟踪检测。在视频动态检测过程中，可以根据每一帧图像舰船目标的经纬度计算出舰船的位置和移动速度，该技术在军事领域具有非常重要的应用价值。

2. 基于卷积神经网络的遥感图像语义分割

图像语义分割是指用一定的算法，将图像分割成若干个不连通的区域块，每个区域块有固定的语义类别，最终得到一幅具有逐像素语义标注的分割图像。在高分辨率卫星可见光遥感图像中，可以通过图像语义分割技术将图像中的特定目标分割并标记出来，以此提取遥感图像中的特定信息，而信息提取的准确率会直接影响后续的使用[51]。

基于深度学习的语义分割技术近几年才逐渐发展起来。2015 年全卷积神经网络的概念被首次提出，其将传统的图像分类网络转换为像素分类网络，实现了端到端(End – to – End)的语义分割。其训练和分割的原理与目标检测类似，只不过语义分割是逐像素进行分类，从而实现整幅图像不同类别的表示[52]。图 5 – 31 所示为公开数据集 ISPRSPotsdam 2D 的部分实例。该组数据集为德国 Potsdam 地区上空捕获的正影射图像，分辨率为 5m，图像中包括道路、建筑物、树木等多种场景结构。

在训练网络之前，需要对不同的地物进行不同颜色的标注，如汽车用黄色表示、建筑物用蓝色表示、植被用绿色表示等。基于全卷积网络的图像语义分割算法，在不同训练参数和条件下，语义分割模型会得到不同的结果及准确率。将不同模型的结果进行集成，精确度往往会有一定的提升。图 5 – 32 展示了不同策略下对遥感图像的语义分割结果示例。

可以看出，图 5 – 32(d) ~ (f)与图 5 – 32(c)相比，在视觉效果上均有一些提升。原始 R – SegNet 网络的分割结果中各类别的边界不够清晰。R – SegUnet 网络对于小目标及边缘具有较好的优化效果，可以去除边缘毛刺，平滑边缘轮廓。多分类转二分类和集成学习的方法能够进一步优化分割细节，使得目标边缘更加接近场景的真实边缘。因此，在实际对遥感图像的语义分割中，不同的神经网络与分割算法对于不同类别的地物有着不同的分类效果。

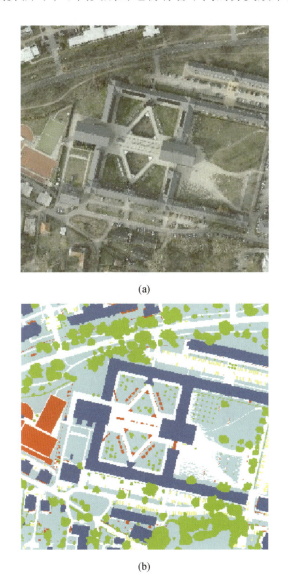

图 5-31 公开数据集 ISPRS Potsdam 2D 的部分实例

(a)原图;(b)语义标注图。

基于深度学习的图像语义分割方法相比传统分割方法能够获得较高的分割精度,但是分割模型中参数较多,复杂度越高,训练时间成本较大。目前,基于深度学习的语义分割还不能较好地做到实时处理,需要结合硬件设备与软件性能,从模型本身出发或者利用深度学习框架的分布式计算进行进一步的优化。

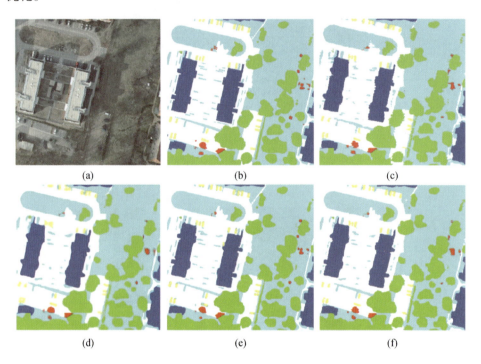

图 5-32 不同策略下对遥感图像的语义分割结果示例
(a)原图;(b)标注图;(c)R-SegNet 网络得到的分割结果;(d)R-SegUnet 网络得到的分割结果;
(e)R-SegUnet 网络的多分类转二分类得到的分割结果;(f)集成学习得到的分割结果。

第 6 章

高光谱卫星遥感图像解译

卫星遥感技术是20世纪60年代以后开始发展起来的一门综合性探测工程技术,是利用探测仪器,在非接触的前提条件下,在一定空间距离处将目标或者场景的光谱特性记录下来,并通过后期的数据分析处理,得到目标或场景的特性及其变化规律的探测工程技术。高光谱遥感是卫星遥感的重要组成部分,本章阐述高光谱成像原理、图像解译特点、解译方法和案例。

6.1 高光谱成像原理

6.1.1 高光谱成像的原理与发展

随着探测器技术的发展,具有一定光谱分辨率的多光谱遥感探测器开始问世并逐步受到人们的关注。直到20世纪80年代,国际遥感界将光谱分辨率达到10^{-2}数量级的遥感器定义为高光谱遥感器,高光谱遥感技术迅速兴起,这也被遥感学界称为光学遥感技术的一个里程碑[53]。

遥感技术的快速发展推动了遥感在各个领域的广泛应用,包括植被生物量估计、矿产资源监测、环境监测、海洋调查、精细农业等。图6-1为高光谱遥感发展历程。

高光谱遥感成像过程中,将传感器获取到的同一空间位置的电磁波通过色

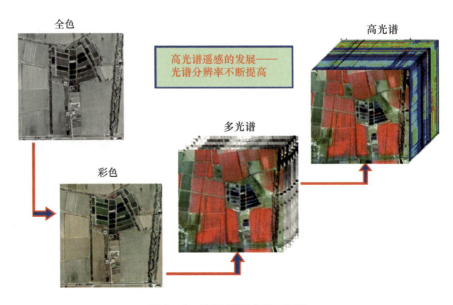

图6-1 高光谱遥感发展历程

散棱镜使不同频率的电磁波彼此分离开来,并按频率顺序将电磁波能量记录下来。它是以电磁波谱分析和成像光谱学为基础的。电磁波谱分析研究各种物质的发射、反射和吸收电磁波能量的特性。成像光谱学研究电磁波按着谱系对不同频率的电磁波能量进行记录。高光谱遥感图像数据的记录形式是数据立方体,它的每一层表示特定频率范围下的电磁波能量的记录结果,也就是在一定光谱波段内记录下来的图像。高光谱遥感图像记录了更多的波段信息,突破了用颜色代表波段的局限[54]。

一般来说,绝大多数物体对可见光不具备透射能力,而有些物体,如水,则对一定波长的电磁波透射能力较强,特别是 0.45～0.56μm 的蓝、绿光波段,一般水体的透射深度可达 10～20m,浑浊水体则为 1～2m,清澈水体的透射深度甚至可以达到 100m。对于一般不能透过可见光的地面物体,对波长 5cm 的电磁波有透射能力,如超长波的透射能力就很强,可以透过地面岩石和土壤。在反射、透射、吸收物理性质中,最普遍、最常用的是反射这一性质[54-57]。图6-2为高光谱图像像元光谱曲线提取过程。

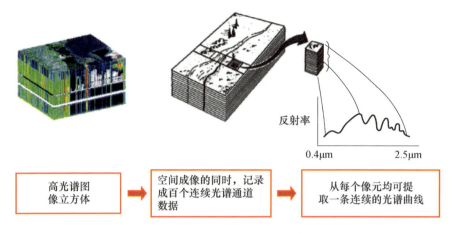

图6-2 高光谱图像像元光谱曲线提取过程

能量反射、吸收和透射的比例及每个过程的性质对于不同的地表特征是变化的,太阳入射总能量等于反射能量 E_R、吸收能量 E_A 和透射能量 E_T 之和,如图6-3所示。这种变化依赖于地表特征的性质与状态,如物质组成、几何特征、光照角等,因此可以根据这些差异在图像上识别不同的特征。

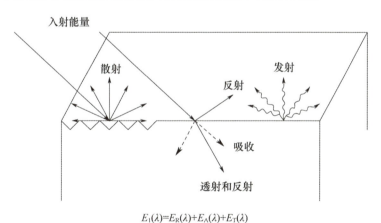

$$E_I(\lambda)=E_R(\lambda)+E_A(\lambda)+E_T(\lambda)$$

图6-3 太阳辐射与地球辐射

物体对电磁波的反射有3种形式,即镜面反射、漫反射和方向反射。

(1) 镜面反射:入射波和反射波在同一平面内,角相等。镜分量是位相干的,振幅变化小,可能有极(偏)。当物体表面对于入射波长是光滑时,就会出现镜面反射。

(2)漫反射:入射波在所有方向上均匀反射,即能量以点为中心在整个半球空间内向四周反射能量的现象,又称为朗伯反射。漫反射相位与振幅的变化无规律,且无极化(偏振)。一个完全符合漫反射规则的物体称为朗伯体。

(3)方向反射:反射并非各向同性,而是具有明显的方向性。其中,镜面反射可以认为是方向反射的一个特例。

光谱反射率(Spectral Reflectance)是物体在特定波长的反射辐射通量与入射辐射通量之比。物体的光谱反射率随波长变化的曲线称为光谱反射率曲线,其形状反映了地物的波谱特性。影响光谱反射率的因素包括物质的类别、组成、结构、入射角、物体的电学性质(电导、介电、磁学性质)及其表面特征(粗糙度、质地)等。各种物体由于其结构和组成成分不同,反射光谱特性也各不相同,即各种物体的反射特性曲线的形状不同。不同波段的地物反射率不同,这就使人们很容易想到用多波段进行地物探测。也正因为这一特性,物体的反射特性曲线才作为判读和分类的物理基础,广泛地应用于遥感图像的分析和评价中。地物的光谱特性一般随时间季节变化,称为时间效应;处在不同地理区域的同种地物也具有不同的光谱响应,称为空间效应[56]。图6-4为几种典型地物的特征光谱曲线。

6.1.2 高光谱成像的特点和优势

高光谱的特点和优势如下。

(1)高光谱分辨率。对于高光谱成像相机而言,光谱分辨率越高,表示两个相邻波段之间的距离越短,光谱曲线就越精密。因此,光谱分辨率越高,就越容易分辨出地物的光谱信息,更容易识别出目标。图6-5所示为光谱分辨率。

(2)图谱合一。图谱合一就是高光谱图像的二维图像信息和光谱维度信息合在一起,形成一个高光谱立方体数据,这是高光谱图像非常重要的特点之一。

第 6 章 >> 高光谱卫星遥感图像解译

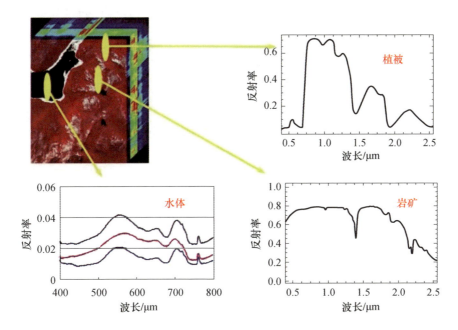

图 6-4　几种典型地物的特征光谱曲线

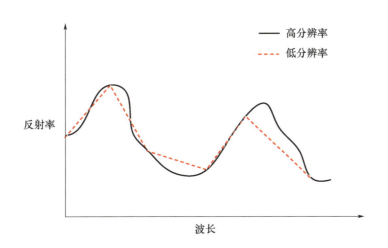

图 6-5　光谱分辨率

（3）光谱通道多,可以在区间光谱内成像。传统遥感图像的波段数少,在可见光和反射红外区,其光谱分辨率通常在 100nm 量级。高光谱图像能够获取地物在一定范围内连续的、精细的光谱曲线,这些光谱信号可以转换成光谱反射率曲线的有限态射,或称为反射光谱。

6.2 高光谱卫星遥感图像特点

由于成像机理的差别,高光谱遥感图像具有不同于可见光遥感图像的特点,具体体现在以下三个方面。

1. 光谱分辨率高

全色或多光谱在单个波段或几个离散的波段进行成像,这使得全色和多光谱图像的光谱分辨率较低,从而丢失了很多光谱细节信息,易出现异物同谱的现象。高光谱成像光谱仪在同样的波长范围内以近似连续的电磁波获取图像,因此高光谱数据以更为细致、更趋向于完整的光谱形式记录了地物的特征信息,使得一些具有判别性的重要特征得以保留。高光谱分辨率的特性使得高光谱能够解决许多全色或多光谱图像不能解决的问题。

2. 波段关联性强

高光谱遥感图像的光谱分辨率很高,所构成的光谱响应曲线几乎是连续的。这样,邻近波段的高光谱数据在相应的空间位置上具有相近的光谱特性。根据高光谱数据源的相关形式,可以得出高光谱数据相关性的两个重要特征[54]:一是高光谱数据包含了大量的冗余信息;二是邻近波段之间的相关性一般要高于相距较远的波段,这种相关具有近似的连续性和可传递性。

3. 特征空间数据分布的奇异性

高光谱遥感图像的高维特征使其数据在特征空间的分布具有不同于传统三维数据的特殊性质。已有文献证明,随着数据维数的增加,超立方体的体积集中于顶角端,超球体和椭球体的体积集中在外壳。高维空间体积的上述性质有两个重要的推论。第一个推论是高维空间大部分是空的,这意味着 $\mathbf{R}^d$ 空间的多变量数据通常是在低维结构中。因此高维数据可以投影到较低维的子空间而不会丢失重要信息。第二个推论是数据分布的复杂性造成密度估计的困难。局部邻域几乎总是空的,因此按照常规方式进行的数据描述在实际应用中将出现问题。高光谱分辨率使得高光谱遥感图像数据量巨大,同时高光谱遥感图像的分块局部相关特性和数据在高维特征空间分布的奇异性也决定了高光谱遥感图像的分析和处理具有一定的特殊性[54]。分析高光谱遥感图像的特点,有助于更好地研究适用于高光谱遥感图像解译的方法。

6.3 高光谱卫星遥感图像解译方法

由于高光谱遥感图像可以同时提供地面物体的辐射信息、几何信息和光谱信息,因此与其他类型的遥感数据相比,高光谱遥感科学在地面物体识别方面具有巨大优势。高光谱遥感图像解译实施流程也会与普通遥感数据的解译实施流程有所不同。解译过程必须遵循一定的基本流程和方法,才能更好地完成解译任务。

6.3.1 高光谱图像解译基本流程和方法

本节以高光谱遥感图像地物目标识别为例,介绍利用高光谱遥感图像解译通常要经过的基本步骤和方法。

1. 数据准备和预处理

数据准备方面,为了完成高光谱遥感图像的解译工作,选取有利于解译的高光谱遥感数据是必要的前提。解译人员应搜集与分析有关资料,选择合适波段与恰当时相的高光谱遥感图像。不同波段的高光谱遥感图像可满足不同地物目标分类精度的要求,具体包括收集近期各种类型的卫星高光谱遥感图像、详查原始像片、收集地物波谱数据库信息等。

数据预处理方面,首先要完成从数字信号到辐射值的转换,此步骤需要对辐射和光谱进行高精度校准,包括前期数据和设备的定标工作。

第二步是要完成数据优化。大气校正是高光谱数据优化的一个重要步骤。由于高光谱遥感器接收到的辐射是太阳辐射与大气、地物复杂作用的结果,因此对高光谱数据进行大气辐射校正是对遥感过程中大气状况的一种修正,以获得更加准确的地物波谱信息。高光谱遥感图像反射率反演其实就是通过大气校正来实现的,基于不同的理论,大气校正的光谱反演有各种不同的模型,包括统计学模型、基于大气辐射传输理论模型等。

第三步是纠正光照几何因素和地形影响。通过高光谱遥感相机获取的原始数据通常会因外界因素产生几何畸变,同时受到地物地形的影响产生畸变。通过纠正光照几何因素和地形影响,可以优化高光谱数据,让原始数据变成我们所需要的反射率数据。

2. 光谱特征选择与提取

光谱特征选择与提取是高光谱数据处理中的一项重要内容。高光谱遥感数据的处理与传统多光谱图像不同,波段数量增多,光谱特征选择和提取难度就会随之增加,在人工智能计算和深度学习训练中也需要付出更多的训练成本。因而,如何提高高光谱数据的特征选择与提取效率,是高光谱数据处理中一个重要的研究内容[57]。

1)光谱特征选择

光谱特征选择是为特定对象选择光谱特征空间的子集。实际上,该子集是简化的光谱特征空间,包含目标对象的主要特征谱,能够最大限度地区别其他地物目标。一般而言,特征选择依据 OIF 指数采用穷举搜索法、随机搜索法进行。

OIF 指数表示如下:

$$\text{OIF} = \frac{\sum_{i=1}^{n} \sigma_i}{\sum_{i=1}^{n} \sum_{j=i+1}^{n+1} |R_{i,j}|} \quad (6-1)$$

式中: σ_i 为第 i 个波段的标准差; $R_{i,j}$ 表示两个波段的相关系数。

(1)穷举搜索法。

穷举法就是将所有可能出现的子集都列举出来。例如,Focus 算法采用广度优先搜索策略查找满足训练样本的最小特征子集的组合。假如所有特征的数量为 n,那么,穷举的子集数可以由以下公式计算得到

$$c_n^1 + c_n^2 + \cdots + c_n^i + \cdots + c_n^n = 2^R - 1 \quad (6-2)$$

从式(6-2)中就可以看出,穷举法的工作量非常巨大,在实际工程应用中不具有任何优势。所以,对于高光谱图像的处理一般不会选择穷举法,而是寻

求其他搜索方法。

(2) 随机搜索法。

随机搜索法使用随机或概率步骤或采样过程。一些学者探索了使用基于进化或群体的启发式搜索技术（例如遗传算法）来确定最近邻分类器或规则推理系统的决策数量和特征。图 6-6 为滤波器类型和包装类型光谱信息的特征提取流程。

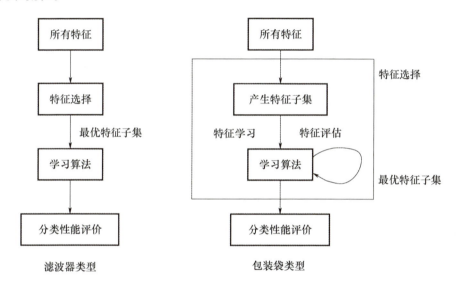

图 6-6　滤波器类型和包装类型光谱信息的特征提取流程

2) 光谱特征提取

光谱特征提取就是要从高光谱数据中提取光谱维度特征。对于高光谱图像的特征提取算法，广大科研工作者已经提出了很多高效的算法，如主成分分析方法、典型成分分析方法、光谱线性混合技术等。由于这些算法在高光谱遥感领域的资料中有非常多的详细描述，故在此不再赘述。

3. 从光谱数据库中提取要识别的目标标准光谱

高光谱遥感图像数据具有数据量大、冗余性强以及图谱合一等特性，都需要经过专业的处理才能进行目标光谱的提取。而高光谱数据库也有着与众不同的特点，它不仅储存了室内和野外光谱辐射计所获取的目标光谱数据，还可以储存以图像数据块中提取所要求的任意像元级的光谱曲线。从高光谱数据库中找到目标光谱曲线后,我们需要在高光谱图像中选取目标的光谱曲线,此时应该借助软件工具(如 ENVI 或者 Matlab 等)获取目标的光谱数据。

4. 光谱匹配和识别

光谱匹配和识别是建立在目标光谱数据库的基础上的,因此建立完善的地物目标光谱数据库是实现高光谱遥感图像地物目标识别的关键一步。目标光谱数据库建立以后,就是光谱匹配问题。根据算法原理的不同,光谱匹配和识别方法通常有基于空间特征的光谱匹配方法和基于光谱特征分析的匹配方法。

1)光谱数据库

光谱数据库是由高光谱成像光谱仪在特定条件下测量的各种特征的反射光谱数据的集合。光谱匹配最大的作用就是将目标光谱信息和光谱库中的信息匹配起来,实现目标的识别。光谱数据库是人们匹配特征和识别目标的基础。

光谱测量数据通常包括植被、土壤、水、冰、雪、岩石和矿山,以及人造目标的典型特征。遥感地面测试数据是从典型的地面物体光谱测量和环境变量测量中获得的标准、完整和有效的数据集。

2)基于空间特征的光谱匹配方法

基于空间特征的光谱匹配方法主要包括最小距离分类、贝叶斯分类、巴氏距离分类和神经网络分类。

(1)最小距离分类。

最小距离分类是最大似然分类方法中一种极为重要的特殊情况,属于线性判别分类方法。其基本思路是求出未知向量到各代表向量的距离,通过比较将其归为距离最小的一类。一般用广义距离来表述距离,广义距离需满足以下属性:

$$\begin{cases} ① 非负性: D(x,y) \geq 0, 若 x = y, D(x,y) = 0 \\ ② 对称性: D(x,y) = D(y,x) \\ ③ 三角不等式: D(x,y) \leq D(x,z) + D(z,y) \end{cases} \quad (6-3)$$

可以根据需要设计出满足上述规则的距离,如明氏距离为

$$D(x,y) = \left(\sum |x_i - y_i|^\lambda\right)^{1/\lambda} \tag{6-4}$$

当 $\lambda = 1$ 时,上式表示马氏距离;当 $\lambda = 2$ 时,其表示欧氏距离。其中马氏距离考虑了特征之间的相关性,用于度量光谱向量间的相似性时比欧氏距离更为合理,其形式为

$$D^2 = (x-m)^T \cdot \Sigma^{-1}(x-m) \tag{6-5}$$

式中:x、m 为 n 维特征向量;Σ^{-1} 为协方差矩阵的逆矩阵。

欧式距离计算公式如下:

$$d_i(x_k) = \left[\sum_{j=1}^{n}(x_{kj} - M_{ij})^2\right]^{\frac{1}{2}} \tag{6-6}$$

式中:i 为光谱数据库中的地物类别数;k 为总波段数;M_{ij} 为光谱数据库中第 i 种地物在第 j 波段的反射率。

(2)贝叶斯分类。

贝叶斯分类利用概率统计知识进行分类,在相关概率已知的情况下利用误判函数来选择最优的类别分类。判别函数需要各类的先验概率和条件概率密度函数已知。判别函数表示为

$$D_1(X) = P(\omega_i/x), i = 1, 2, \cdots, m \tag{6-7}$$

该函数可以有多种导出结果,如最大后验概率准则、最小风险判别准则、最小错误率准则、最小最大准则等。

(3)巴氏距离分类。

巴氏距离(Bhattacharyya Distance)用于衡量两个离散或连续概率分布的相似性,它与衡量两个统计样品或种群之间重叠量的巴氏系数密切相关。巴氏距离同时兼顾一次与二次统计变量,特别适合用于高光谱数据处理。巴氏距离可表达为

$$B = \frac{1}{8}[u_1 - u_2]^T \left[\frac{(\Sigma_1 + \Sigma_2)}{2}\right]^{-1}[u_1 - u_2] + \frac{1}{2}\ln\left[\frac{1}{2} \cdot \frac{[\Sigma_1 + \Sigma_2]}{\sqrt{|\Sigma_1||\Sigma_2|}}\right] \tag{6-8}$$

式中:u_i 为类别的平均向量;Σ_i 为类别的协方差矩阵。

(4) 神经网络分类。

神经网络通过对影像中的各类地物的光谱信息和空间信息进行分析和特征选择,并将特征空间划分为互不重叠的子空间,然后将影像中的各个像元归化到各个子空间中。神经网络的结构通常包括输入层、隐藏层和输出层。以单层隐藏层网络为例,节点数至少应比输入层中的节点数大几倍。每个节点输入是下层输出的加权和,即

$$\text{net}_i = \sum_i \omega_{ji} O_i \tag{6-9}$$

$$O_j = [1 + e^{-\text{net}_j + \theta}]^{-1} \text{ 或 } O_j = m\tanh(k \cdot \text{net}_j) \tag{6-10}$$

在一次迭代中,求出 O_j 后与期望的输出相比较,根据误差修正权重,再进入下一次迭代,直到误差达到某个阈值。根据误差按照下式修改权系数:

$$\Delta \omega_{ji}(n+1) = \eta(\delta_j O_y) + \alpha \Delta \omega_{ji}(n) \tag{6-11}$$

要达到一定训练精度,往往需要迭代很多次,方可较快地应用于分类识别。

3) 基于光谱特征分析的匹配方法

基于光谱库的光谱匹配方法主要包括二进制编码匹配、光谱角度匹配、交叉相互光谱匹配和光谱吸收特征匹配。

(1) 二进制编码匹配。

由于高光谱数据量极大,在光谱匹配和识别过程中,匹配效率成为一个的关键问题。为此,学者们提出了一系列对光谱进行二进制编码的方法,使得光谱可用简单的 0-1 表示,以提高匹配查找的效率。二进制编码可以表示为

$$\begin{cases} h(n) = 0, & x(n) \leqslant T \\ h(n) = 1, & x(n) > T \end{cases} \tag{6-12}$$

式中: $n = 1, 2, \cdots, N$; $x(n)$ 为像元第 n 通道的亮度值; $h(n)$ 为像元编码; T 为选定的门限制。

此外,还可以将光谱范围划分为几个小的子区域,每个子区域均独立编码,即

$$\begin{cases} 00, & x(n) \leqslant T_a \\ 01, & T_a < x(n) \leqslant T_b, n = 1, 2, \cdots, N \\ 11, & T_b < x(n) \end{cases} \tag{6-13}$$

这样像元每个通道位编码为两位二进制数,像元的编码长度为通道数的 2 倍,如图 6-7 所示。此外,还可以根据情况继续增加通道。

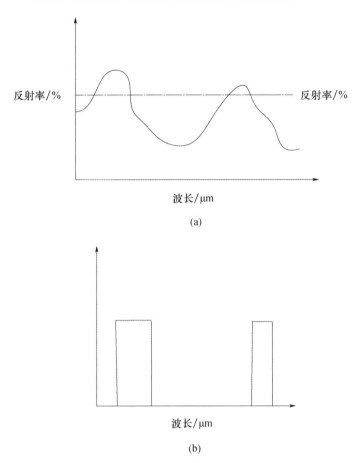

图 6-7　地物光谱曲线及其二值编码

（2）光谱角度匹配。

光谱角度匹配（Spectral Angle Mapping，SAM）通过计算测试光谱（像素光谱）和参考光谱之间的"角度"确定两者之间的相似性。下面用一个简单示例说明测试光谱和参考光谱的关系,如图 6-8 所示。

可通过计算测试光谱与参考光谱之间的广义夹角来表征其匹配程度,夹角越小,说明越相似,按照给定的相似性阈值对测试光谱进行分类。两矢量广义

夹角的计算公式为

$$\alpha = \arccos\left(\frac{XY}{|X||Y|}\right) \quad (6-14)$$

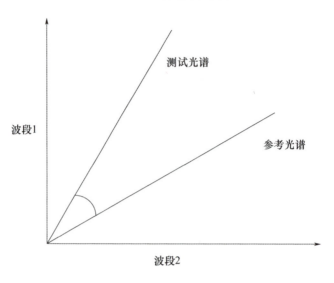

图 6-8　测试光谱和参考光谱的关系

(3) 交叉相关光谱匹配。

交叉相关光谱匹配是衡量测试光谱与参考光谱之间相关系数的一种方法。在每个匹配位置的测试光谱和参考光谱之间的相关性等于两个光谱之间的协方差除以它们各自的方差的乘积,即

$$r_m = \frac{\sum (R_r - \bar{R}_r)(R_t - \bar{R}_t)}{\sqrt{[\sum (R_r - \bar{R}_r)^2][\sum (R_t - \bar{R}_t)^2]}} \quad (6-15)$$

式中:R_t、R_r 分别表示测试光谱和参考光谱;m 为光谱匹配位置即两光谱错位的波段数。

由协方差的性质可知

$$r_m = \frac{n\sum R_r R_t - \sum R_r \sum R_t}{\sqrt{[n\sum R_r^2 - (\sum \bar{R}_r)^2][n\sum R_t^2 - (\sum \bar{R}_t)^2]}} \quad (6-16)$$

由于其省去了计算均值光谱,因此大大减少了计算量。由式(6-16)计算出的交叉相关系数可用 t 统计量或交叉相关系数均方根差检验其显著性。

(4) 光谱吸收特征匹配。

在利用地物光谱的吸收特征进行光谱匹配之前,可以首先采用包络线消除法处理原始光谱曲线,以将光谱反射率数据归一化到一致的光谱背景上,同时可以有效地突出光谱曲线的吸收反射特征。然后再使用光谱分析的方法提取不同类型地物的特征波段包括光谱曲线吸收波段的位置、深度、对称度等特征并参量化,利用上述提取的光谱吸收特征参数,对图像进行分析可以分别得到高光谱图像的吸收位置图、深度图、对称性图。通过提取光谱数据库中参考光谱的光谱吸收特征参数,可以匹配高光谱图像的光谱,从而得到分类图。

高光谱遥感图像的解译,归根到底就是对地物目标的识别,解译成果一般以地物目标确认和分类的形式表现出来。将高光谱遥感图像解译成果转化为地物目标确认和地物分类,通常以数字化成像的方式展现。

6.3.2 高光谱图像解译注意事项

高光谱将成像技术与光谱技术结合,可以检测目标的二维几何空间和一维光谱信息,获得具有高光谱分辨率的连续窄带图像数据。高光谱图像数据可以理解为目标或场景在时空、光谱和辐射能量维度上的数据总和。由于高光谱数据波段间距非常窄(纳米级)且谱间相关性很高,因此数据光谱维方向能形成一条完整的光谱曲线,实现了"图谱合一"。高光谱遥感数据具有传统遥感图像所不具备的光谱信息,使得高光谱遥感技术逐渐成为卫星对地观测中一个不可或缺的手段,人们可以利用反映物质属性的光谱信息来区分和识别地物种类、鉴别伪装和诱饵目标。

由于高光谱遥感数据具有其特殊性,因此在对高光谱遥感图像解译时也有相关的注意事项。本节以高光谱遥感图像地物目标识别为例,总结几个在高光谱遥感图像解译过程中需要注意的事项。

1. 高光谱数据的预处理

高光谱遥感数据需要经过专业的预处理,包括畸变校正、辐射校正、数据降维等后才能应用到实际工程中。通常,当对图像执行粗略的几何校正时,需要使用由卫星等提供的一些轨道和姿态参数以及与地面系统有关的处理参数来进行校正。当对精度的要求很高时，有必要对图像进行几何精度校正，即使用地面控制点和变形模型对原始图像进行校正。高光谱遥感图像的大量光谱带为特征信息的提取提供了极为丰富的信息，有利于更加精细的特征分类。但是，光谱的增加也将导致信息冗余并增加数据处理的复杂性。通过数据降维能够去除数据冗余，但要尽可能保留图像数据的特征信息。

2. 需要建立可靠的高光谱数据库和高光谱图像处理系统

高光谱图像的应用很多时候是建立在"图谱合一"上的，所以科学可靠的地物波谱数据库就显得异常重要。高光谱数据库是专用于高光谱数据的专用数据库系统，体现了图形和光谱的集成特征，其集成了光谱数据库、光谱分析功能和数据挖掘功能。高光谱数据库与传统数据库的最大区别在于，高光谱数据库不仅存储室内和室外光谱辐射仪获得的目标光谱数据，而且还以图像立方体的形式存储高光谱图像数据。高光谱数据库的设计需要遵循以下原则：完整性原则、一致性原则、可靠性原则、安全性原则以及效率原则。高光谱数据库的设计内容包括系统需求分析、总体设计、数据结构设计、数据库前台设计、数据获取方式设计以及数据存储设计。高光谱数据库的总体结构包含高光谱图像样本库系统、高光谱数据辅助系统、高光谱数据分析系统、带高光谱数据挖掘的数据仓库以及前台界面设计等。

在高光谱数据库的基础上，需要建立一个高光谱图像处理系统，以便对高光谱数据进行有效的管理和检索；同时，该处理系统可以将已处理的数据和信息快速发布以供客户使用。只有这样，才能将从数据到信息以及从信息到知识的过程进行集成和有机统一。

3. 注意根据不同应用场景和对象选择不同的波段

高光谱遥感相机不同于传统多光谱遥感器，主要特点在于非常窄的波段成像，在可见光到红外波段光谱分辨率达到纳米级。对于不同的应用目的要选择适当的波段，以取得研究对象详细而精确的光谱信息，从而可以精准操作。

高光谱图像将传统的遥感图像数据拉伸到三维空间，形成一个三维高光谱图像立方体。该高光谱立方体具有高光谱分辨率的特性，能够精细地描述物体的光谱特性,为二维图像所不能尽善的目标识别提供强有力的依据。高光谱遥感在不同波段上的典型应用有所不同,如表6-1所列。

表6-1 高光谱图像遥感在不同波段上的典型应用

光波段	波长范围/nm	典型应用
蓝光	400~500	识别黑暗位置的发光目标、水下探测
绿光	500~600	油污识别、水下探测
红光	600~700	植被分析、穿透较浅的水面
近红外	700~1000	军事伪装探测识别、海岸线检测、植被分析
短波红外	1100~3000	云和雪检测、爆炸检测、火箭尾焰检测
中红外	3000~5000	海水温度分析、夜间温热分析、透射烟雾
长波红外	5000~14000	植被覆盖类型分析、气体检测识别、矿物类型分析

6.4 高光谱图像解译案例

随着"高分"五号、"珠海"一号等国产卫星的发射升空,高光谱遥感数据将逐渐进入业务化应用。相对于传统的光学数据处理,高光谱数据可以获取数百个连续图像通道,光谱分辨率小于10nm,并且可以区分过去多光谱数据无法识别的特征。高光谱遥感数据解译主要涉及高光谱遥感图像地物分类和特定目标的探测。

6.4.1 高光谱图像分类解译

高光谱图像分类是从定性的角度来评价遥感图像,其分类结果精度对后续应用至关重要。此外,高光谱图像分类技术的研究是高光谱遥感图像应用的重要方向,国内外学者积极开展了相关算法的研究。结合高光谱遥感数据的特点,传统的高光谱遥感图像分类算法侧重于光谱信息的应用随着高光谱遥感图像空间分辨率的提高,高光谱图像中同一类别的特征在空间分布上表现出聚类特征。

空间特征在高光谱遥感图像分类算法中的有效应用大大提高了分类精度。

鉴于传统的遥感图像分类方法主要利用光谱特征而忽略了空间信息提取的问题,首先,采用 PCA 降维获得光谱信息,采用 Gabor 滤波方法提取空间纹理信息,将特征级联为在图像层上执行,并使用主动学习。在该方法中,BT(Breaking Ties)选择信息丰富的未标记样本,使用标签传播算法(Label Propagation,LP)预测所选的未标记样本类别。最后,将这些新生成的样本添加到分类器的训练样本集中,以提高图像分类的准确性。

本节以整合空间信息的模糊 C 均值非监督分类及光谱角分类、平行六面体分类等监督分类算法为例说明高光谱图像分类的基本原理,并给出解译作业步骤,对案例结果进行分析。

1. 模糊 C 均值非监督分类

模糊 C 均值非监督分类算法是一种基于划分的聚类算法,其基本思想是使划分为同一群集的对象之间的相似度最大,并使不同群集之间的相似度最小。整合空间信息的模糊 C 均值非监督分类(RFCM)是在传统 C 均值聚类基础上,加入空间上下文相关性的一种模糊聚类算法,通过迭代,逐次移动各类的中心,直至达到一定迭代次数或目标函数收敛为止,即得到聚类结果。RFCM 算法技术流程如图 6-9 所示。

(1) RFCM 算法把待分类图像上的 N 个光谱向量 $\boldsymbol{y}_j(j=1,2,\cdots,N)$ 分为 K 个聚类,为各向量设定隶属度矩阵 $\boldsymbol{U}$ 为 K 行 N 列,并用随机数初始化 $\boldsymbol{U}$,且满足式 $\sum_{k=1}^{K} u_{kj} = 1, \forall j = 1,2,\cdots,N$,其中 u_{kj} 表示隶属度矩阵中向量在相应类中的归一化距离。

(2) 用下式计算 K 个聚类中心 v_k:

$$v_k = \frac{\sum_{j=1}^{N} u_{kj}^q y_j}{\sum_{j=1}^{N} u_{kj}^q}, k = 1,2,\cdots,K \qquad (6-17)$$

(3) 根据 $J = \sum_{j=1}^{N} \sum_{k=1}^{K} u_{kj}^q \|y_j - v_k\|^2 + \beta \sum_{j=1}^{N} \sum_{k=1}^{K} u_{jk}^q \sum_{l \in N_j} \sum_{m = M_k} u_{lm}^q$ 计算价值函数。其中,N_j 为像元 j 的四邻域内任一像元 l;$M_k = \{1,2,\cdots,K\} \setminus \{k\}$ 为像元 j 邻域像元的隶属度函数中,除去类别与像元 j 类别相同的隶属

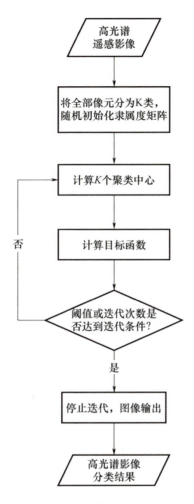

图6-9 RFCM算法分类技术流程

度参与运算;$\|y_j - v_k\|^2$ 为第 k 个聚类中心与第 j 个数据点间的欧氏距离;$q \in (1, \infty)$ 为一个加权指数,一般取值 $1.5 \leqslant q \leqslant 2.5$(可以默认为2);$\beta$ 为权重系数,可以取较大的值,如1000。

满足以下条件:①如果价值函数值相对上次价值函数值的改变量小于阀值,则算法停止,或者在此基础上,迭代过程中累计迭代次数,满足条件;②如果该迭代次数大于用户设置 RFCM_It,则算法停止。

（4）若不满足迭代停止条件，则用 $u_{kj} = \dfrac{(\|y_j - v_k\|^2 + \beta \sum_{l \in N_j} \sum_{m \in M_s} u_{lm}^q)^{\frac{1}{q-1}}}{\sum_{i=1}^{K}(\|y_j - v_k\|^2 \beta \sum_{l \in N_j} \sum_{m \in M_s} u_{lm}^q)^{\frac{1}{q-1}}}$

（q 默认取值2，β 默认取值1000）计算新的隶属度矩阵 U，并返回步骤（2）。

（5）迭代结束，获得隶属度矩阵 U 后，根据各像元在各类中的隶属度关系，由模糊分类原则，将该像元分类到隶属度矩阵中值最大的那一类中，最终得到非监督分类结果。

2. 光谱角分类

光谱角分类也称为光谱角匹配。该算法基于遥感物理学的理论，其中地面物体的反射光谱可以在很大程度上确定地面物体的类型，并且以反射光谱的形状为特征识别地面物体。光谱角分类是当前在高光谱图像分析中非常常用的方法。该方法将像素的 N 个波段的光谱响应作为 N 维空间中的向量，可以计算出像素与最终光谱单元的光谱之间的广义角度以表征匹配程度越相似。

最终光谱单位光谱可以从光谱库中的标准光谱中选择，也可以通过从图像中提取已知点并计算平均光谱来获得。在实际应用中，由于地面物体的组成复杂，因此，对应于图像像素的地面物体并不是纯净的。地面物体的光谱通常是多种物质的光谱的组合，很难找到其标准光谱，因此，通常从图像中选择已知类型，将区域的平均光谱分类为样本的中心，并且计算每个未知像素与每个中心的反射光谱向量之间的广义角度，并将该像素分类为具有最小角度的类别。但是，该方法过分强调频谱的形状特性，并且由于频谱尺寸上的噪声和较弱的特征带信息而容易降低分类精度。光谱角分类技术流程如图6-10所示。

（1）输入待分类的高光谱图像、单元光谱、边界角度，将图像像元位置提取到一二维向量，单元光谱和图像每个像元数据分别提取多维向量。

（2）根据 $\cos a = \dfrac{XY}{|X||Y|}$ 计算每个像元与端元光谱的光谱夹角，若小于边界角度，则将空白数组的该像元位置赋值为1；否则，赋值为0。

（3）将填满数据的空白数组显示输出为分类结果图像。

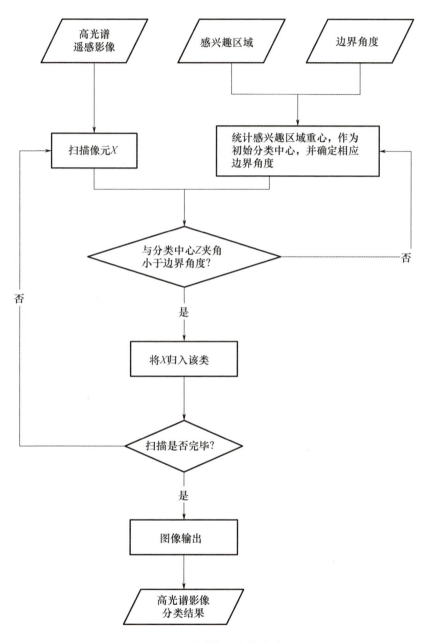

图 6-10 光谱角分类技术流程

3. 平行六面体分类

高光谱遥感图像分类过程中，对于被分类的每一个类别，其在各波段维上都要选取一个特定变差范围的识别窗口，这样在多维空间中就分割出形成一个多维空间平行六面体，而属于这一类别的所有多维空间向量点都应该落入这一平行六面体内。在一次分类中如果分了多个类别，那么，在多维空间中也就分割形成同样多个多维平行六面体，所有居于各个类别的多维空间向量点也就都分别归属落入各自的多维平行六面体内。平行六面体分类技术流程如图 6-11 所示。

（1）输入待分类的高光谱图像和感兴趣区域。

（2）计算感兴趣区域中各类地物的均值 μ_i、标准差 σ_i。

（3）根据获得的均值和标准差确定各类平行六面体范围，其上界为 $H_i = \mu_i +$ PP_stdevMultiple $\times \sigma_i$，下界为 $L_i = \mu_i -$ PP_stdevMultiple $\times \sigma_i$。其中，标准差倍数作为参数 PP_StdevMultiple 可供用户选择，一般默认值为 1，最大值为 3，在此范围内可任意输入。

（4）将图像上各像元向量与步骤(3)中上下界 H_i 与 L_i 进行比较，落在某类区域内，再将像元赋值为该类。在比较中会出现未落在任何类区域中的情况，此时将该像元赋值为未分类(unclassified)；出现落在多个类区域内情况时，可以调整减小 PP_StdevMultiple 值，重新分类，或按照最小距离法计算该像元到上述几类类中心的欧氏距离，按照距离最小值将该像元分类到相应类别，最终输出分类结果。

4. 分类解译作业步骤和案例结果分析

高光谱数据分类流程如图 6-12 所示。

（1）对待分类图像进行初步判读，根据需求大致确定分类类别 m。

（2）根据分类类别确定是否要提取每一类对应的已知样本。

（3）若无样本，则选择合适的非监督分类方法进行非监督分类。

（4）若有样本，则当分类样本确定以后，选择合适的分类方法对高光谱图像进行监督分类。

（5）根据分类结果随机抽样，评价分类精度是否满足要求。若满足则输出结果，否则进行参数调整重新分类，直至满足精度要求。

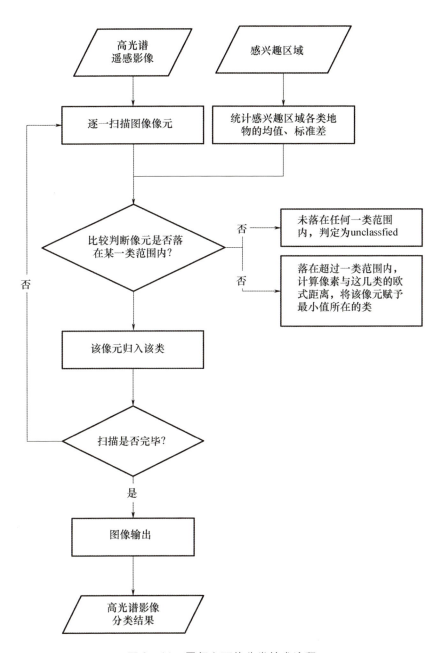

图 6-11 平行六面体分类技术流程

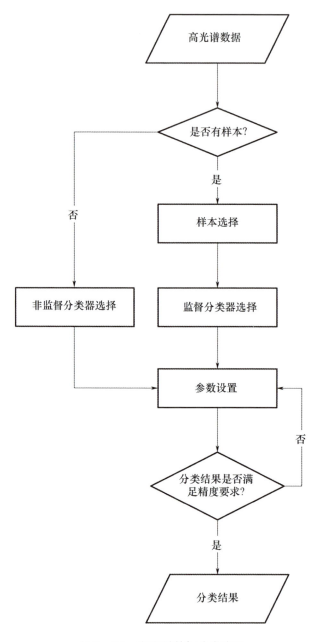

图 6-12 高光谱数据分类流程

本节选用 GF-5 卫星 AHSI 传感器于 2019 年 5 月 22 日拍摄的一景高光谱图像数据的局部区域进行监督分类处理操作。GF-5 卫星于 2018 年 5 月 9 日成功发射,单景 GF-5 高光谱数据压缩文件中共 15 个文件。GF-5 高光谱数据将可见光波段和短波红外波段分为两个文件存放,分别包括 150 个可见光-近红外波段和 180 个短波红外波段,共计 330 个波段,并且中心波长、半高宽、辐射定标系数及 rpb 等信息也分可见光-近红外和短波红外两部分存放。压缩文件中还存放有 JPEG 格式的图像快视图、图像边框范围 shp 文件和 XML(extensible Markup Language,可扩展标记语言)格式的元数据文件等。

根据图像实际情况,选择水体、植被、建筑物、其他用地等类型的感兴趣区域用于高光谱图像监督分类。GF-5 AHSI 数字正射图像及利用不同分类算法得到的结果如图 6-13~图 6-15 所示。

图 6-13　GF-5 AHSI 数字正射图像(2、4、3 假彩色组合)

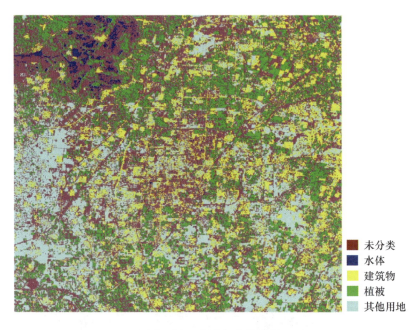

图6-14 光谱角分类结果

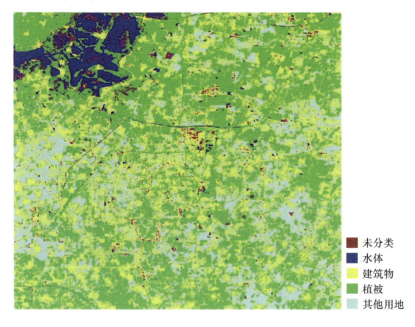

图6-15 平行六面体分类结果

上述监督分类结果中,水体、植被、建筑物、其他用地及未分类分别用蓝色、绿色、黄色、浅蓝色和褐色表示。基于光谱角分类算法和平行六面体分类算法得到的分类结果均未进行过滤、合并等后处理操作。从图 6-17 中可以看出,针对选择的高光谱图像数据,平行六面体分类算法很大程度上消除了"椒盐"现象。另外,通过对比分析,平行六面体分类算法得到的分类结果精度明显优于光谱角分类算法的结果精度。由于样本是通过经验选择得到的,因此后期可通过外业实地采集方法选择精度更为可靠的样本进行高光谱图像的分类解译。

6.4.2 高光谱图像目标探测解译

随着高光谱遥感技术的兴起,20 世纪 80 年代遥感领域重要的发展之一就是,高光谱遥感图像目标探测在民用和军事应用中都具有重要的理论价值和应用前景。这是当前目标识别和遥感信息处理研究领域的热点问题。

高光谱图像目标探测基于目标光谱的不变性及目标和背景光谱之间的差异。早期的高光谱图像目标探测算法基于二进制假设检验,具体如下。

假设 H_0:目标不存在(背景)。

假设 H_1:目标存在,通过与频谱 X 和阈值 η 有关的检测统计量 $D(X)$ 实现目标探测。

高光谱遥感图像目标探测有多种探测场景,包括已知目标光谱未知背景光谱下的目标探测,如约束能量最小化(Constrained Energy Minimization,CEM)算法(该算法适用于小目标的探测)、基于样本估计的快速目标探测(Spectral Spatial Information Extraction,SSIE)算法、基于光谱分解的目标探测(Unsupervised Target Constrained Interference Minimized Filter,UTCIMF)算法;已知目标光谱和已知背景光谱的探测算法,如目标约束下的干扰最小化滤波器(Target Constrained Interference Minimized Filter,TCIMF)算法;已知背景光谱未知目标光谱的探测算法,如背景抑制的目标探测(SubSpace RX,SSRX)算法。

上述算法不仅需要目标光谱特性的先验知识,而且还需要背景光谱特性的先验知识。近年来,稀疏表示等新技术也已应用于目标探测算法。武汉大学张良培研究小组建立了基于稀疏表示的二元假设模型和基于非线性稀疏表示的二元假设模型,用于高光谱图像目标探测。上述算法需要构建一个包含目标和背景光谱特征的过饱和光谱字典,假设像素光谱可以表示为过饱和光谱字典中光谱的稀疏线性组合。稀疏表示的目标探测算法将目标探测问题转换为最小化 L_0 范数的问题。然而,基于稀疏表示的目标探测算法面临两个困难:一是频谱字典的构建将显著影响此类算法的检测结果,二是难以解决使 L_0 范数最小化的问题。

本节利用已知的目标光谱信息和已知的背景光谱信息,分别以 CEM 算法和 TCIMF 算法为例说明高光谱图像目标探测的基本原理,并给出解译作业步骤,对案例结果进行分析。

1. CEM 目标探测

CEM 是 Harsanyi 提出的一种使用广泛的目标探测算法,其使用有限脉冲响应(Finite Impulse Response,FIR)滤波器,该滤波器在最小输出能量约束下使滤波器对目标光谱特性的响应是 1。

在高光谱图像 $\{x_i\}_{i=1}^{n}$ 中,假设目标为 d,CEM 的目的就是设计一个 FIR 线性滤波算法向量 $w = (w_1, w_2, \cdots, w_l)^T$,使得在如下条件下滤波输出能量最小:

$$w^T d = 1 \tag{6-18}$$

当输入为 x_i 时,探测统计量 y_i 为经过滤波算法的输出,即

$$y_i = w^T x_i = x_i^T w$$

于是,所有观测样本经过滤波算法 w 的平均输出能量为

$$\frac{1}{n}\left[\sum_{i=1}^{n} y_i^2\right] = w^T \left(\frac{1}{n}\left[\sum x_i x_i^T\right]\right) w = w^T R w \tag{6-19}$$

式中:R 为公式定义的样本集的样本自相关矩阵。

显然,如果向量均值 x 减去 R 中的平均向量 u,则它是向量 x 的协方差矩阵 Σ。这样,过滤算法 w 的设计可以减少到以下最小问题:

$$\begin{cases} \min_w \left(\frac{1}{n}\left[\sum_{i=1}^{n} y_i^2\right]\right) = \min_w (w^T R w) \\ d^T w = 1 \end{cases} \tag{6-20}$$

对于条件极值问题,用拉格朗日乘子法求解式(6-20),即为 CEM 算子:

$$w^* = \frac{R^{-1}d}{d^T R^{-1} d} \quad (6-21)$$

将 CEM 算子应用于图像中的每个像素,可以获得图像中目标 d 的分布,最后将实现目标 d 的检测,即

$$y = D_{CEM}(x) = w^{*T}x = \frac{x^T R^{-1} d}{d^T R^{-1} d} \quad (6-22)$$

2. TCIMF 目标探测

TCIMF 是 CEM 算法的改进。与 CEM 不同,TCIMF 通过检测算子同时约束目标 D 和背景 U,以便检测到所需目标特征,并消除 U 中不需要的目标特征。TCIMF 运算符和计算过程可以表示为

$$w^{TCIMF} = R_{L \times L}^{-1}[D \ U]([D \ U]^T R_{L \times L}^{-1}[D \ U])^{-1} \begin{bmatrix} 1_{p \times 1} \\ 0_{q \times 1} \end{bmatrix} \quad (6-23)$$

$$D_{TCIMF}(x) = (w^{TCIMF})^T x \quad (6-24)$$

式中:p 和 q 分别为目标的数量和背景的数量;$1_{p \times 1}$ 为全为 1 的 p 维列向量;$0_{q \times 1}$ 为全为 0 的 q 维列向量。

TCIMF 目标探测技术流程如图 6-16 所示。

(1)分别输入待进行目标探测的高光谱遥感图像、目标光谱和背景光谱。

(2)分别计算高光谱图像矩阵 X、目标矩阵 D 和背景矩阵 U。

(3)计算目标自相关矩阵:$R = (XX^T)/n$,其中 n 为 X 列数。

(4)计算最优权矩阵:$W = R^{-1}[DU]([DU]^T R^{-1}[DU])^{-1} \begin{bmatrix} 1_{p \times 1} \\ 0_{q \times 1} \end{bmatrix}$,$p$ 为 D 列数。

(5)计算探测算子:$Y = w^T X$。

(6)利用探测算子计算整幅图像,得到探测目标结果。

3. 目标探测解译作业步骤和案例结果分析

高光谱数据目标探测业务流程如图 6-17 所示。

(1)对待进行目标探测的高光谱图像进行初步判读。

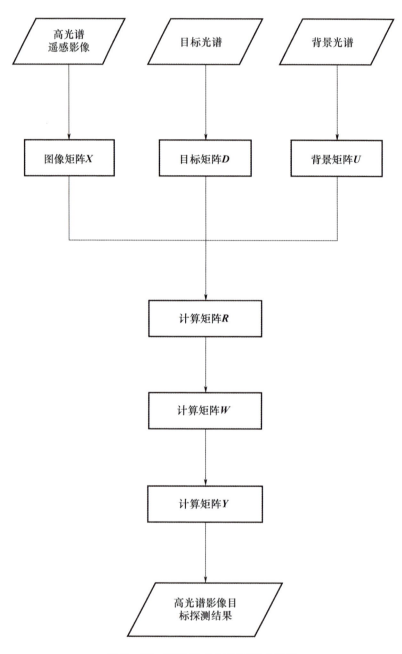

图 6－16 TCIMF 目标探测技术流程

第6章 高光谱卫星遥感图像解译

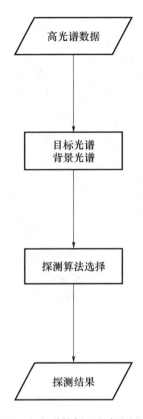

图6-17 高光谱数据目标探测业务流程

（2）根据提取目标从高光谱图像上或光谱库中提取目标光谱和背景光谱。

（3）选择合适的目标探测算法对高光谱图像的目标进行检测，并得到目标探测结果。

本节选择具有200个波段的高光谱数据，以飞机目标探测为例，结合sli格式的目标光谱和背景光谱，利用约束能量最小化算法和目标约束下的干扰最小化滤波算法对目标进行探测处理。原始高光谱图像数据及基于CEM算法得到的目标探测结果分别如图6-18和图6-19所示。

图 6-18　原始高光谱图像数据

图 6-19　基于 CEM 算法得到的目标探测结果

第7章

红外卫星遥感图像解译

红外遥感是利用星载或机载热红外遥感器远距离探测、接收、记录地物热红外辐射通量信息,通过地物反射或辐射的红外特性差异,识别地物和反演地表参数(温度、湿度、热惯量等),对信息进行处理分析,以确定地物性质、状态和变化规律的遥感技术。本章介绍红外遥感基本原理、红外遥感图像特点和红外遥感图像解译方法,并通过案例介绍红外遥感图像解译应用。

7.1 红外遥感基本原理

自然界任何温度高于热力学温度(0K 或 -273.15℃)的物体都会不断地向外发射红外辐射。红外谱段位于可见光和微波之间,波长在 0.76~1000μm 范围内[5]。在这一波长范围内,根据辐射性质的差异,既有反射红外波段(波长为 0.76~3μm),又有发射红外波段(波长为 3~18μm),后者又称为热红外。热红外按照大气窗口可分为 3~5μm 中红外和 8~14μm 两个谱段。波长 3~5μm 的中红外谱段内,热辐射与太阳辐射的反射部分须同时考虑(处于同一数量级);波长 8~14μm 的热红外谱段内,以热辐射为主,反射部分往往可以忽略不计[58]。红外波段光谱如图 7-1 所示。

7.1.1 热辐射原理

从理论上来说,自然界任何温度高于绝对零度的物体都能向外发射电磁

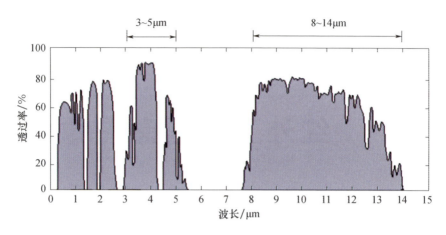

图 7-1 红外波段光谱

波,其辐射能量的强度和波谱分布位置与物质的表面状态有关,是物质内部组成和温度的函数。这种辐射依赖于温度,所以又称为热辐射。通过对物体自身辐射的红外能量的测量,可以识别地物和准确测定其表面温度,这是红外辐射测温依据的客观基础[58]。

1. 热辐射的基本定律

空间所有物体都通过辐射方式交换能量,投射至物体的辐射能量一部分会被物体吸收转变为物体的内能或其他形式的能量,一部分被反射,一部分穿透物体辐射出去,各部分能量遵守能量守恒原理,即

$$\alpha_\lambda + \rho_\lambda + \tau_\lambda = 1 \tag{7-1}$$

式中:α_λ 为吸收率,表征物体吸收辐射能量的能力;ρ_λ 为反射率,表征物体反射辐射能量的能力;τ_λ 为透过率,表征物体透射辐射能量的能力。

1) 普朗克定律

理论上,黑体是理想热辐射源。1900 年普朗克引入量子理论,将辐射当作不连续的量子发射,成功应用于球形黑体内部的热辐射,从理论上推导出描述黑体辐射出射度随波长变化的分布函数,即

$$E_{\lambda,T} = \frac{2\pi c^2 h}{\lambda^5}(e^{\frac{ch}{k\lambda T}} - 1)^{-1} = \frac{c_1}{\lambda^5}(e^{\frac{c_2}{\lambda T}} - 1)^{-1} \tag{7-2}$$

式中:$E_{\lambda,T}$ 的单位是 $W/(m^2 \cdot \mu m)$;c 为光速,$c = 2.99793 \times 10^8 m/s$;$h$ 为普朗克常数,

$h = 6.6262 \times 10^{-34}$ J·s;k 为玻耳兹曼常数,$k = 1.3806 \times 10^{-23}$ J/K;λ 为波长(μm);T 为温度(K);$C_1 = 2\pi hc^2 = 3.7418 \times 10^{-16}$ W/m^2;$C_2 = hc/k = 1.439 \times 10^4\,\mu$m·K。

绝对黑体都服从朗伯定律,其光谱辐射亮度为

$$B_{\lambda,T} = \frac{E_{\lambda,T}}{\pi}(\text{W}\cdot\text{m}^{-2}\cdot\mu\text{m}^{-1}\cdot\text{Sr}^{-1}) \quad (7-3)$$

在热红外遥感中,常采用波数 ν 表示物体的辐射出射度,$\nu = \dfrac{1}{\lambda}$。因此,普朗克定律(Planck's Law)也可以表示为

$$E_{\nu,T} = 2\pi c^2 h \nu^5 (\mathrm{e}^{\frac{ch\nu}{kT}} - 1)^{-1} \frac{1}{\nu^2} = 2\pi c^2 h \nu^3 (\mathrm{e}^{\frac{ch\nu}{kT}} - 1)^{-1} = c_1 \nu^3 (\mathrm{e}^{\frac{c_2\nu}{T}} - 1)^{-1}$$

$$(7-4)$$

红外光谱辐射亮度为

$$B_{\nu,T} = \frac{E_{\nu,T}}{\pi} = 2h c^2 \nu^5 (\mathrm{e}^{\frac{ch\nu}{kT}} - 1)^{-1} \quad (7-5)$$

2) 斯蒂芬 – 玻尔兹曼定律

黑体的总光谱辐射出射度是在黑体辐射曲线下整个面积的积分值,即

$$M(T) = \int_0^\infty M(\lambda,T)\mathrm{d}\lambda = \int_0^\infty \pi B(\lambda,T) = \sigma T^4 \quad (7-6)$$

式中:σ 为斯蒂芬 – 玻尔兹曼常数,取值为 5.6697×10^{-8}(W/m^2)/K^4;T 为温度(K)。

斯蒂芬 – 玻尔兹曼定律(Stefan ~ Boltzmann Law)表明,绝对黑体的总光谱辐射出射度与其温度的 4 次方成正比,并且辐射出射总能量随着温度的升高而加大,如图 7 – 2 所示。

3) 维恩位移定律

1893 年,维恩从热力学理论导出黑体辐射的极大值对应的波长,即

$$\lambda_{\max} = b/T \quad (7-7)$$

式中:b 为常数,取值为 $2898\,\mu$m·K;$\lambda_{\max}$ 为光谱辐射亮度达到最大值时的波长位置。

维恩位移定律(Wien's Displacement Law)表明,随着温度的升高,黑体辐射能量的峰值波长向短波方向移动。黑体真实温度 T 越高,主波长 $\lambda_{\max}$ 越小。对

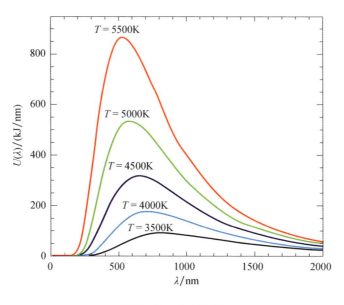

图 7-2 黑体光谱

于 6000K 的黑体,其辐射峰值波长约在 0.483μm;当温度为 300K 时,黑体的辐射峰值波长约为 9.66μm。

4)基尔霍夫定律

在一定温度下,任何物体的辐射出射度与其吸收率的比值是一个普适函数,其与温度、波长有关,而与物体的性质无关,即

$$\frac{F_{\lambda,T}}{\alpha_{\lambda,T}} = E_{\lambda,T} \qquad (7-8)$$

基尔霍夫定律(Kirchhoff's Law)表明,任何物体的辐射出射度与其吸收率之比都等于同一温度下黑体的辐射出射度,物体的吸收率越大,其发射能力越强,即

$$\varepsilon_\lambda = \alpha_\lambda \qquad (7-9)$$

2. 表征辐射特性的基本概念

1)辐射通量

单位时间内通过某一表面的辐射能量 $Q(\mathrm{J})$ 称为辐射通量 $\varPhi$。$\varPhi$ 是反映光源辐射强弱程度的客观物理量,单位是 $1\mathrm{W}=1\mathrm{J/s}$。$\varPhi$ 的计算公式如下:

$$\Phi = \frac{dQ}{dt} \quad (7-10)$$

2）辐照度

辐照度也称辐射通量密度，是指单位时间、单位面积上接收的辐射通量。辐照度是辐射亮度在整个半球方向的积分。根据定义，辐照度可以表示为

$$E = \int_0^{2\pi} \int_0^{\pi/2} R(\theta,\phi)\cos\theta\sin\theta d\theta d\phi \quad (7-11)$$

辐照度的单位是 W/m^2。如果辐射亮度与方向无关，即各向同性辐射，则 $E = \pi L$。

3）辐射出射度

辐射出射度是指单位面积、单位波长上出射的辐射能量，用 M 表示，即

$$M = \frac{d\Phi}{dA} \quad (7-12)$$

4）辐射强度

点辐射源在某一给定方向 θ 上单位立体角内的辐射通量称为辐射强度，用 I 表示，单位是 W/Sr。

5）辐射亮度

辐射亮度 Radiance 为单位面积 A、单位波长 λ、单位立体角内 Ω 内的辐射通量，单位是 $W \cdot m^{-2} \cdot Sr^{-1}$。根据定义，辐射亮度可表示为

$$R = \frac{d^2\Phi}{dA\cos\theta d\Omega} \quad (7-13)$$

由式(7-13)可知，辐射亮度是有方向的，辐射亮度与方向无关的辐射源称为朗伯源，其辐射强度满足：

$$I(\theta) = I_0\cos\theta \quad (7-14)$$

3. 比辐射率

比辐射率又称发射率，是指物体在温度 T、波长 λ 处的辐射出射度 $M_s(T,\lambda)$ 与同温度、同波长下黑体辐射出射度 $M_B(T,\lambda)$ 的比值，用 $\varepsilon(T,\lambda)$ 表示，即

$$\varepsilon(T,\lambda) = \frac{M_s(T,\lambda)}{M_B(T,\lambda)} \quad (7-15)$$

比辐射率是同温均质条件下非黑体的辐射计算公式，是热红外遥感反演陆

面像元平均温度的基础。自然界的物体多为非朗伯源,其表面辐射亮度 L 与出射方向(观测角度) θ 有关。为了进一步研究一般物体的热辐射方向性,可以在发射率定义中增加角度参数,即

$$\varepsilon(T,\lambda,\theta,\emptyset) = \frac{L_s(T,\lambda,\theta,\emptyset)}{L_B(T,\lambda,\theta,\emptyset)} \quad (7-16)$$

式中: L_s 为非黑体表面在方向 θ 上的辐射亮度; L_B 为同温度的黑体辐射亮度。

非黑体表面的辐射亮度值是波长、温度和角度的函数。

7.1.2 热作用与温度

物体热辐射能量的大小直接和物体表面的温度相关,常用的与温度相关的概念有以下几个。

1. 分子运动温度

分子运动温度又称为热力学温度,它是物质内部分子不规则运动的平均热能,是组成物体的分子平均传递能量的"内部"表现形式,即真实温度。一般通过将仪器(如温度计)直接放置在被测物体上或埋于被测物体中来获得物体的真实温度。但是,接触测温法往往因测温感应元件接触物体表面而破坏了原表面的热状态。例如温度计的点测法,既有温度计本身量测时遮挡太阳辐射的降温作用,又有温度计自身散热的增温作用,还有温度计感应部件的薄层玻璃的吸热作用,同时还应考虑微气象、环境条件等的影响。

2. 辐射温度

自然界任何物体在其热力学温度大于绝对温度 0K 时都会产生电磁辐射。因热辐射计等遥感器能够探测物体发射的热辐射,进而可推导出物体的辐射温度。通常辐射计探测的仅仅是物体表层的辐射,不能代表物体的内部真实温度,因此从物理意义上看,辐射温度是物体表层温度。通常说的温度概念均指辐射温度而非热力学温度。

实际物体的辐射亮度与绝对黑体的总辐射亮度相等,则黑体的温度称为实际物体的辐射温度,即

$$\frac{1}{\pi}\varepsilon(T_s)\sigma T_s^4 = \frac{1}{\pi}\sigma T_p^4 \quad (7-17)$$

式中：$\varepsilon(T_s)$ 为实际物体的发射率，是温度的函数，数值为 0~1；σ 为斯蒂芬－玻耳兹曼常数；T_p 为等价于黑体温度或实际物体的辐射温度；T_s 为实际物体真实温度。

由于 $\varepsilon(T_s)$ 是小于 1 的正数，因此实际物体的辐射温度总小于其真实温度。典型地物的动力温度与辐射温度如表 7－1 所列。

表 7－1　典型地物的动力温度与辐射温度

对象	发射率 ε	动力温度 T_{kin}		辐射温度 T_{rad}	
		/K	/℃	/K	/℃
黑体	1.00	300	27	300	27
植被	0.98	300	27	298.5	25.5
湿地	0.95	300	27	296.2	23.2
干燥地	0.92	300	27	293.8	20.8

热红外遥感器探测的是地面物体表面（约 50μm）的辐射，这种辐射可能标志也可能不标志物体内部的真实温度。例如，低湿度条件下，在高温水体表面将出现蒸发致冷效应，尽管水体内部的真实温度比表面温度要暖，但是热红外遥感器仅记录它的表面辐射温度。

3. 亮度温度

热红外遥感器输出的是物体辐射温度的度量。许多热红外遥感应用中，人们的兴趣在于物体的真实温度。简单地用亮度温度代替地表温度，把单一观测角的测量值当作整个半球的热红外出射辐射均是缺乏科学性、不正确的。

亮度温度是一个常用的温度概念。Noman 和 Becker 认为亮度温度是一个方向温度，是传感器探测到的辐射值，该辐射值是探测波段范围内普朗克黑体辐射函数和传感器响应函数乘积的积分形式，这是亮度温度的实质。亮度温度是一个辐射值，是能量概念，而不是温度概念。物体的亮度温度简称亮温，是指辐射出与观测物体相等的辐射能量的黑体温度，等效于黑体温度，即

$$T_b(\lambda,\theta) = B_\lambda^{-1}[\varepsilon_\lambda(\theta)B_\lambda(T_s)] \quad (7-18)$$

式中：$T_b(\lambda,\theta)$ 为某一观测方向上的物体的亮度温度；B_λ^{-1} 为普朗克函数的反函数；$\varepsilon_\lambda(\theta)$ 为该方向上物体的发射率。

真实温度是地表物质的热红外辐射的综合定量形式，是地表热量平衡的结果。地表真实温度能与水热能量交换相联系，作为一个重要的基本参数，其直接参与相关模型（如全球环流模型、地表潜热、显热通量方程、土壤热通量方程等）的计算。

7.1.3 热辐射与地面的相互作用

红外卫星遥感主要采用被动遥感方式接收天然辐射源的电磁辐射，太阳和地球是遥感的主要信息源，地表、大气、太阳的热红外辐射特性是热红外遥感的基础。地表的温度一般为 300K 左右，地表辐射能量基本上处在 3μm 以上波段，因此称为长波辐射或热红外辐射。

地表的热红外辐射能量由地表温度和地表比辐射率两个因素决定。地表温度是地球、太阳大气相互作用的结果。地表接收太阳辐射，部分太阳辐射被吸收变为热能，部分被反射，地表还与大气和深层土壤进行热交换。因此，地表温度与地表反射率、地表热学性质和地表的红外比辐射率等因素密切相关[59]。

1. 地表的红外辐射特性

能量入射到地表物体表面后会被吸收、反射和透射。根据能量守恒定律[式(7-1)]，地面目标吸收、反射和透射之间的相互关系为

$$E_I = E_A + E_R + E_T \tag{7-19}$$

式中：E_I 为入射能；E_A 为吸收能；E_R 为反射能；E_T 为透射能。

式(7-19)两边同除以 E_I，即可得到式(7-1)。

通常情况下，物体的辐射能量收支并不相等，绝对的热平衡状态并不存在，但由于瞬时间热交换非常缓慢，因此物体向外辐射的能量基本等于从外界吸收的能量，达到局部平衡状态。基尔霍夫定律认为，在热平衡条件下，物体的发射率（比辐射率）等于其吸收率 $\varepsilon_\lambda = \alpha_\lambda$。以热平衡条件为基础，基尔霍夫定律适用于大多数观测条件。在很多遥感应用中，假定目标对热辐射是不透明体，即 $\tau_\lambda = 0$，则式(7-1)可以改写为

$$\varepsilon_\lambda = 1 - \rho_\lambda \qquad (7-20)$$

因此,在红外谱段,物体的发射率与反射率有了直接关系,通过测量反射率可以得到发射率。

根据斯蒂芬-玻耳兹曼定律,地面的积分辐射出射度为

$$M = \int_0^\infty M_{\lambda,T} d\lambda = \int_0^\infty A\, E_{\lambda,T} d\lambda = A \int_0^\infty E_{\lambda,T} d\lambda = A\sigma T^4 \qquad (7-21)$$

由此可见,吸收率是物体的发射辐射能与黑体发射辐射能的比值,故 A 也称为相对辐射率或比辐射率。取 $A = 0.95$,由 $M = A\sigma T^4$ 可以计算出各种温度时地面发射的能量。

2. 热辐射传输方程

红外遥感的地-气解耦过程中,地面因吸收太阳短波能量开始升温,将部分太阳能转化为热能,然后地面再向外辐射较长波段的热辐射能。在该过程中,大气也是热红外辐射的辐射源,包括大气的上行辐射和下行辐射。图 7-3 所示为中波-长波热红外辐射传输过程,红外传感器接收的热红外辐射信息,除地表信息以外,还包括受大气状况影响及大气自身向外辐射的能量。

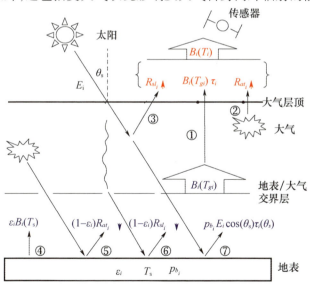

图 7-3 中波-长波热红外辐射传输过程

图 7-3 中，$B_i(T_i)$ 为传感器大气顶部接收到的辐亮度，包括：①$B_i(T_{gi})\tau_i$，即经大气衰减的近地表处辐亮度；②$R_{at_i\uparrow}$，即大气上行辐射亮度；③$R_{sl_i\uparrow}$，即上行大气热辐射和上行大气散射太阳辐射。$B_i(T_{gi})$ 为大气下行辐射经地表反射后再被大气削弱最终被遥感器接收的辐射亮度，包括：④$\varepsilon_i B_i(T_s)$，即地表自身发射辐射；⑤$(1-\varepsilon_i)R_{at_i\downarrow}$，即经地表反射的下行大气热辐射（包括地表发射辐射）；⑥$(1-\varepsilon_i)R_{sl_i\downarrow}$，即下行大气散射太阳辐射；⑦$\rho_{b_i}E_i\cos(\theta_s)\tau_i(\theta_s)$，即经地表反射的太阳直射辐射，即

$$\varepsilon_i B_i(T_s)+(1-\varepsilon_i)R_{at_i\downarrow}+(1-\varepsilon_i)R_{sl_i\downarrow}+\rho_{b_i}E_i\cos(\theta_s)\tau_i(\theta_s) \quad (7-22)$$

热红外遥感的大气影响非常复杂，其大气效应除了大气吸收、散射外，还有大气自身的发射。尽管热红外谱段波长较长，大气的散射作用远不如紫外和可见光谱段重要，一般可以忽略，但热红外辐射的大气传输方程还需考虑大气的吸收和发射。这是因为在热红外谱段内，大气分子与悬浮粒的吸收作用十分明显。在 $3\sim5\mu m$ 和 $8\sim14\mu m$ 区间有限的大气窗口内（图 7-1），传感器和地面之间的大气层会增加和减少来自地面的辐射。大气的热红外辐射性质与大气中的吸收物质（水汽、CO_2 和 O_3 等）分布有关，从整层大气的红外波段的吸收谱来看（图 7-4），在大气窗口中水汽的红外吸收最为显著，吸收带主要集中在红外波段，包括两个宽吸收带（$4.9\sim8.7\mu m$、$2.27\sim3.57\mu m$）、两个窄吸收带（$1.38\mu m$、$2.0\mu m$）和一个弱吸收带（$0.7\sim1.23\mu m$）。另一种重要的红外吸收气体为 CO_2，其吸收带主要位于 $2\mu m$ 以上，包括两个窄吸收带（$2.7\mu m$、$4.3\mu m$）。在这一窗口中还有一个窄的 O_3 吸收带（$9.6\mu m$），其吸收较弱。大气不仅是削弱辐射的介质，同时也是发射辐射的介质，其中最主要的影响因素是水汽和气溶胶，它们既要吸收能量，又自身发射热辐射能。因此，热红外辐射在大气中是在无散射但有吸收和发射的介质中传播的，应同时考虑大气的发射和吸收。

大气辐射传输方程基于著名的 Beer 定律，其也称为 Lambert 定律。在介质中传输的一束辐射，如果辐射强度为 $I(v,l)$，当其在传播方向上入射辐射通过 dl 的距离后变为 $I(v,l)+dI(v,l)$ 时，则其受到路径上密度为 ρ 的吸收物质的吸收而引起的强度改变可表示为

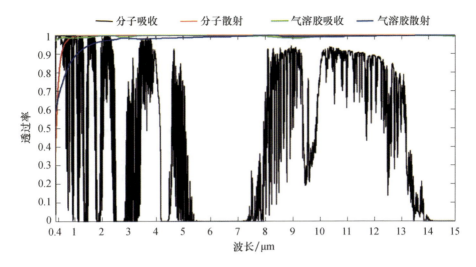

图7-4 整层大气的红外波段吸收谱

$$dI(v,l) = -I(v,l)\rho k(v,l)dl \quad (7-23)$$

式中：k 为质量吸收系数，它是波数 v 和路径 l 的函数。

由式(7-15)可以得到

$$I(v,l) = I(v,0)\exp\left[-\int_0^l k(v,l)\rho dl\right] \quad (7-24)$$

式中：$I(v,0)$ 为进入介质时的辐射强度。

式(7-16)就是 Lambert 定律，辐射强度的减弱是由物质中的吸收及物质对辐射的散射引起的，式(7-16)中忽略多次散射和发射的影响，将通过均匀介质传播的辐射强度按简单的指数函数减弱，该指数函数的自变量是质量吸收截面和路径长度的乘积。定义传播过程中两点之间介质的光学厚度为

$$\tau = \int_0^l k(v,1)\rho dl = \int_0^l k(v,1)d\mu \quad (7-25)$$

式中，$\mu = \int_0^l \rho dl$，为光学路径长度，则有

$$I(v,\tau) = I(v,0)e^{-\tau} \quad (7-26)$$

对于热辐射传输方程，假设地表对热辐射具有朗伯体性质，大气下行辐射

强度在半球空间内为常数,则在晴空条件下,卫星红外传感器通道 i 能够接收到的自地表经大气传输的辐射信息,即大气顶部的辐亮度为

$$I(\theta,\varphi) = R_i(\theta,\varphi)\tau_i(\theta,\varphi) + R_{ai\uparrow}(\theta,\varphi) \tag{7-27}$$

式中:θ、φ 分别为观测方向的天顶角和方位角;$R_i(\theta,\varphi)$ 为地面观测到的地表热辐射能;$\tau_i(\theta,\varphi)$ 为目标到传感器方向的大气透过率;$R_{ai\uparrow}(\theta,\varphi)$ 为大气路径的上行辐射能。

在中红外通道,白天晴空条件下,太阳辐射对大气层顶辐亮度的贡献很大,卫星观测到的地表热辐射能可表示为

$$R_i(\theta,\varphi) = \varepsilon_i(\theta,\varphi)B_i[T_s(\theta,\varphi)] + [1-\varepsilon_i(\theta,\varphi)]R_{at_i\downarrow} + [1-\varepsilon_i(\theta,\varphi)]R_{sl_i\downarrow} + \rho_{b_i}E_i\cos(\theta_s)\tau_i(\theta_s,\varphi_s) \tag{7-28}$$

3. 物体的发射特性

对地表辐射能量进行测量或运用遥感热辐射数据,理论上可以间接获得观测目标的温度信息。但由于地物在热红外波段的吸收、辐射和反射非常复杂,在描述同温或非同温等不同热状况下各种地物目标的热辐射规律时很难准确地控制其物理边界条件,要准确获得地表真实温度的难度很大,因此便有了比辐射率 ε 的概念。

比辐射率表征物体发射能力,是一个无量纲,取值范围为 0~1。比辐射率可用于区分和识别不同的表面类型,测定地表温度。热辐射具有方向性,这种方向性是物体结构特性和热辐射特性的共同作用结果。物体热辐射的方向性主要是由比辐射率的方向性引起的。物体比辐射率取决于物体表面组成成分、表面状态(表面粗糙度等)、表面其他物理参数(介电常数、含水量等)及波长、观测角度等。一般来说,地表对于长波辐射的吸收率 A_i 近似为常数(故可认为地面为灰体,吸收率取常数 A),而且 A 非常接近 1(接近于黑体)。各类地面的 A 值范围为 0.85~0.99,其中雪面最接近于黑体,沙土、岩石较低。纯水与雪面的 A 值极接近 1,有时可以用作黑体源面。地面对短波辐射的吸收率在 0.9 以下,而且随波长的变化较大。典型地物的比辐射率曲线如图 7-5 所示。

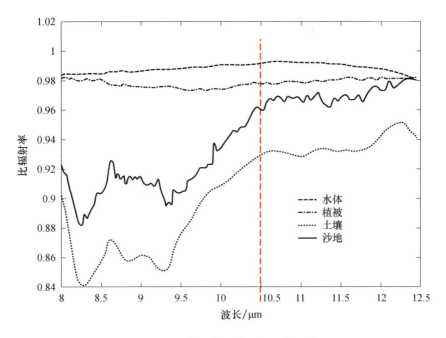

图7-5 典型地物的比辐射率曲线

7.2 红外遥感图像特点

红外遥感图像记录地物的热辐射特性,依赖地物的发射能量可昼夜成像,记录地物辐射温度分布情况。

7.2.1 物体的热学性质

1. 热传导系数

热传导系数 K 是对热量通过物体速率的度量,等于单位时间内通过单位面积的热量与垂直于表面方向上的温度梯度的负值之比,单位为 W/(mK)。例如,金属有很高的热传导率,而绝缘材料则很低;岩石是不良的热导体,对于任何岩石类型而言,其热导率可在所给数值的 ±20% 之间变动;土壤的热导率还与其填充物有关,空隙中的空气和水分将大大改变其热导率。

2. 热容与比热容

热容 C 与比热容 c 均是物质储存热能力的度量。热容是在一定条件下，如定压或定容条件下，物体温度每升高 1K 所需吸收的热量。均匀物质的热容等于其比热容与质量的乘积，即 $C = c \times m$，热容量与质量成正比，单位为 J/K。比热容是指单位质量的物质温度升高 1℃ 所需的热量，单位为 J/(kg℃)。热容量与比热容是随温度变化的，所以必须指定测量温度，一般用 15℃。例如比热容为 1cal/(g℃)，表示 1g 15℃ 的净水温度升高 1℃ 需要 1cal 热量。在有限的温度范围内，物质的比热容可以认为是常数。均匀物质的热容量等于其比热容与质量的乘积。地表土壤、岩石、金属、木、水等常用物质中，水的热容量最大。

3. 热惯量

热惯量 P 是物质对温度变化的热反应的一种度量，表征物质热惰性（阻止物理温度变化）大小，单位为 J/(m²/s)。物质热惯量的大小取决于其热传导系数、热容和密度。热惯量是一个综合指标，其计算公式为

$$P = [K\rho c]^{\frac{1}{2}} \tag{7-29}$$

式中：K 为热传导系数；ρ 为密度（g/cm²）；c 为比热容。

物质的热惯量越高，对温度的变化阻力越大。通常热惯量大的物质昼夜温差小，如水的昼夜温差就比较小。

4. 热扩散率

热扩散率 a 表征物体内部温度的变化速率，其值取决于单位时间内沿法线方向通过单位的热量与物质的比热容、密度、法向上温度梯度三者的乘积之比，即 $a = \dfrac{K}{c\rho}$，单位为 m²/s。例如，水的热扩散率是 1.34×10^{-7} m²/s，空气的热扩散率是 1.826×10^{-5} m²/s。

7.2.2　红外扫描图像特点

热红外图像是记录目标物发射的热辐射能而形成的图像，它依赖地物的发射能量可昼夜成像，描述地物辐射温度分布情况，图像的色调与色差是温度与

温差的显示与反映。对于红外扫描图像,其在投影、色调、分辨率及变形等方面具有一些特点[2]。

1. 投影

热红外扫描图像是通过光学系统从航线或轨道的一侧到另一侧扫描获得的,每次扫描时地面被扫描过的区域是一条窄带,称为扫描带,每条扫描带上都有一个投影中心。随着飞机或卫星的运动,光机扫描器就对地面扫出来一条接一条与航线或轨道相垂直的狭窄的扫描带。因此,热红外扫描图像是由一个个独立的图像带组成的,没有一般画幅式相机图像的辐射状投影。

2. 色调

热红外扫描图像是灰度图像,其色调的深浅是由目标的辐射能力决定的。地物发射电磁波的功率与地物发射率成正比,与地物温度的4次方成反比,因此图像上的色调也与这两个因素有关。一般来说,辐射红外线越强的物体色调越浅,辐射红外线越弱的物体色调越深。因此,热红外图像上的色调不仅表现了地物温度的变化情况,而且还能提供目标活动特性、所处状态等信息。

除此之外,热红外图像中还有一个重要特点,即阴影,其主要分为热阴影和冷阴影,与光学图像的阴影含义不同。阴影产生的原因一般有两种情况。第一种情况是由于阳光未直接照射地面,温度较周围温度低,因此热辐射较弱,呈现冷阴影。这种阴影虽然范围与光学阴影范围相近,但是不会在阳光消失后马上消失,而是逐渐消散。第二种情况是地面上热源或冷源,如暖风或冷风吹过地面,由于地面物体的阻隔,背风面容易产生阴影,即热阴影。

热红外图像的图像色调受太阳辐射的影响很大,成像时间和天气的不同会导致图像色调产生很大的变化。例如,水体与陆地相比有较大的热惯性,白天升温时,水体的温度比陆地低,红外图像上水体的色调比土壤深;晚上降温时,水体的温度比陆地高,红外图像上水体的色调比土壤浅。在有较厚的云层遮挡时,地物间温差较小,尤其是长时间连续阴天,各地物温度趋于相等,这时获取的图像色调差别很小,不易区分目标。不同波段的热红外图像可以应用于不同的领域,对于温度在 250~330K 的地表来说,其峰值波长 λ_{max} 主要处于热红外波长范围 8.8~11.6μm,如常温森林的热辐射能量主要集中在 8~12μm;对于温度高于 800K 的高温地表,它们的峰值波长 λ_{max} 主要处于中红外波长 3~5μm,因此可用于森林火灾的监测。

3. 分辨率

热红外扫描图像的分辨率与普通可见光照片相比较低,这是因为其和扫描装置的瞬时视场、噪声等效温差(Noise – Equivalent Temperature Difference, NETD)、目标和背景温度的差别、电子系统的性能及运载平台的运动情况等诸多因素有关,具体描述见下文。其中,瞬时视场和噪声等效温差是影响分辨率最重要的因素,它们分别反映了热红外扫描成像系统的空间分辨能力和温度分辨能力。

1)瞬时视场

瞬时视场是指探测器线性尺寸对光学系统物方空间的二维张角,它由红外探测器形状、尺寸和光学系统的焦距决定。若红外探测器为矩形,尺寸为 $a \times b$,则瞬时视场的平面角 α、β 为

$$\alpha = \frac{a}{f'} \quad \beta = \frac{b}{f'} \tag{7-30}$$

式中:f' 为光学系统焦距。

若为正方形,则光学系统的平面角一般用 β 表示。瞬时视场通常以 rad 或 mrad 为单位。一般情况下,瞬时视场表示系统的空间分辨能力。

2)线分辨率

一定高度时,热红外扫描成像系统对地面目标的最大分辨能力称为线分辨率。例如,当扫描角 $\theta = 0°$ 时,接收元件对应的地面窄带宽度是 D_0,则

$$D_0 = \beta H \tag{7-31}$$

式中:H 为遥感平台离地面高度;D_0 为高度为 H 时相机最小分辨距离。

当扫描角 $\theta \neq 0°$ 时，则 $H_0 = H\sec\theta$，此时沿着飞行方向的线分辨率 $D_纵$，即垂直于扫描方向的瞬时视场线度大小为

$$D_纵 = H_\theta \beta = D_0 \sec\theta \qquad (7-32)$$

而垂直于飞行方向的线分辨率 $D_横$，即沿着扫描方向的瞬时视场线度大小为

$$D_横 = D_纵 \sec\theta = D_0 \sec^2\theta \qquad (7-33)$$

从式(7-32)和式(7-33)中可以看出，只有当扫描角 $\theta = 0°$ 时横向与纵向的分辨率是相同的，在其他位置均不相同。因此，窄带宽度是由中心位置向两边逐渐变宽的，故热红外扫描图像的空间分辨率从中心位置向两边逐渐降低。

3）噪声等效温差

噪声等效温差是衡量热红外扫描成像系统温度分辨率的一个重要参数，其主要由红外探测器的归一化探测率、电子信号处理电路决定，还与周围环境温度、大气成分情况及地面目标种类、性质等因素有关。

4. 变形

热红外扫描成像系统具有成像距离较远、视场较大的特点，因此扫描图像在投影及其变形方面与画幅式相机获得的图像具有较大的区别。扫描镜旋转速度变化，飞行姿态的滚动、倾斜，使图像弯曲变形或比例尺变化等都能引起热红外扫描图像几何畸变。

5. 其他

由于热扩散作用的影响，热红外图像中反映目标的信息往往偏大，且边界不十分清晰。另外，由于大气中的一些影响因素会导致热红外图像在成像时出现一些"热"的假象，因此热红外扫描图像具有不规则性。这种不规则性是由多种因素引起的，如天气条件（云、雨、风等）的干扰，电子异常噪声、无线电干扰产生的噪声条带和波状纹理，后处理的影响等。因此，消除噪声的干扰获取真正的信息十分重要。

7.2.3 成像波段与成像时段的选择

1. 成像波段的选择

遥感器的红外成像波段可以根据以下两个基本原则来进行选择。

（1）所探测的遥感信息能最大限度地透过大气到达传感器。从整层大气层的吸收光谱中可知，$3\sim 5\mu m$ 和 $8\sim 14\mu m$ 是红外波谱段的两个大气窗口。考虑到红外波段的大气透过率，通常选择 $3\sim 5\mu m$ 和 $8\sim 14\mu m$ 波段范围作为热红外遥感的成像波段范围，卫星传感器通常设置为 $3\sim 4\mu m$ 和 $10.5\sim 12.5\mu m$。

（2）预期探测的目标在此波谱段可达到最强的信号特征。除了大气窗口的原因外，地表温度通常在 $-40\sim +40℃$，大部分地区平均温度为 $27℃(300K)$ 左右。根据维恩位移定律，地面物体的热辐射峰值波长范围为 $9.26\sim 12.43\mu m$，恰好位于 $8\sim 14\mu m$ 波段范围之内。

对地表温度遥感而言，对应的发射波谱峰值波长 λ 为 $9.66\mu m$，因此该谱段区间通常被用来调查地表一般物体的热辐射特性、探测常温下的温度分布和目标的温度场、进行热制图等。随着温度的升高，热辐射谱段峰值波长向短波方向移动。对于地表高温目标，如火燃等，当温度达 $600K$ 时，其热辐射峰值波长为 $4.8\mu m$，位于红外谱段 $3\sim 5\mu m$ 的大气窗口内。例如，林火温度为 $800\sim 1000K$，对应的发射波谱峰值波长 λ 为 $2.90\sim 3.62\mu m$，因此，为了对火灾、活火山等高温目标进行识别，通常把热红外遥感波段选择在该区间内。

2. 成像时段的选择

关于热红外遥感成像时段的选择，需要具体问题具体分析。白天由于太阳的照射，使得地物受热不均匀，热红外图像上会产生大量热阴影，使热图像分析复杂化；而黎明前地面温差较小，阴影也明显减少，可以提供长时间的稳定温度值，有利于地层和构造的识别。通常黎明前（午夜 $2\sim 3$ 点）反映一天中的最低温度，而午间 2 点左右反映一天中的最高温度。因此，多采用这两个时间段的热红外成像的温度数据，此时构成温差的最大值，这样可估算物体的热惯量，进行热制图。但是，夜间图像也存在劣势，如夜间地面温差不大，图像细节不明显，不利于解译。不同地物的热红外成像时段如图 7-6 所示。

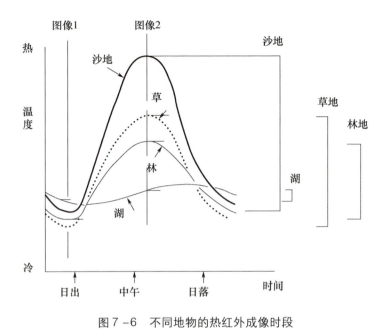

图 7-6 不同地物的热红外成像时段

7.3 红外遥感图像解译方法

地物具有热辐射特性,如岩石、植被、土壤和水体典型地物的热红外特性,以及红外辐射温度的日变化特性等,这些是进行热图像判读的基础,也是建立各种热模型(如土壤水分的热惯量模型等)、反演地表相关参数的必要条件。

7.3.1 目视解译

关于热红外图像的解译,很多时候可以定性地判识,这种情况下不需要知道发射率和地表温度,根据典型地物的热辐射特性即可研究图像中辐射温度的相对差异。根据热辐射原理,地表接收的能量主要来自太阳的短波辐射,不同的地物具有不同的反射波谱特性,因而吸收的能量不同。一般地物在白天受太阳辐射影响,温度较高,呈暖色调;夜间物质散热,温度较低,呈冷色调。土壤、岩石的该种特性尤为明显。几种主要地物的热辐射特性如下。

1. 植被

植被在白天受阳光照射，辐射温度较高，但因水分蒸腾作用降低了叶面温度，升温不甚明显，使植被较周围土壤温度低，因而呈冷色调。但针叶林有些例外，这是因为其树冠针叶丛束的合成发射率高。对农作物覆盖区，遥感器观测的是土壤上作物的辐射温度，而不是裸土本身，由于干燥作物隔开了地面，使之能够保持热量，因此农作区在夜间呈暖色，与裸露土壤的冷色调形成对比。

2. 土壤

土壤类型、表面粗糙度、太阳高度角和水分含量等都会影响土壤的热辐射特性。在半沙漠和沙漠地区，沙土石英含量高，反射率相对较高；黑色土壤（黑壤土）含有大量有机质，整个反射曲线全面降低；土壤表面粗糙度增加，使得反射率因阴影效应和散射增加而下降；土壤含水量增加通常会使土壤表面的反射率有所下降；人工铺设区如街道、停车场，其白天比周围区域加热得温度更高，而在夜间因散热较慢，仍比周围温度高。

3. 岩石

岩石的热容量较低，因此白天呈现较暖的色调，夜晚呈现较冷的色调。不同的岩石热学性质有差异，在图像上的表现也不尽相同。图 7-7 是"高分"五号卫星白天拍摄的高光谱图像。对比图 7-7(a) 和图 7-7(b)，可以发现植被的色调较暗，而岩石和土壤的色调较亮。

影响岩石波谱特性的主要因素包括岩石的矿物成分、结构、风化状况及岩石表层的覆盖状况、太阳高度角等。

4. 水体

水体具有比热大、热惯量大、对红外几乎全吸收、自身辐射发射率高及水体内部以热对流方式传递温度等特点，因此水体表面温度较为均一，昼夜温度变化慢而小。因此，白天水热容量大，升温慢，比周围土壤岩石温度低，呈冷色调（暗色调）（图 7-8）；夜晚，水的储热能力强，热量不易很快散失，比周围土壤、岩石温度高，呈暖色调（浅色调）。该现象主要是由于水体周围地面物体的温度变化大，而水体本身温度变化小导致的。水体的热标记可作为判断热红外成像时间的可靠标志，即当热红外图像未注明成像时段时，如果水体具有比邻近地

(a)

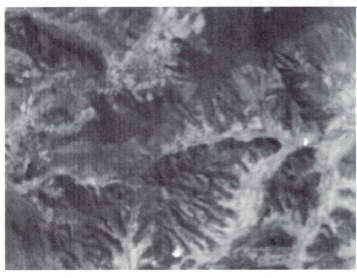

(b)

图 7-7 "高分"五号卫星白天拍摄的高光谱图像

(a)地面真彩色图像;(b)红外波段的图像。

物较暖的标记,则为夜间成像;反之,则为白天成像。仅当开放水体周围被冰雪覆盖的地面包围时情况有所不同,水体昼夜均较周围冰雪更暖。在湿地,因为水分蒸发时的冷却效应,其昼夜均比干燥地面冷。

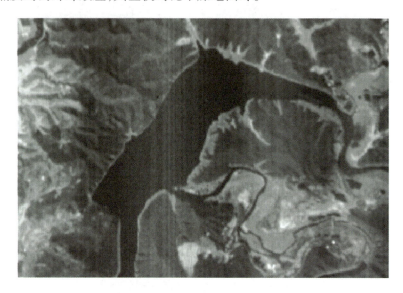

图7-8　白天拍摄的水体红外图像

影响水体波谱反射率的主要因素是水的混浊度、水深及波浪起伏、太阳高度角等。清水在蓝光区反射率最大,呈蓝(黑)色调;而在近红外区,其反射率几乎等于零。

热红外图像显示的往往是地表热景观——地貌、植被、水的混合体。不同的岩石、土壤和其他表面物质对太阳热有不同的响应,其热特征差异除因不同地表物质引起外,还可能因接受太阳辐射的差异引起。因此,热景观的综合影响会造成很复杂的图像模式,解译人员在解译过程中必须特别注意地物的热辐射特性,加以分离。

7.3.2　地表温度反演

热红外遥感是大范围、快速、准确获取地表温度的重要手段,地表温度是很多基础学科和应用领域的重要物理量,其综合反映了地球表面-大气相互作用过程中物质和能量交换的结果,能提供地表能量平衡状态的时空变化信息,是地球系统水热平衡研究中十分关键的物理参数[58-59]。

遥感器中输出的是物体辐射温度的量度,红外遥感的主要目的是获得地物的发射率和地表温度。在许多热红外遥感应用研究中,人们关心的是物体的真实温度,而不是表征温度(辐射温度),这是由于地物的真实温度不仅取决于净辐射,而且取决于热量平衡各分量(大气湍流引起的显热通量、地表水分蒸发蒸腾引起的潜热通量和土壤性质控制的热通量)。因此,只有地表的真实温度才能作为一个重要的基本参数直接参与相关模型的计算,如全球环流模型(Global Circulation Model,GCM)、地表潜热、显热通量方程、土壤热流量方程等。

利用热红外传感器进行反演是获得地表温度的一种主要方法。利用热红外遥感信息反演地表温度的流程大体如下:利用热红外遥感器(如红外测温仪、红外辐射扫描仪)获得地表辐射亮度(包含环境辐照度),经辐射校正、几何校正、大气校正后获得地面发射的热红外辐射信息,其等效于地面的辐射温度。但是,由地面等效辐射温度转换为地面真实温度时必须有地面比辐射率及其非朗伯面的角分布特征信息。所以,结合地面比辐射率及其他信息,地表真实温度可以表示为

$$T_s = \sqrt[4]{\frac{M_B - (1-\varepsilon_B)\overline{E}_e}{\sigma\varepsilon_B}} \quad T_s \approx \sqrt[4]{\frac{T_B^4 - (1-\varepsilon_B)\varepsilon_e T_e^4}{\varepsilon_B}} \qquad (7-34)$$

式中:T_s 为目标物的表面温度;M_B 为遥感器接收到的目标物表观辐射出射度(包含部分反射的环境辐射);$\overline{E}_e$ 为平均环境辐照度;T_B、T_e 分别为红外测温仪测得的目标物及环境(主要指野外测定时的天空)温度;ε_B、ε_e 分别为目标物及环境的比辐射率。

地表比辐射率不但与地表的物质组成有关,而且与地表等多种因素有关,如地表含水量变化、地表植被覆盖度变化、地表粗糙度及观测波长和角度等,对地表比辐射率的精确测量会直接影响对地表温度的反演精度。据粗略计算,在通常的环境辐照度下(天空平均温度为 -20℃),当比辐射率相差 0.01 时,与真实温度可相差近 1℃。通常,作物冠层等效比辐射率为 0.965~0.970,土壤表面等效比辐射率为 0.90。因此,如果忽略比辐射率的影响,其作物冠层温度误差

可达5℃,土壤表面的误差可达10℃以上。若再考虑到比辐射率的方向性,则误差更大。因此,测量具有一定精度保证的各典型地物的比辐射率非常重要,且有很大难度。

环境辐照度主要是指大气、云的辐射,其基本由大气下行辐射造成,其总贡献应是各种下行辐射在2π半球范围内的积分。大气下行辐射具有各向异性,并且由于测量环境辐照度的方向与遥感器的探测方向相反,不能通过遥感平台直接测定,因此环境辐照度的测量非常困难。现阶段往往简化为利用红外测温仪在稳定的天气条件下,由地面向上测量天空辐射出射度,用外延法得到天空温度来表征环境辐照度。

在上述过程中,往往要进行热红外遥感与地面同步的测量或地面同步定标,建立起两者数据间的线性回归方程,以确定它们的定量关系。所得的地面真实温度还需进行区域校正等,即运用到非遥感获得的微气象、植物生理生态、土壤物理等参数,方能得到具有实际应用价值的地表温度。

早在20世纪60年代初期发射TIROS – Ⅱ以来,学者们就利用卫星遥感数据反演地表温度。在已知比辐射率的前提下,利用各种对大气辐射传输方程的近似和假设,人们相继提出了多种地表温度反演算法,如单通道法、多通道法(又称分裂窗法、劈窗法)、单通道多角度法、多通道多角度法等。

(1) 单通道法:选择卫星遥感的热红外单通道数据,根据卫星遥感提供的大气垂直廓线(温度、湿度、压力等)先验数据,结合大气辐射方程,计算得到大气辐射和大气透过率等参数,修正大气对比辐射率的影响,从而得到地表温度。由于使用单通道法时需要已知地表比辐射率、大气廓线(这两个参数难以精确获得),并且需要精准的辐射模型,因此在实际应用中该方法受到一定的限制。

(2) 多通道法:利用$10 \sim 13 \mu m$的大气窗口内两个相邻通道(一般为$10.5 \sim 11.5 \mu m$、$11.5 \sim 12.5 \mu m$)对大气吸收作用的不同(尤其对大气中水汽吸收作用的差异),通过两个通道测量值的组合来消除大气的影响,订正大气和地表比辐射率,反演地表温度。在陆面温度反演中劈窗算法的改进算法是目前地表温度反演中应用最广泛的方法。

（3）单通道多角度法：同一物体因从不同角度观测时经过的大气路径不同而产生的大气吸收不同，由于大气吸收体的相对光学物理特性在不同观测角度下保持不变，大气透过率仅随角度的变化而变化。与多通道法类似，大气的作用可以通过特定通道在不同角度观测下所获得亮温的线性组合来消除。

（4）多通道多角度法：多通道法和多角度法的结合，当有3个或多个热红外通道时，使用多通道法将这些通道大气顶部的亮度温度进行线性或非线性组合来反演地表温度。利用不同通道、不同角度对大气效应的不同反应，可以消除大气的影响，反演地表温度。

7.4 红外遥感图像解译案例

红外遥感凭借其对地表热异常的监测能力，在自然灾害调查等应用中发挥了越来越多的作用。目前红外遥感图像已经被广泛应用于森林火灾监测、秸秆焚烧火点监测和环境污染监测等领域。

7.4.1 红外图像地物目视解译

Landsat 卫星 ETM + 热红外波段范围为 $10.40\sim12.5\mu m$，测量的亮温模拟信号由 6H 和 6L 两个通道采样，一般选用 6H 通道图像判读，若 6H 图像溢出，则选用 6L 图像。6H 比 6L 通道量化级数多，精度高。例如，117 - 29 幅两个通道的有效量化级数分别是(32,18)，其解译步骤如下。

1. 制作 DN 值假彩色编码图像

热红外波段 DN 值假彩色编码图像制作原理和操作步骤与亮温假彩色编码图像相同。首先制作 DN 值假彩色编码图像，然后从 117 - 29 幅 6H 波段 DN 值假彩色编码图像中剪取部分区域，如图 7 - 9 所示。

2. ETM + 6H 图像地物判读

ETM + 热红外 DN 值图像与其亮温图像相比，视觉效果几乎没有差异，用于地物判读两者等效。因此，地物判读中常采用 DN 值图像，可以免除亮温计算。ETM + 6H 图像亮度是地物的比辐射率和温度的单调递增函数，影响地物温度

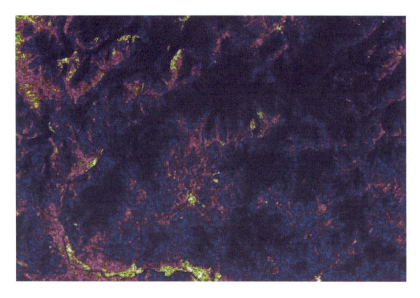

图7-9 Landsat 卫星 ETM+ 热红外图像

和比辐射率的因素间接影响图像亮度。

（1）地物对图像亮度的影响。若其他影响因素相同,则 ETM+6H 通道 DN 值夏季图像地物亮度从小到大依次是云、水域、森林、农作物、城外公路、裸土地、城镇街区。

（2）光照与地形对图像亮度的影响。相同地物图像亮度与光照正相关,光照越强,亮度越大。地物受光面图像亮,背光面图像暗,即本地入射角越小图像越亮。地形起伏在图像上有明显反映,规律与反射光波段相同。

（3）大气干扰对图像亮度的影响。大气低层中的尘埃增加图像亮度,在图像中有明显反映,目视判读可识别两级浓度;大气吸收降低图像亮度,因均衡分布,故在图像中难以目视识别。

目视识别 ETM+6H 波段上的地物时,比较容易识别水体和道路;山地地形也比较容易识别,如山脊、河谷、坡面,但起伏比较小的地形很难识别出高差;水域、裸地、植被、城镇等面状地物较易区分;大多数面状地物凭图像可分出大类,地物详细信息则需借助野外调查才可细分;水体例外,其是最明显的面状地物,一般不会错判,但易与云混淆。

铁路、公路、简易公路、机耕路、河堤等线状地物均反映在图像上,可区分两级宽度,其图像色调与裸地及建筑物相近,进入居民区线状图形不清晰。凭图像可以概略确定线状地物性质,但不一定准确。例如,铁路与平直高等级公路、水泥公路与土路等的形状和色调均接近,容易混淆。河流在图像上清晰可见,由于色调最暗,因此其与其他线状地物区别明显。

ETM+热红外图像上的地物轮廓与反射光波段的地物轮廓很接近,地形阴影也很接近。起伏明显的地形在图像上有明显反映,山地向阳面亮,背阳面暗,可识别阴坡与阳坡、山脊与山谷。山区可概略判读河流的汇水区域,平原区则很困难。

图7-10所示图像的成像时间为2001年8月13日,太阳高度角为54.4°,太阳方位角为139.9°,图像定向角为-12.67°,图像中心点地理坐标为(127.23E,44.36N),地点为吉林市,图幅号为117-29,波段为6H。

7.4.2 森林火灾监测

基于高分辨率卫星红外波段遥感图像数据,综合基础地理和森林分布等相关数据,可利用遥感图像处理软件(如PIE)进行林火识别与火势估测、火线及火场边界自动提取,快速生成火点、火势图和火线分布图,实现林火准实时监测,为森林防火和火灾扑救应急指挥提供决策支持。

估算亚像元火点面积的基本原理是首先判断中红外通道是否满足饱和条件,当 $N_4 \geq N_{max}$ 时,这里 N_{max} 为中红外亮温上限,初值置为360K,或可从LDF文件的头记录中查找。若中红外通道亮温未达到饱和,则用中红外通道计算亚像元火点面积比例 P,即

$$P = \frac{N4_{\_mix} - N4_{\_bg}}{N4_{\_ft} - N4_{\_bg}} \quad (7-35)$$

式中:$N4_{\_mix}$、$N4_{\_bg}$、$N4_{\_ft}$ 分别为中红外通道探测像元的辐亮度、背景辐亮度、亚像元火点辐亮度,其中亚像元火点温度设为750K。

若满足饱和条件,则用热红外通道计算,即

$$P = \frac{(N11_{\_mix} - N11_{\_bg})}{N11_{\_ft} - N11_{\_bg}} \quad (7-36)$$

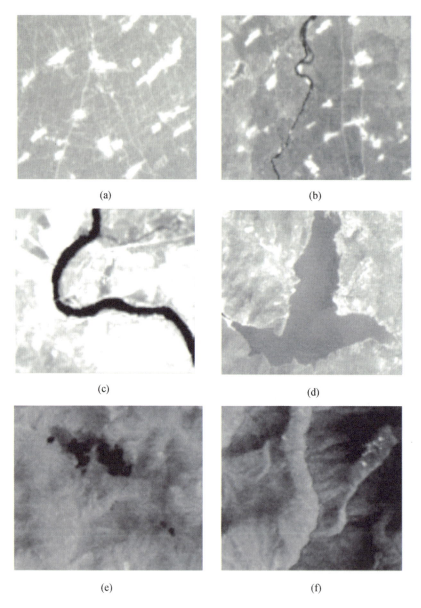

图7-10 ETM+热红外图像判读图例
(a)城镇(热岛)、道路、旱地;(b)水库(左)、河流(中)、稻田(中);
(c)河流穿越的城区;(d)水库;(e)云;(f)山地与河流。

式中：$N11_{mix}$、$N11_{bg}$、$N11_{ft}$ 分别为远红外通道探测像元辐亮度、背景辐亮度、亚像元火点辐亮度，其中亚像元火点温度设为750K。

若火点为有云区火点像元，则亚像元火点计算公式中的背景辐亮度为云区背景温度对应的辐亮度。其中，亚像元火点面积 S 的计算公式为

$$S = PS(\lambda,\phi) \tag{7-37}$$

式中：$S(\lambda,\phi)$ 为位于经纬度 (λ,ϕ) 的像元面积。

下面以山西省某县林火监测及过火面积计算为例，介绍图像处理过程。

（1）数据准备。准备原始影像数据，本案例采用"高分"六号卫星 GF6 和资源 02C 星数据（ZY02C），同时提供山西省 30m DEM、DOM 基准影像和某县林业向量数据。

（2）图像校正、融合。分别对灾前和灾后影像进行正射处理，消除系统和非系统性因素引起的图像形变。对经过正射纠正后的灾后 GF6 的多光谱和 ZY02C 全色数据进行异源 Pansharp 融合处理，影像融合结果如图 7-11 所示。

图 7-11 影像融合结果

（3）提取过火区域。利用波段运算功能分别计算灾前和灾后影像的 NDVI 值，计算灾后和灾前影像的差值，以辅助提取过火面积，如图 7-12 所示。

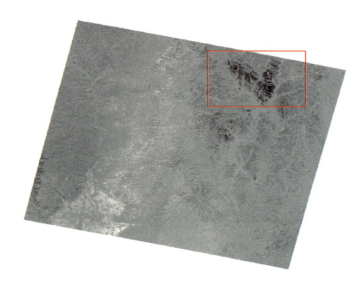

图 7 –12　灾前和灾后 NDVI 差值

（4）根据过火范围提取灾前图像的林地、草地面积。以灾前和灾后 NDVI 结果差值图辅助过火区域图斑提取，生成过火区域的向量文件，如图 7 – 13 所示。

图 7 –13　过火区域图斑提取

(5) 利用林地一张图进行过火区域的植被分类统计。利用过火区域向量文件和林地一张图向量文件得到过火区域各地类的向量文件,进行统计分析,如图 7-14 所示。

图 7-14　过火区域面积统计(右图中粉色区域为草地,绿色区域为耕地)

7.4.3　秸秆焚烧火点监测

火点最典型的特点是温度高,热红外遥感对热辐射敏感,通过反演地表温度可有效判识火点。秸秆焚烧是大气中细颗粒物的一个主要来源,秸秆焚烧时产生的大量有毒有害物质不仅会对环境造成污染,还会威胁人类的身体健康,降低大气的能见度,给人类的交通出行带来安全隐患,而且改变生态系统的循环,产生不利的健康效应。传统的火点监测需要花费大量的人力、财力和物力,通过人工定点监测方式解决,而利用卫星遥感手段对秸秆焚烧火点进行监测是对地面常规监测方法的有效补充。多源卫星遥感数据能够获取秸秆焚烧火点位置、数目及火点的分布规律,较好地监测与监控地面火点秸秆焚烧现状及发展趋势,对于科学、准确、迅速地了解秸秆焚烧动态变化,确保其时效性,提高预警能力和监督检查的效率具有重大意义。

火点监测的基本原理是利用物体的自身热辐射特性,根据黑体的半球辐射 W 与温度的 4 次方成正比的关系,从物体的辐射反演出物体的温度 $T=(W/\delta)^{-4}$。根据维恩位移定律——黑体温度 T 与其辐射能峰值处波长 λ_{max} 的乘积为常数，即 $T \times \lambda_{max} = 2897.8\,\mu m \cdot K$，当黑体温度（$T$）升高时，最大辐射值向短波方向移动。草地灌木丛火温度一般为 $300 \sim 800\,℃$，可见火灾的辐射能波长在 $5\,\mu m$ 附近。在防火季节，一般地物温度在 $10 \sim 50\,℃$，地表辐射的波长在 $9 \sim 11\,\mu m$。卫星载荷的 LWIR（长波红外）可以检测到热点信息，以区分高空冷云和燃烧的烟雾；SWIR（短波红外）可以穿透雾霾和烟雾，在短波红外影像上分析活跃的热点非常明显，通过对多光谱影像数据进行分析可以得到容易解译的结果。为了区分过火点和着火点等不同的热异常点，通常引入可见近红外波段进行监测，开展植被指数、土壤指数等敏感波段的分析测试，确定火点细分所需要的波段[61-62]。

下面以 MODIS 遥感数据为例，基于热红外遥感原理，结合高温点在中红外波段辐射能量比热红外波段大，中红外比热红外对高温点的反应强烈的特点，开展秸秆焚烧火点监测。结合 PIE 处理步骤，介绍图像处理过程图 7-15。

(1) 遥感数据预处理。读取卫星遥感数据，从头文件中提取各通道的辐射定标系数、像元经纬度等辅助数据，对各通道的原始数据进行辐射校正及几何校正；基于校正后影像提取火点识别所需的可见光、近红外波段的表观反射率及中红外、热红外波段的表观辐射亮度，将中红外、热红外波段的表观辐射亮度转换为表观亮度温度。需要注意的是，在数据预处理前要保证遥感原始数据的质量，避免有条带等质量问题的数据参与后续处理，导致结果误识别。

(2) 云检测及水体像元识别及剔除。火点识别针对的是无云的陆地像元，因此需要进行严格准确的云检测，剔除有云像元和水体像元。当遥感数据具有红、近红外波段及热红外波段时，可以根据云检测产品和海陆掩码选出适合的无云陆地像元。

(3) 热异常火点提取。对遥感像元进行初步分类，通过潜在火点绝对阈值和潜在火点背景阈值区分潜在火点像元与非火点像元，并去除太阳耀斑、沙漠边缘虚假火点等。

(4) 秸秆焚烧火点提取。在确定热异常火点像元基础上，结合土地分类数据,通过 GIS 叠加分析,把位于农田范围内的火点提取出来作为秸秆焚烧火点,并将提取出的秸秆焚烧火点存储为向量数据文件,对最终确定为秸秆焚烧火点的像元可以通过对其温度特性的统计分析估算其火点信度。图 7－16 为基于 MODIS 数据的河北省秸秆焚烧火点监测。

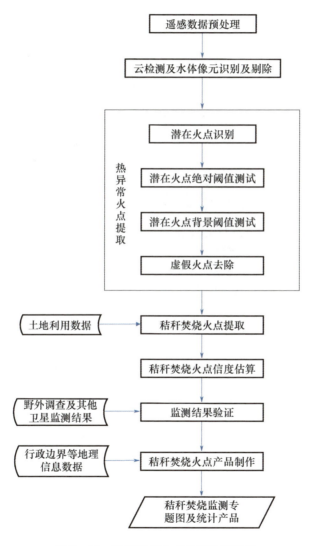

图 7－15　秸秆焚烧火点监测处理流程

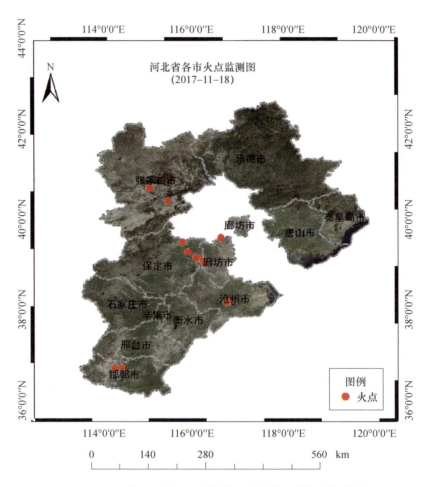

图 7-16 基于 MODIS 数据的河北省秸秆焚烧火点监测

第 8 章

星载 SAR 遥感图像解译

SAR 是一种工作在微波波段的主动式遥感器,它通过测量地物目标的后向散射特性来获取目标的相关信息。

SAR 成像具有以下特点:①SAR 属于主动式遥感,可以实现对地物目标的全天时成像;②由于微波受大气衰减影响较小,某些波段还可以穿透云雾,可以实现对地物目标的全天候成像;③微波对部分地物目标具有一定的穿透性,可以获得地下浅层目标和隐蔽目标的散射信息;④微波与地物目标之间特殊的作用机理使得 SAR 能够获取与可见光遥感、红外遥感和高光谱遥感不同的信息。因此,无论是在成像原理还是在对接收数据的成像处理方面,SAR 成像都与光学和红外成像有着很大的区别。

为了有效获取和利用 SAR 图像中包含的地物信息,实现对 SAR 图像的正确解译与分析,需要在充分掌握 SAR 成像原理的基础上,理解 SAR 图像的特征,了解地物目标参数、雷达系统参数和观测条件等因素对 SAR 图像特征产生的影响,从而更好地理解和应用 SAR 图像。

8.1 SAR 成像原理

SAR 通过雷达与目标间发生相对运动时主动发射的电磁波获取包含目标散射特性的雷达回波数据,并利用信号处理方式将上述回波处理成图像。SAR

回波是复数据,包含幅度和相位信息。其中,幅度信息与目标的散射特性有关,表现在图像上为灰度值,地物目标的散射强度越大,对应在 SAR 图像上的亮度越高;相位信息由目标与雷达之间的距离历程决定,表现在图像上为目标的空间几何结构。与光学或红外成像不同,SAR 成像时需要对接收的回波进行一系列复杂处理才能获得目标的图像。因此,为实现对 SAR 回波数据的有效处理,更好地理解 SAR 图像的特征,需要首先对 SAR 成像原理进行了解。

本节主要介绍 SAR 成像原理,包括 SAR 相干成像原理、SAR 斜距成像原理、SAR 二维高分辨率成像原理及 SAR 图像与目标后向散射特性之间的关系 4 个方面的内容。

8.1.1　SAR 相干成像原理

在介绍 SAR 相干成像原理之前,首先对干涉的概念进行解释。当两个或两个以上频率相同、振动方向相同且相位差恒定的波在空间传播时,会在它们的交叠区产生某些地方振动加强、某些地方振动减弱或完全抵消的现象,这种现象称为干涉。上述现象的产生归因于多个波在空间叠加时形成的合成波振幅是各个波振幅的向量和,而非代数和。能够产生干涉现象的波称为相干波。一般来说,单色波都是相干的。

SAR 相干成像原理是指 SAR 在利用地物目标回波进行成像处理时,不仅利用了回波中代表目标散射强度信息的幅度参数,而且还利用了包含目标与雷达之间距离信息的相位参数,最终获取的图像是回波干涉效应的结果。SAR 的复数据回波是其能够实现相干成像的物理基础。由于 SAR 发射的电磁波满足相干波的条件,因此在利用 SAR 对目标进行成像时,获取的图像会因为相干波的向量叠加而出现颗粒状或斑点状的特征,图像上的这些颗粒通常称为斑点噪声。斑点噪声是 SAR 相干成像原理的直接表现,是 SAR 图像区别于可见光图像和红外图像的一个重要特征。

8.1.2 SAR 斜距成像原理

不同于光学的中心投影成像原理(成像过程中始终保持目标与其焦平面图像之间的对应角度关系,成像结果以角度来辨别目标),SAR 斜距成像原理是指 SAR 成像采用距离成像的方式,最终获取的地物目标图像一般体现在雷达天线视线方向与平台运动方向构成的二维倾斜平面内,如图 8-1 所示,其实质是三维目标在二维成像平面中的投影(本书中暂不讨论 SAR 三维成像的情况)。

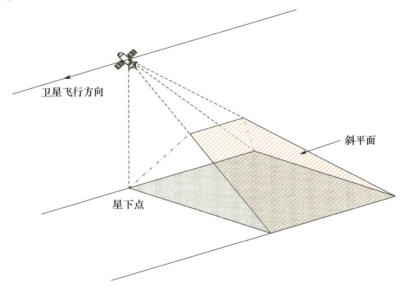

图 8-1 SAR 成像斜平面

由于 SAR 是斜距成像,因此地物目标位置由目标与雷达之间的距离决定。SAR 图像是地物目标地距图像在斜平面上的投影,地距与斜距之间满足以下关系:

$$R_s = R_G \sin\theta \tag{8-1}$$

式中:θ 为入射角;R_s 为斜距;R_G 为地距。

可以看出,斜距 R_s 是地距 R_G 在因子 $\sin\theta$ 作用下的非线性压缩。因此,SAR 图像上会出现几何畸变现象,且畸变程度与目标处对应的入射角 θ 有关。

图 8-2 给出了地面上相同长度的 3 个目标 A、B、C 在斜距图像与地距图像上成像结果的对比。其中,目标 A 与雷达之间的距离最近,目标 C 与雷达之间的距离最远。

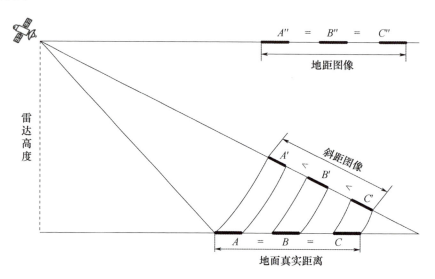

图 8-2　目标斜距图像与地距图像成像结果对比

从图 8-2 中可以看出,离雷达越近的目标在斜距图像上被压缩的程度越严重,这一现象也可以由式(8-1)推导得出。为获得无几何失真的图像,需要将斜距图像转换为地距图像显示,一般通过几何校正来实现。

8.1.3　SAR 二维高分辨率成像原理

SAR 通过对目标发射电磁波,并接收来自目标散射的回波数据进行成像处理。目标回波存储在二维数据矩阵中,具体存储方式为每个航迹向位置处获取的目标回波按列存储,不同航迹向位置处获取的回波按被雷达接收的时间先后顺序沿行依次存储,如图 8-3 所示。为后续叙述方便,这里将上述两个维度分别定义为距离向和方位向。

SAR 能够实现二维高分辨率成像的原因主要有以下两点:①雷达通过发射宽带信号并利用匹配滤波处理,可以获得目标的距离向高分辨率成像结果;

第 8 章 >> 星载 SAR 遥感图像解译

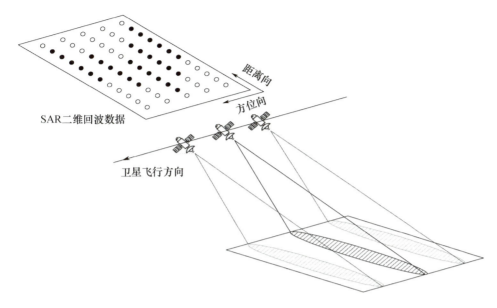

图 8-3　SAR 回波二维数据矩阵

②SAR 通过雷达平台的运动,使得雷达在不同方位向位置处获得的同一目标回波延时发生了变化,这种变化体现在回波相位中,会引起回波多普勒频率的变化。SAR 通过对回波方位向多普勒频率变化产生的宽带信号进行匹配滤波处理,实现了对目标方位向的高分辨率成像。

由于 SAR 回波是二维数据矩阵,因此 SAR 成像是一个二维信号处理过程。在设计成像处理方法时,可以通过利用二维匹配滤波器实现对回波能量的有效压缩和聚集。考虑到二维匹配滤波处理的巨大运算量,为降低运算量,SAR 成像处理时多采用距离向和方位向分开处理的思路,即将上述二维信号处理转换为两个一维信号进行处理,通过分别对距离向和方位向进行匹配滤波,实现目标图像的聚焦。但是,上述处理方式要求 SAR 回波数据在距离向和方位向是解耦合的。目前,各种 SAR 成像算法(如 RD 算法、CS 算法、ωK 算法等)均是通过在不同的处理域对二维回波数据进行解耦合或近似解耦合,以实现对回波数据距离向和方位向的分别聚焦处理,最终获得目标的二维 SAR 图像。

8.1.4　SAR 图像与目标后向散射特性之间的关系

SAR 是测量地物目标后向散射特性的技术手段。在雷达测量中,通常利用雷达散射截面(Radar Cross Section,RCS)这一物理量来表征目标的后向散射特性。雷达散射截面是度量目标对照射电磁波散射能力的一个物理量,反映了目标散射电磁波能力的强弱。雷达散射截面定义为单位立体角内目标向接收方向散射的功率与从给定方向入射到该目标的平面波功率密度之比的 4π 倍,即

$$\sigma = 4\pi R^2 \frac{|E_s|^2}{|E_i|^2} \tag{8-2}$$

式中:E_s 和 E_i 分别为入射电场和散射电场的强度;R 为目标与辐射源之间的距离。

对于分布式目标,为衡量其对电磁波的散射能力,通常需要对雷达散射截面进行归一化处理,从而获得目标后向散射系数 σ^0。后向散射系数 σ^0 的大小与地物目标的介电常数、表面粗糙度,以及电磁波的频率、极化方式和入射角等因素有关。

SAR 图像是一个二维数值矩阵,且矩阵每个元素的取值范围为 0~255。当矩阵元素的取值较低时,说明该元素对应的目标后向散射能量较弱;当矩阵元素的取值较高时,说明该元素对应的目标后向散射能量较强。因此,SAR 图像能够非常直观地反映地物目标后向散射能力的强弱,其像元 $I(i,j)$ 灰度值与相应地面单元的后向散射能量 $P_r(i,j)$ 之间的关系可以用以下模型表示[63]:

$$I(i,j) = a\sqrt{P_r(i,j)} + b \tag{8-3}$$

式中:a 和 b 为比例常数。

当接收机采用线性检测方法时,雷达接收的能量 $P_r(i,j)$ 与地物目标后向散射系数 $\sigma^0(i,j)$ 之间的关系如下[63]:

$$P_r(i,j) = k(i,j)\sigma^0(i,j) \tag{8-4}$$

根据雷达方程,单基 SAR 接收的能量 $P_r(i,j)$ 可以表示为[63]

$$P_r(i,j) = \frac{P_t G^2 \lambda^2}{(4\pi)^3 R^4} A_0 \sigma^0(i,j) \tag{8-5}$$

式中：P_t 为雷达的发射功率；λ 为波长；G 为天线增益；A_0 为目标被电磁波照射的面积；R 为目标与雷达之间的距离。

联合式(8-4)和式(8-5)，可以得到

$$k(i,j) = \frac{P_t G^2 \lambda^2}{(4\pi)^3 R^4} A_0 \tag{8-6}$$

由式(8-6)可知，$k(i,j)$ 与目标和雷达之间的距离 R、目标被电磁波照射的面积 A_0 及雷达的其他参数有关。结合式(8-3)~式(8-6)，可知 SAR 图像灰度值 $I(i,j)$ 与目标后向散射系数 $\sigma^0(i,j)$ 之间存在以下关系：当雷达系统参数和成像条件确定后，SAR 图像灰度值 $I(i,j)$ 主要由地物目标的后向散射系数 σ^0 决定。地物目标的后向散射系数 σ^0 越大，其对应的散射强度越大，在 SAR 图像上的亮度越高。

综上所述，SAR 图像是目标雷达后向散射系数与雷达系统参数的综合体现，蕴含了丰富的地物目标信息，其数值有效地反映了地物目标的后向散射强度大小。由于雷达接收的目标后向散射强度会受到目标形状、大小、结构、质地、表面粗糙度，以及电磁波波长、极化方式、雷达观测方位角和入射角等多种因素的影响，不同条件下雷达接收的目标后向散射强度会存在差异。因此，在进行 SAR 图像解译时，应在详细了解上述各因素分别会对 SAR 图像产生何种影响的基础上，根据当前 SAR 图像中提取出的不同特征，分析可能引入对应图像特征的相关因素，以实现对地物目标真实电磁散射特性的精确反演和目标类型的精准区分。

8.2　SAR 图像特点

要想有效获取和利用 SAR 图像中包含的地物信息，需要在充分了解和掌握 SAR 图像特征的基础上，更好地理解 SAR 图像中蕴含的地物信息，从而实现对 SAR 图像的正确解译与分析。本节主要介绍 SAR 图像的特征，包括几何特征、

噪声统计特征、灰度统计特征和纹理特征 4 个方面的内容。

8.2.1 SAR 图像几何特征

本小节主要介绍 SAR 图像透视收缩、叠掩、阴影、模糊图像、多次反射图像等产生的原理及图像示例。

1. 透视收缩

透视收缩是 SAR 斜平面成像原理在图像上表现出来的一种特殊现象,如图 8-4 所示,可以理解为地物目标真实地距长度 AB 在斜距成像平面上的投影 $A'B'$。由于雷达成像时一般采取侧视几何成像,因此对于同样长度的斜坡,向上斜坡在 SAR 图像上的成像结果要比向下斜坡对应的成像结果更短,因此透视收缩现象也称为前缩现象。透视收缩现象与雷达的本地入射角 θ 有关。本地入射角 θ 越小,透视收缩现象越明显。一般情况下,当地物目标距离雷达平台天底方向更近时,它在 SAR 图像上对应的透视收缩现象越明显。这一点与光学遥感正好相反。

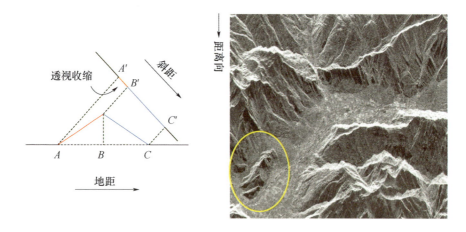

图 8-4 SAR 图像透视收缩现象示例

对于大多数星载 SAR 系统来说,由于入射角在整个雷达测绘带范围内的变化并不大,因此透视收缩现象在 SAR 图像中引起的图像畸变程度基本保持不变;而机载 SAR 系统由于在雷达测绘带范围内对应的入射角变化范围较大,因此透视收缩现象在 SAR 图像中引起的图像畸变程度会沿着雷达测绘带的方向发生变化。

2. 叠掩

叠掩现象是 SAR 图像中透视收缩现象的一种极端情况。当面向雷达一侧的地物目标坡度较大时,可能会出现目标顶端比目标底端距离雷达更近的现象,如图 8-5 所示。由于雷达时延测距的工作原理,使得目标顶端相比目标底端在 SAR 图像上先获得对应的成像结果,即目标顶端会位于 SAR 图像上更接近雷达位置的一侧。在视觉效果上,叠掩现象对应的成像结果如同地物目标在 SAR 图像上倒向了雷达一样。

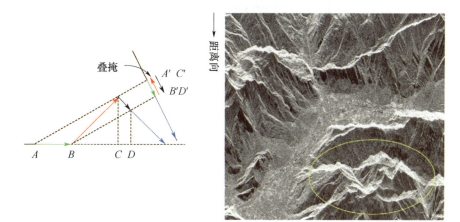

图 8-5　SAR 图像叠掩现象示例

叠掩现象同样与雷达的本地入射角 θ 有关。当本地入射角 $\theta < 0°$ 时,会在 SAR 图像上发生叠掩现象。由于叠掩现象一般在 SAR 图像上显示为高亮区域,人的肉眼比较容易辨认,因此可以根据上述叠掩现象的形成原因,利用 SAR 图像中叠掩现象的方向特征,判断成像时对应的雷达观测方向。

3. 阴影

与光学成像中阴影源自光源的微弱照射不同,SAR 图像中的阴影一般是指由于雷达未接收到来自地物目标的回波而在图像上显示为完全黑暗的区域的现象,如图 8-6 所示。与透视收缩现象相反,阴影现象在 SAR 图像中远离天底点的位置处会变得更加严重。

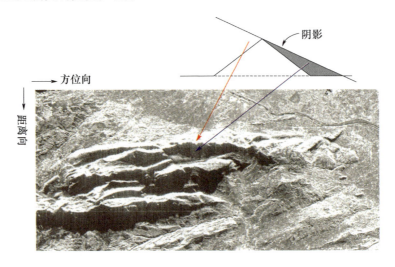

图 8-6　SAR 图像阴影现象示例

影响 SAR 图像阴影特征的一个重要因素是地形后坡坡度 α 与雷达俯角 β 之间的相对关系,具体情形如图 8-7 所示。从图 8-7 中可以看出,当地形后坡坡度大于雷达的俯角时[图 8-7(c)]会产生阴影。SAR 图像阴影可以提供目标类别及雷达观测方向等相关信息,在 SAR 图像判读中具有重要的意义。

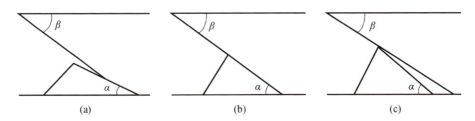

图 8-7　SAR 图像阴影与地形后坡坡度 α 和雷达俯角 β 之间的关系
(a) $\alpha<\beta$(无阴影);(b) $\alpha=\beta$(波束擦掠后坡);(c) $\alpha>\beta$(有阴影)。

4. 模糊图像

SAR 图像的模糊现象可以理解为图像中存在虚假目标,一般可分为距离模糊和方位模糊两大类。其中,距离模糊是由于目标回波和与其延迟相差脉冲重复周期整数倍的模糊信号同时进入雷达距离波门而导致的时域混叠,而方位模糊是由于使用某个脉冲重复频率对方位向频谱进行有限采样而导致的频率域混叠。当 SAR 图像中出现模糊现象时,会导致图像质量降低,且十分容易造成对目标的误判和漏判。模糊图像对 SAR 图像解译与判读的影响具体如下。

(1) 距离模糊图像。若雷达观测带之外的远端或近端场景的目标(距离模糊区)通过前后不同的脉冲被雷达同时接收,会使 SAR 图像在距离向上出现虚假目标。由于距离模糊区内的目标并不在成像范围之内,其回波多普勒历程与真实成像区域内的目标存在着一定的差别,因此难以获得良好的聚焦图像。在 SAR 图像判读时,可以利用距离模糊图像的这一特点来辨别真假目标。但是,对于分辨率较低或成像结果对散焦不太敏感的场景(如山区),对距离模糊图像的甄别难度相对较大。此外,由于距离模糊区与真实成像区域之间存在一定的距离,在 SAR 图像中往往难以找到距离模糊图像对应的主像,距离模糊图像的这一特点也增加了对其判读的难度。

(2) 方位模糊图像。若雷达观测带内某些角度上场景(方位模糊区)的多普勒频谱与天线主波束范围内场景的多普勒频谱相差脉冲重复频率的整数倍,会导致在 SAR 图像的方位向上出现虚假目标。方位模糊现象与电磁波波长、成像分辨率及成像处理时采用的多普勒中心频率等参数有关,上述参数均会影响 SAR 方位成像处理时信号能量的聚焦效果。例如,在相同的成像分辨率下,若电磁波的波长越大,天线方向图中旁瓣与主瓣之间的间隔越大,方位模糊区内目标的距离历程与天线主瓣照射区内目标的距离历程差异越大,最终对模糊区目标回波的聚焦效果越差;当成像处理时采用的多普勒中心频率与真实的多普勒中心频率存在偏差时,会使得天线主瓣内的回波没有得到完全聚焦而产生能量泄漏,并导致方位模糊现象。与距离模糊图像不同,方位模糊图像比较常见,且大多数能够在 SAR 图像中找到其对应的主像,使得对它的判读更加直观。

5. 多次反射图像

多次反射图像是由于同一地物目标回波在返回雷达接收机的途中,不同传播路径的回波信号在 SAR 图像中表现出的多个成像结果。对于雷达而言,回波时延仅代表信号经由地物目标直接返回给雷达接收机对应的双程距离传播时延,时延相同的点在 SAR 图像上表现在同一距离单元处。由于不同的反射路径对应不同的回波时延,因此同一目标经由不同反射路径到达雷达接收机处的回波会在 SAR 图像对应的等效双程距离处各自产生一个像点。

由于 SAR 图像中的成像结果与目标的距离历程有关,而不同的距离历程在 SAR 图像上会表现为不同的成像结果,因此多次反射图像就是回波传输路径多样化在 SAR 图像上的直观体现。多次反射图像的像点一般在真实目标像点附近。对于桥梁、高压线等目标,它们多次反射图像的现象比较明显。

8.2.2 SAR 图像噪声统计特征

本小节主要介绍 SAR 图像斑点噪声的形成原理及其满足的统计分布模型。由 8.1.1 节可知,SAR 成像满足相干成像原理。考虑到 SAR 图像的分辨单元尺寸一般远大于其信号的波长,因此 SAR 图像中的一个分辨单元通常包含多个散射体。雷达接收的回波信号实际上是电磁波与分辨单元内多个散射体相互作用后向量叠加的结果,在 SAR 图像中通常以颗粒状特征的斑点噪声的形式表现出来,其产生原理如图 8-8 所示。

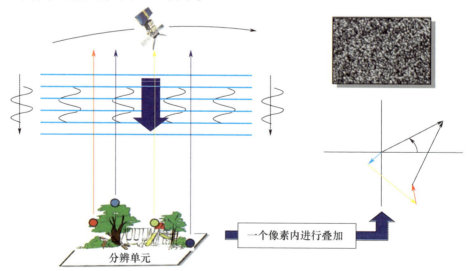

图 8-8 SAR 图像斑点噪声产生原理

斑点噪声是 SAR 图像的固有属性,它有别于系统的热噪声,是一种确定的重复现象,在给定的相同条件下可以得到相同的观测结果。但是,斑点噪声会降低图像的辐射分辨率,从而给 SAR 图像的解译与判读带来困难。例如,斑点噪声会模糊 SAR 图像中的目标边缘细节,进而影响图像边缘特征提取和图像分割的精度、降低目标的检测与识别准确率等。为减少斑点噪声对 SAR 图像解译与判读的不利影响,需要对 SAR 图像斑点噪声进行数学建模,以实现对斑点噪声的抑制。

若 SAR 图像的每个分辨单元同时满足以下 3 个条件:①分辨单元内的散射体数量足够多,且散射特性不受一个或多个散射体主宰;②分辨单元内各散射体对应的散射幅度和相位是独立的随机变量;③分辨单元内各散射体对应的散射幅度服从统一的统计分布,相位在[$-\pi,\pi$]区间内服从均匀分布,则可以认为此时的斑点噪声是完全发育的。对于斑点噪声完全发育的区域,目前 SAR 图像斑点噪声的统计分布模型主要如下[64]。

(1) 对于单视 SAR 强度图像,斑点噪声的统计模型服从负指数分布,即

$$P(I) = \frac{1}{2\sigma^2}\exp\left(-\frac{I}{2\sigma^2}\right), I \geqslant 0 \tag{8-7}$$

式中: $I = \alpha^2 + \beta^2$, α 和 β 分别为斑点噪声的实部和虚部,且它们都服从均值为 0、方差为 σ^2 的正态分布。

(2) 对于单视 SAR 幅度图像,斑点噪声的统计模型服从瑞利分布,即

$$P(A) = \frac{A}{\sigma^2}\exp\left(-\frac{A^2}{2\sigma^2}\right), A \geqslant 0 \tag{8-8}$$

式中: $A = \sqrt{I}$。

(3) 对于多视 SAR 强度图像,斑点噪声的统计模型服从伽马分布,即

$$P(I) = \frac{1}{\Gamma(L)}\left(\frac{L}{\mu}\right)^L I^{L-1}\exp\left(-\frac{LI}{\mu}\right), I \geqslant 0 \tag{8-9}$$

式中:L 为多视视数;$\Gamma(\cdot)$ 为伽马函数,$\Gamma(L) = (L-1)!$;μ 为式(8-7)和式(8-8)中方差 σ^2 的 2 倍,即 $\mu = 2\sigma^2$。

(4) 对于多视 SAR 幅度图像,斑点噪声的统计模型服从 Nakagami(平方根伽马)分布,即

$$P(A) = \frac{2}{\Gamma(L)}\left(\frac{L}{\mu}\right)^L A^{2L-1} \exp\left(-\frac{LA^2}{\mu}\right), A \geq 0 \qquad (8-10)$$

若 SAR 图像分辨单元中存在一个或多个强散射体,其散射特性占整个分辨单元散射特性主导地位,则认为此时的斑点噪声是不完全发育的。对于斑点噪声不完全发育的区域,其斑点噪声的统计特性非常复杂,难以通过某个单一的统计模型描述其分布特征,通常利用基于实验数据的经验分布模型近似拟合其分布特征。

大量的统计实验和分析结果表明,当 SAR 图像分辨单元内不包含与其尺寸相当的目标时,SAR 图像的统计分布模型满足乘积模型,可表示为

$$I(x,y) = R(x,y)N(x,y) \qquad (8-11)$$

式中:(x,y) 为 SAR 图像分辨单元中心像元对应的坐标;$I(x,y)$ 为观测到的 SAR 图像强度;$R(x,y)$ 为未被斑点噪声污染的原始图像;$N(x,y)$ 为斑点噪声。

由式(8-11)可知,斑点噪声是一种乘性噪声,它对 SAR 图像在成像效果上的影响等效于对 SAR 图像进行随机加权。考虑到大多数图像处理都是基于加性模型的假设,因此可以通过代数变换或同态变换将上述乘积模型转换为加性模型,以便进行后续处理。

8.2.3 SAR 图像灰度统计特征

SAR 的成像结果大多以灰度图像的形式表现,其色调的变化很大程度上取决于地物目标的后向散射特性。灰度直方图可以描述灰度图像的统计特性,通过统计其图像灰度值的分布特征,能够为我们提供一些描述 SAR 图像的客观方法。本小节主要介绍 SAR 图像的灰度统计特征,包括一阶灰度特征和二阶灰度特征两个方面的内容[65]。

1. 一阶灰度特征

对于 SAR 图像,通常将其图像的灰度值量化为 256 个灰度级,分别取值为 $i = 0,1,\cdots,255$。假设第 i 个灰度级对应的图像像元个数为 N_i,图像总的像元个数为 N,那么第 i 个灰度级对应的概率可以表示为

$$P_i = \frac{N_i}{N} \tag{8-12}$$

一阶灰度直方图是描述图像灰度值一阶概率分布的物理量。SAR 图像的一阶灰度直方图对应的统计特征主要如下。

(1) r 阶原点矩:

$$M_r = \sum_{i=0}^{L-1} i^r P_i \tag{8-13}$$

(2) r 阶中心矩:

$$\eta_r = \sum_{i=0}^{L-1} (i-\mu)^r P_i \tag{8-14}$$

(3) 偏度:

$$s = \frac{1}{\sigma^3} \sum_{i=0}^{L-1} (i-\mu)^3 P_i \tag{8-15}$$

(4) 峰度:

$$K = \frac{1}{\sigma^4} \sum_{i=0}^{L-1} (i-\mu)^4 P_i \tag{8-16}$$

(5) 能量:

$$\text{Energy} = \sum_{i=0}^{L-1} [P_i]^2 \tag{8-17}$$

(6) 熵:

$$\text{Entropy} = -\sum_{i=0}^{L-1} P_i \lg[P_i] \tag{8-18}$$

式中:L 为图像总的灰度级数。

上述 SAR 图像的一阶灰度特征中,一阶原点矩表示 SAR 图像灰度值的均值,可以在一定程度上反映地物目标散射能量的大小;二阶中心矩表示 SAR 图像灰度值分布的方差,是对图像灰度分布离散性的度量;偏度描述了图像灰度分布的对称性状态;峰度描述了图像灰度分布聚集的程度及位置。此外,对于等概率分布的图像灰度,其能量最小,但是对应的熵最大。

2. 二阶灰度特征

二阶灰度特征主要用于描述图像不同灰度级之间的关系特征。SAR 图像的二阶灰度直方图对应的统计特征主要如下。

(1) 自相关：

$$B_k = \sum_{i=0}^{L-1} \sum_{j=0}^{L-1} ij P_{ij} \qquad (8-19)$$

(2) 惯性矩：

$$B_I = \sum_{i=0}^{L-1} \sum_{j=0}^{L-1} (i-j)^2 P_{ij} \qquad (8-20)$$

(3) 绝对值：

$$B_v = \sum_{i=0}^{L-1} \sum_{j=0}^{L-1} |i-j| P_{ij} \qquad (8-21)$$

(4) 能量：

$$\text{Energy} = \sum_{i=0}^{L-1} [P_{ij}]^2 \qquad (8-22)$$

(5) 熵：

$$\text{Entropy} = -\sum_{i=0}^{L-1} P_{ij} \log [P_{ij}] \qquad (8-23)$$

式中：P_{ij} 为灰度 i 和 j 同时出现的联合概率。

一般来说，对于表面相对光滑的地物，如池塘、平静的水面等，其二阶灰度特征中的自相关、惯性矩、绝对值和熵相比表面粗糙的地物而言其数值更小，但是能量更大。

8.2.4 SAR 图像纹理特征

SAR 图像纹理与地物目标的表面粗糙度有关，是描述图像某一区域一致性的参数，可以表示图像空间色调的相对变化情况。因此，SAR 图像纹理可以在一定程度上避免图像未校正带来的不利影响，通过提取 SAR 图像的纹理特征并进行分析，可以实现对 SAR 图像信息的有效提取。本小节主要介绍 SAR 图像纹理特征的分类和 SAR 图像纹理特征量两个方面的内容[65]。

1. SAR 图像纹理特征的分类

SAR 图像的纹理可以分为细微纹理、中等纹理和宏观纹理三大类。其中，细微纹理由 SAR 图像固有的斑点噪声特性决定，是一种固有的纹理特征，它以分辨单元为尺度来表示图像空间色调的变化，其特征与图像分辨单元的大小和分辨单元内的独立样本数有关；中等纹理则利用若干个分辨单元来表示图像空间色调的变化情况，是辨别地面目标的重要信息来源之一；宏观纹理是由雷达回波随地形结构特征的变化而形成的图像特征,是地质与地貌解译的重要参考信息。

2. SAR 图像纹理特征量

不同地物目标之间纹理特征的差别是实现地物目标良好分类的重要因素。在地物目标分类等研究中,一般采用图像在局部区域内的纹理特征作为参考依据。常用的图像纹理特征量主要如下。

1) 方向差分特征

方向差分值是图像局部区域内两个非覆盖邻域灰度均值之间的差分结果,其大小可以反映图像局部纹理的疏密程度。若已知两个以像素(x,y)为中心、r为半径的邻域,$A^{(r)}$表示其灰度均值。对于角度θ,定义它们在θ方向上的差分值为

$$D^{(r,\theta)}(x,y) = A^{(r)}(x+r\cos\theta, y+r\sin\theta) - A^{(r)}(x-r\cos\theta, y-r\sin\theta)$$

(8-24)

由式(8-24)可知,方向差分值可以描述图像纹理的方向性。若 SAR 图像某一区域的纹理具有方向性,那么存在方向θ_0,使得该区域图像的方向差分值满足$D^{(r,\theta_0)} > D^{(r,\theta)}$($\theta \neq \theta_0$)。

2) 灰度共生特征

灰度共生矩阵是图像的二阶统计纹理特征,它可以描述图像在某方向上相隔一定距离的一对像元灰度出现的统计规律。假设I是 SAR 图像灰度值的集合,图像的灰度共生矩阵C_d可以定义为

$$C_d[i,j] = |\{[r,c] | I[r,c] = i \& I[r+dr, c+dc] = j\}| \quad (8-25)$$

式中:i 和 j 为 SAR 图像的灰度值;d 是一个位移向量,其中 dr 是行方向的位移,dc 是列方向的位移。

基于灰度共生矩阵,可以计算下列统计量来描述 SAR 图像的纹理特征。

(1) 角二阶矩:

$$\text{ASM} = \sum_i \sum_j \{C_d[i,j]\}^2 \quad (8-26)$$

角二阶矩 ASM 可以描述图像灰度分布的均匀性。当图像局部区域的灰度值分布较均匀时,图像呈现较粗的纹理,对应的 ASM 值较大。

(2) 惯性矩：

$$B_1 = \sum_i \sum_j (i-j)^2 C_d[i,j] \qquad (8-27)$$

若图像局部区域的灰度值分布越均匀，则对应的惯性矩B_1值越小；反之，对应的惯性矩B_1值越大。

(3) 均匀性：

$$\text{HOM} = \sum_i \sum_j \frac{1}{1+(i-j)^2} C_d[i,j] \qquad (8-28)$$

若图像局部区域的灰度值分布越均匀，则对应的均匀性 HOM 值越大；反之，对应的均匀性 HOM 值越小。

(4) 熵：

$$\text{Entropy} = -\sum_i \sum_j C_d[i,j] \log C_d[i,j] \qquad (8-29)$$

若图像局部区域的灰度值分布越均匀，则对应的熵值越小；反之，对应的熵值越大。

8.2.5 影响 SAR 图像特征的因素

SAR 图像是地物目标电磁散射信息在雷达视线方向上的直接反映，受到包括雷达系统参数、观测条件及地物目标特性等多种因素的影响。具体来说，在雷达系统参数方面，不同波段或极化方式下的电磁波对同一地物目标的 SAR 图像存在着较大的差异；在观测条件方面，不同入射角和方位角条件下的电磁波获得的同一地物目标 SAR 图像也会存在明显不同；在地物目标特性方面，不同目标对应的介电常数、导电率和表面粗糙度等存在不同，即使在相同雷达系数参数和观测条件下，获得的 SAR 图像也会存在不同。因此，SAR 测量获得的地物目标散射信息是多种因素综合影响的体现，是一个多变量复杂函数，通常使用地物目标的雷达后向散射系数σ^0来表征。这里主要讨论雷达系统参数、观测条件和地物目标特性对地物目标后向散射系数σ^0的影响，并说明它们是如何影响 SAR 图像的特征的。

1. 雷达系统参数

雷达系统参数对目标后向散射系数σ^0的影响主要表现在电磁波的频率及

极化方式上,不同频率和极化方式下的电磁波获得的地物目标 SAR 图像的特征也不相同。

1) 频率

频率对地物目标散射系数 σ^0 的影响主要通过两个方面来体现:一方面是地物目标的表面粗糙度,另一方面是电磁波对地物目标的穿透性。前者,不同频率的电磁波对应的波长不同,同一地物对于不同波长的电磁波表现出来的表面粗糙度存在不同,而表面粗糙度会直接影响地物目标散射系数 σ^0 的空间分布。根据瑞利准则,当地物表面粗糙度小于 $\lambda/8\sin\theta$ 时,该表面可以认为是光滑的,其中 θ 为入射角,λ 为电磁波的波长。波长 λ 与电磁波频率 f 存在以下关系:$\lambda = c/f$,其中 c 为电磁波在自由空间中的传播速度。因此,同一地物在同样观测条件下,X 波段比 C 波段和 L 波段对地物的表面粗糙度更敏感,也更能描述地物表面的细微特性。后者,由于不同频率的电磁波对应的穿透能力不同,因此同一地物目标散射系数 σ^0 在 SAR 图像上表现出来的强度存在不同。电磁波的波长越长,其穿透能力越强,更适合对地下目标、稠密作物或树木下的隐蔽目标进行探测。相比于 X 波段和 C 波段,L 波段的电磁波穿透性最强,因此对于地下目标探测而言,往往选用 L 波段的电磁波。

2) 极化方式

由于电磁波是横波,相比于纵波(如声波等),在描述其物理特性时,除了幅度和相位之外,还存在一个额外的物理量——极化,即电磁波在传播过程中,电场向量端点随时间在空间中的变化情况。因此,在微波遥感领域,可以将极化看作目标特征的一种载体,而多极化 SAR 则通过采用不同极化方式的电磁波组合有效地增加了系统可获取的地物目标信息量。相比光学和红外图像,其进一步丰富了与目标有关的信息量,这对于准确、全面掌握目标特性有着积极的意义。

极化是电磁波作为横波的一项重要参数,不同极化方式下的电磁波对地物目标的结构信息敏感度不同,即不同极化的电磁波与地物目标相互作用后,表现出的目标散射系数 σ^0 不同。对于同极化方式的电磁波,由于粗糙表面的散射特性为各向同性,因此水平极化和垂直极化的电磁波对其测量的结果差别不大,而光滑表面对应的垂直极化电磁波测量结果比水平极化电磁波的测量结果更大(电磁波近垂直入射的情况除外);对于交叉极化方式的电磁波,同一地物目标的回波强度通常比同极化条件下的回波强度低8~25dB。因此,在对比不同极化条件下获得的SAR图像时,应注意图像灰度值的差异。

此外,地物目标还会对电磁波的极化特性产生影响。例如,水平极化的电磁波与地表相互作用后会形成水平极化和垂直极化两个分量,这是因为地表使电磁波的极化方向产生了一定程度的旋转,这种现象称为去极化。目前的研究表明存在以下4种去极化机理[66]:①由均匀的平滑起伏表面上反射系数的差别引起的准镜面反射;②由非常粗糙的表面引起的多次散射;③由地表趋肤深度层内的非均匀物体引起的散射;④由地物目标本身的各向异性产生的散射。对于第1种情况,随着入射角度的增大(近切向入射除外),交叉极化回波也随之增大,但交叉极化回波的强度相比第2种和第3种情况要弱;对于第2种和第3种情况(近切向入射除外),所有入射角范围内都会产生均匀的交叉极化回波,且第3种情况由于体散射和多路径散射的共同作用,其产生的交叉极化回波强度最强;第4种情况与地物目标本身的电磁散射特性有关。对于体散射而言,无论入射角有多大,交叉极化的回波功率都比同极化回波的功率更大。因此,为获取更多的信息,通常选取交叉极化SAR图像来提取植被覆盖下的地物目标信息。

2. 观测条件

观测条件对目标后向散射系数σ^0的影响主要表现在入射角和方位角上,不同入射角和方位角下获得的地物目标SAR图像的特征存在较大差异。

1)入射角

入射角定义为雷达入射波束与当地大地水准面垂线之间的夹角,是影响SAR图像中叠掩或透视收缩现象的主要因素。根据瑞利准则,入射角的增加会增加地物目标的表面粗糙度,从而使目标散射回波的空间分布范围更广。对于光滑表面,入射角的变化可能造成回波强度25dB以上的变化;对于粗糙表面,通常可以按照入射角的大小,将目标后向散射系数σ^0随入射角度变化的曲线分为近垂直入射区、平直区和近切向入射区 3 个区域。在实际陆地观测时,由于雷达波束的入射角一般处于平直区范围,此时目标后向散射系数σ^0随入射角的变化并不大,因此雷达散射回波的强度变化不大。

2) 方向角

方向角通常也称为雷达的观测视角,同样会对地物目标的散射回波强度产生很大的影响。当雷达照射方向平行于地物目标的方向时,目标的散射回波强度较弱;当雷达照射方向垂直于地物目标的方向时,目标的散射回波强度很强。上述现象对于人工地物、铁路、电力线、桥梁等情况尤为明显。

3. 地物目标特性

地球表面上的各种地物目标在形状、大小、结构、介电常数、表面粗糙度等方面均存在差异,上述差异性会体现在地物目标与电磁波相互作用后的结果中,进而影响地物目标的 SAR 图像特征。下面介绍地物目标特性对 SAR 图像特征的主要影响。

1) 大小

目标大小会影响地物在 SAR 图像上色调灰度值的覆盖范围。相同条件下,大目标相比小目标其成像结果在图像上的覆盖范围更广,也更容易被发现。作为目标本身的物理属性之一,目标大小这一特性在 SAR 图像上能够得到比较直观的体现。但是,在不同的观测角度下,可能会产生同一目标对应的 SAR 图像的覆盖范围差异较大的情况。

2) 形状

由于电磁波对目标的形状特征比较敏感,而大多数人造目标具有非常明显的形状特征,因此在判别目标类型时,目标形状是一项非常重要的参考指标。例如,桥梁在 SAR 图像上往往具有比较明显的长度特征,坦克的炮管、飞机的发动机与机翼、舰船的桅杆等也都具有非常明显的轮廓特征。因此,形状特征对于 SAR 图像判读有着积极的意义。

3) 结构

目标的结构特征在 SAR 图像上往往通过大小、形状和色调等因素来综合体现。对于具有一定高度的地物目标,往往会出现透视收缩、叠掩和阴影等现象,其在 SAR 图像上的形状和色调特征比较明显;对于具有角反射器结构的目标,其在 SAR 图像上对应的色调特征非常明显。不同极化条件下的电磁波对目标结构特征的反映也不相同,如水平极化波的二次反射波强度相比垂直极化波的二次反射波强度更大。此外,由于电磁波具有一定的穿透性,因此 SAR 图像在一定程度上还可以反映地物目标的内部结构特征,如油罐、仓库等。

4) 介电常数

复介电常数是地物目标的重要物理特性之一,主要由表示介电常数的实部和表示损耗因子的虚部两个部分组成。在雷达术语中,介电常数一般指复介电常数的实部,通常用 ε 表示。介电常数是影响微波穿透能力和散射回波强弱的重要因素,会对目标散射系数 σ^0 产生影响。地物目标的介电常数越高,微波对它的穿透能力越弱,其散射的回波强度越强[67]。

影响介电常数大小的因素主要包括地物目标的含水量及其传导率。其中,传导率决定了地物目标对电磁波的散射损耗或衰减程度,一般与电磁波的频率有关。地物目标的传导率越大,其介电常数也越大,对应的目标散射回波能量越强,最终表现在 SAR 图像上的亮度也越高。地物目标含水量的多少直接决定了其介电常数的大小,并与其介电常数成正相关关系。地物目标的含水量越多,其对应的介电常数的值越大。因此,在 SAR 图像解译中,含水量通常被认为是介电常数的代名词。不同种类的地物、不同季节的植被由于含水量不同,在 SAR 图像中表现出的色调也不同,这对于分析植被和土壤的湿度十分重要。

5) 表面粗糙度

表面粗糙度是影响目标后向散射系数 σ^0 的主要因素之一,不同粗糙度的地物在 SAR 图像中对应的亮度也不同。一般来说,粗糙表面在 SAR 图像上是亮色调,而光滑表面是暗色调。地物的粗糙度与地表高度差 h、电磁波波长 λ 和入射角 θ 有关。根据 Peake 和 Oliver 修改后的瑞利判据准则,可以将地物表面分为以下 3 类[63]。

(1) 光滑表面,满足:

$$h < \frac{\lambda}{25\cos\theta} \tag{8-30}$$

(2) 中等粗糙面,满足:

$$\frac{\lambda}{25\cos\theta} < h < \frac{\lambda}{4.4\cos\theta} \tag{8-31}$$

(3) 粗糙面,满足:

$$h > \frac{\lambda}{4.4\cos\theta} \tag{8-32}$$

由式(8-30)~式(8-32)可知,当入射角 θ 很大或电磁波波长很长时,地物表面可近似等效为光滑表面。此时,由于发生镜面反射,导致雷达接收不到来自目标的散射回波,因此在 SAR 图像上表现为暗色调。实际地物中,机场的跑道、平坦的道路和静止的水面等都可以被认为是光滑表面。当地表高度差 h 不满足光滑表面的条件时,可以认为地物表面是粗糙表面。由于粗糙表面上发生的是漫反射,因此在 SAR 图像中表现为亮色调。实际地物中,草地、森林和农作物等一般可以被认为是粗糙表面。

6) 角反射器效应

角反射器是一类具有很强微波散射特性的特殊地物目标,它们通常在 SAR 图像上表现为亮色调。现实生活中的角反射器比较常见,如城市中建筑物的墙体与平整的地面、平静的水面与河岸的堤坝等。角反射器的种类有很多,其中二面角反射器和三面角发射器最为常见。二面角反射器是指由两个相互垂直的光滑表面构成的物体,它能够将入射到其表面的电磁波按入射方向的反方向反射回去,并使电磁波产生 180°的相移。对于二面角反射器,SAR 图像上会出现一条对应于二面角两平面交线的亮线。三面角反射器是指由三个相互垂直的光滑表面构成的物体,它通过三次反射使得入射到其表面的电磁波返回雷达的接收机,同时使电磁波产生 360°的相移。对于三面角反射器,SAR 图像上会形成一个对应于三个面交点的亮点。

对于角反射器而言,其回波强度与它的边长成正比。表 8-1 给出了几种角反射器的边长(或半径) a 与其 RCS 之间的对应关系。

表 8 – 1　几种角反射器的边长与其 RCS 之间的对应关系

角反射器	最大 RCS 值
球	πa^2
方形平板	$4\pi a^4/\lambda^2$
三角形三面	$4\pi a^4/(3\lambda^2)$
方形三面	$12\pi a^4/\lambda^2$
龙贝格透镜	$4\pi^3 a^4/\lambda^2$

虽然角反射器的高散射强度使其在 SAR 图像上呈亮色,比较容易被人眼识别,但是同样也给它们在细节方面的识别带来了困难。为判别其细节,一般需要对未经色阶调整的 SAR 图像进行局部亮度调节,以便观察。

8.3　SAR 图像解译方法

本节主要对 SAR 图像目视解译和计算机辅助解译分别进行介绍。

8.3.1　SAR 图像目视解译

SAR 图像目视解译是一种利用人自身分析与推理能力提取 SAR 图像中有效信息的方法,它一般借助人眼对 SAR 图像进行目视观察,同时凭借图像判读员丰富的解译经验、扎实的专业知识和相关资料,通过人脑的分析、推理和判断,提取图像中目标的有用信息并给出相应的判读解译结果。本小节主要介绍 SAR 图像目视解译的方法与步骤,以及 SAR 图像目视解译过程中需要了解的一些注意事项。

1. SAR 图像目视解译概述

图像解译主要包括两个重要的环节:一是如何实现对图像有效特征的准确提取,二是合理分析与推理出造成上述图像特征的原因。SAR 目视解译的关键就是要学会和掌握如何识别 SAR 图像中地物目标的相应特征,并根据先验知识和合理的逻辑推理获得地物目标的原始信息。目前,SAR 图像目视解译方法主要包括以下几类。

1) 直判法

直判法是指通过 SAR 图像的解译标志,直接确定某一地物目标或现象的存在及相应属性的解译方法。对于 SAR 图像中具有比较明显灰度特征的地物目标,如桥梁、铁路、水体、油罐、输电线等,大多采用直判法进行解译。

2) 对比法

对比法是指通过对比同一区域不同时期的 SAR 图像,同一区域相同时期、不同波长/观测角度/分辨率 SAR 图像的地物目标特征,或者同一区域不同类型的遥感图像,确定地物目标或现象的存在及相应属性的方法。例如,对于农田等具有季节周期性变化的地物目标,可以通过对比其不同时期对应的 SAR 图像判定其对应的作物生长情况;对于森林等具有明显垂直向空间分布特性的地物目标,由于不同波长对应的穿透性不同(X 波段大多对应树冠层的散射特征,L 波段大多对应地表层的散射特征),因此可以根据图像获取树木相应的散射特征及高度,进而判定树木的种类;对于舰船、坦克等人工特征比较明显的地物目标,不同分辨率/观测角度 SAR 图像获得的目标散射特征存在差别,可以根据上述差别获取舰船、坦克的类别和具体型号;对于不同类型的遥感图像,如光学、红外和 SAR 图像,其各自反映的地物目标特性不同,可以通过综合利用上述几类遥感图像对地物目标进行准确解译。

3) 逻辑推理法

逻辑推理法是指通过借助地物目标相互间或地物目标与周围环境之间的相互关系,间接判断某一地物目标或现象的存在及相应属性的方法。该方法最重要的是需要做到逻辑自洽,即如果在判读解译过程中存在多个逻辑关系,应使解译结果尽可能地满足每个逻辑关系,如果逻辑关系间存在冲突,应重点分析产生上述冲突的原因并找到合理的解释。

目视解译一般遵循由宏观到微观、由浅入深、由易到难的顺序逐步展开。在实际应用中,为获得地物目标准确、全面的解译结果,需要综合运用上述多种方法。

2. SAR 图像目视解译步骤

SAR 图像目视解译是一项十分复杂的系统性工程,需要掌握多个学科领域的专业知识和相关经验。SAR 图像目视解译一般包含以下几个步骤。

1）SAR 图像预处理

SAR 图像目视解译中的图像预处理主要是指改善 SAR 图像观测质量，其目的是使调整后的 SAR 图像更加符合判读员的个人视觉习惯。目前，图像目标判读解译的应用类软件，如 ENVI、Photoshop 等，大多可以提供降噪、图像对比度和亮度调整、边缘增强和锐化处理等功能，并且能够提供一定程度的自动化处理。需要注意的是，由于上述软件的通用化设计思想，使得其自动调整后的 SAR 图像视觉效果并不一定最佳，因此在实际的 SAR 图像目视解译中，通常需要判读员根据个人习惯手动调节 SAR 图像，以改善 SAR 图像的观测质量。

2）SAR 图像特征提取

SAR 图像目视解译中对目标特征的提取，是指利用人眼获取 SAR 图像中目标的灰度、形状、大小、阴影、位置和纹理等特征。由于人眼对亮度和对比度的高敏感性，SAR 图像中目标的灰度和阴影特征比较容易被人眼发现，而地物目标的形状、大小和纹理特征主要根据地物目标的灰度和阴影特征的边缘来获取。由于 SAR 图像不可避免地存在斑点噪声，而斑点噪声在一定程度上会模糊目标的边缘，因此斑点噪声严重时会造成判读员对目标形状、大小和纹理的误判，影响最终的判读结果。

3）SAR 图像特征分析

SAR 图像目视解译中的图像特征分析是指结合 SAR 成像原理对人眼提取的地物目标图像特征进行综合分析，以获得该图像特征与地物目标之间的联系并判断其归属。对于具有垂直类结构的地物目标，当电磁波从面向垂直类结构的一侧入射时，容易发生二次散射或多次散射现象，此时由于受到多径现象的影响，使得成像结果在远离目标一定距离的位置处存在强散射现象。如果不了解多径现象在 SAR 图像中的具体表现，很容易将上述强散射现象认为是另一个独立地物目标，导致图像误判。因此，SAR 图像目视解译中如何对图像特征进行合理和有效的分析，很大程度上依赖于判读员的专业背景知识和相关经验，这也是不同判读员判读能力和水平的重要区分点。

4）SAR 图像判读结果整理及分析

SAR 图像目视解译的最后一个步骤就是对 SAR 图像判读之后的结果进行整理及相关分析和总结。该步骤需要将 SAR 图像中重点关注目标的判读结果标绘在图像上以突出显示，并根据任务要求对解译结果进行分析和总结，并编写判读结果说明。

8.3.2 SAR 图像计算机辅助解译

SAR 图像计算机辅助解译是一种利用计算机对 SAR 图像中的有用信息进行自动或半自动提取，并由计算机自身给出相应判读结果的方法。相比于目视解译，计算机辅助解译具有高效、可重复、可长时间持续工作等特点，但是在判读解译的准确性上，其判读解译结果与机器提取图像特征的能力有关。目前，在光学图像的判读解译上，计算机辅助解译方法的准确率已经能够与目视解译相媲美；而在对 SAR 图像的判读解译上，计算机辅助解译的性能还有待进一步提高。传统 SAR 图像计算机辅助解译方法主要通过利用计算机提取的图像特征进行地物目标分类，并对地物目标的类别进行判定。地物目标的特征提取方法、分类方法及判别准则是影响 SAR 图像计算机辅助解译结果准确率的三大重要因素。传统 SAR 图像计算机辅助解译方法由于需要人为设计待提取的图像特征，因此方法扩展性和识别准确率有限。

本小节主要介绍传统 SAR 图像计算机辅助解译方法，包括 SAR 图像计算机分类方法和 SAR 图像判读与解译专家系统。

1. SAR 图像计算机分类方法

SAR 图像计算机分类方法主要可以分为监督分类和非监督分类两大类。其中，监督分类方法根据类别已知的先验知识确定相应的判别函数和判别准则，并对地物目标进行有效分类；非监督分类方法则是在没有类别先验知识的条件下，将具有相似图像特征的地物目标进行聚类处理，然后确认各个类别的实际属性。监督分类和非监督分类方法相关内容参见第 4 章。

2. SAR 图像判读与解译专家系统

SAR 图像判读与解译专家系统通过结合模式识别和人工智能技术，在利用模式识别方法获取地物特征的基础上,应用人工智能技术将SAR图像解译专家的经验和方法集成至计算机,最终由计算机实现对SAR图像的判读与解译。SAR图像判读与解译专家系统主要由以下3个子系统构成。

1) SAR图像处理与特征提取子系统

SAR图像处理与特征提取子系统主要为SAR图像判读与解译专家系统提供数据处理与特征提取功能,具体包括为专家系统提供目标区域的SAR图像,并对图像进行辐射校正、几何校正和地理编码、图像滤波与增强,以及图像分类与特征提取等处理。其中,SAR图像辐射校正用于消除大气、电离层等因素对SAR图像的不利影响,提高多时相SAR图像的解译精度;SAR图像几何校正和地理编码用于校正斜平面成像导致的SAR图像几何畸变现象,增加辅助解译的位置配准精度,为应用其他辅助信息进行SAR图像解译提供基础;SAR图像滤波用于降低斑点噪声对SAR图像的不利影响,减少计算机辅助解译过程中斑点噪声引起的错判和误判;SAR图像增强用于增加地物目标与背景之间的差异,提高计算机对地物目标的检测能力;SAR图像分类与特征提取用于获取SAR图像中地物目标的几何特征、灰度特征和空间特征等。在此基础上,SAR图像处理与特征提取子系统还负责将上述处理结果存储至专家系统的SAR图像数据库中。

2) SAR图像解译知识获取子系统

SAR图像解译知识获取子系统主要负责SAR图像解译专家知识的获取、知识的完整性和一致性检查,以及知识的形式化表示等;同时,将形式化后的专家知识存储至专家系统的SAR图像判读与解译知识库中。

SAR图像解译知识获取子系统获取SAR图像解译知识的能力是决定专家系统性能的重要因素。SAR图像解译知识的获取主要包括以下3个方面:①增加SAR图像解译的新知识;②发现原有SAR图像解译知识的错误或不完备之处,修改原有知识并增加新的SAR图像解译知识;③专家系统根据SAR图像解译结果,自动总结经验、修改错误知识和增加新的SAR图像解译知识。目前,SAR图像解译知识的获取主要集中在前两个方面。

3) SAR图像解译专家子系统

SAR图像解译专家子系统主要包括SAR图像数据库及管理模块、SAR图像判读与解译知识库及管理模块、推理机和解释器等。其中,SAR 图像数据库包含 SAR 图像数据和每个地物单元的不同特征,SAR 图像数据库管理模块主要负责对图像数据库进行管理;SAR 图像判读与解译知识库包含 SAR 图像解译专家知识和背景知识,SAR 图像判读与解译知识库管理模块主要负责对知识库进行管理;推理机主要完成 SAR 图像的判读与解译工作,通过提出假设,并利用知识库中的地物特征进行推理验证,最终给出 SAR 图像的目标判读解译结果;解释器主要完成对推理过程的解释说明。

8.4 SAR 图像解译案例

本节以 SAR 图像舰船目标检测和水体提取为例,介绍计算机辅助解译方法在 SAR 图像解译中的相关应用。

8.4.1 SAR 图像舰船目标检测

舰船是最为重要的一类海洋目标,在国际贸易、世界局势乃至现代战争中都扮演着极其重要的角色。作为一种有效的监视手段,SAR 能够全天时全天候地获取舰船的散射特性和尾迹特征,通过对包含舰船目标的 SAR 图像进行分析,可以实现对舰船目标的有效监视和检测。目前,SAR 图像舰船检测方法包括恒虚警率(Constant False Alarm Rate,CFAR)方法、基于模板的方法、似然比方法、基于小波分解的方法及基于极化分解的方法等。其中,CFAR 方法是应用最广泛的 SAR 目标检测方法。CFAR 方法通过滑窗方式逐一将图像中待检测像素点的灰度值与某一自适应阈值进行比较,以此来实现对目标的检测。其中,阈值是在给定虚警率下对待检测像素周围杂波窗内的杂波进行统计建模而自适应确定的,通过阈值的自适应调节可以达到保持恒定虚警率的目的。

利用 CFAR 进行 SAR 图像舰船目标检测的具体过程如下。

(1) 对 SAR 图像进行预处理,包括多视处理、滤波、地理编码等。

(2) 对含有陆地和岛屿的 SAR 图像进行海陆分割。由于在 SAR 图像舰船检测中陆地区域会产生大量虚警,因此需要将 SAR 图像中的海洋区域提取出来。其具体步骤如下。

① 对图像进行直方图均衡化。直方图均衡化主要用于增强动态范围偏小的图像的反差,可以借助图像的直方图来进行。对于一幅灰度图像,直方图反映了该图像中不同灰度级对应的统计特性,可以表示为

$$h(k) = n_k, k = 0, 1, \cdots, L-1 \tag{8-33}$$

② 使用 Otsu 阈值分割方法进行海陆分割。阈值分割是指将图像中的各个像素以阈值为界划为两类。阈值分割算法主要包括以下两个步骤。

i. 确定阈值。

ii. 比较像素值与阈值的大小,并对像素进行划分。

其中,确定阈值是进行图像精准分割的关键。设原始图像为 $f(x,y)$,分割后的二值图像为 $g(x,y)$,则 $g(x,y)$ 可由下式表示:

$$g(x,y) = \begin{cases} 1, f(x,y) \geq t \\ 0, f(x,y) < t \end{cases} \tag{8-34}$$

式中:t 为阈值。

Otsu 阈值分割方法是一种以最小二乘法原理为基础,利用最大类间方差思想求取最佳阈值的方法。假设原始图像灰度级为 L,灰度为 i 的像素个数为 n_i,图像的总像素为 $M \times N$,则各灰度出现的概率 $p_i = n_i/(M \times N)$。在图像分割中,利用阈值 t 可以将灰度划分为两类:$C_0 \in (0,1,2,\cdots,l)$ 和 $C_1 \in (l+1, l+2, \cdots, L-1)$。

因此,C_0 和 C_1 出现的概率 w_0 和 w_1 可以表示为

$$\begin{cases} w_0 = p_r(C_0) = \sum_{i=0}^{l} p_i \\ w_1 = p_r(C_1) = \sum_{i=l+1}^{L-1} p_i = 1 - w_0 \end{cases} \tag{8-35}$$

C_0 和 C_1 对应的灰度均值 u_0 和 u_1 为

$$\begin{cases} u_0 = \dfrac{(\sum_{i=0}^{l} i \times p_i)}{w_0} = \dfrac{u(t)}{w_0} \\ u_1 = \dfrac{(\sum_{i=l+1}^{L-1} i \times p_i)}{w_1} = \dfrac{[u_T - u(t)]}{(1 - w_0)} \end{cases} \tag{8-36}$$

式中：$u(t) = \sum_{i=0}^{l} i \times p_i$；$u_T = \sum_{i=0}^{L-1} i \times p_i$。

C_0 和 C_1 对应的方差值 σ_0^2 和 σ_1^2 分别为

$$\begin{cases} \sigma_0^2 = \dfrac{\left[\sum_{i=0}^{l}(i-u_0)^2 \times p_i\right]}{w_0} \\ \sigma_1^2 = \dfrac{\left[\sum_{i=l+1}^{L-1}(i-u_1)^2 \times p_i\right]}{w_1} \end{cases} \qquad (8-37)$$

定义类内方差 σ_w^2 为

$$\sigma_w^2 = w_0 \times \sigma_0^2 + w_1 \times \sigma_1^2 \qquad (8-38)$$

定义类间方差 σ_B^2 为

$$\sigma_B^2 = w_0 \times (u_0 - u_T)^2 + w_1 \times (u_1 - u_T)^2 \qquad (8-39)$$

总体方差 σ_T^2 可表示为

$$\sigma_T^2 = \sigma_w^2 + \sigma_B^2 \qquad (8-40)$$

根据式(8-39)和式(8-40)，Otsu 阈值方法的判决准则如下：

$$\eta(t) = \frac{\sigma_B^2}{\sigma_T^2} \qquad (8-41)$$

最佳阈值 t^* 可以表示为

$$t^* = \underset{0 \leq t \leq L-1}{\mathrm{Argmax}} \eta(t) \qquad (8-42)$$

③ 根据最佳阈值 t^* 对原始图像进行二值分割。通过将最佳阈值 t^* 以下的图像像素灰度值置 0，将最佳阈值 t^* 以上的图像像素灰度置 1，可以将 SAR 图像划分为两大区域：水域和非水域。通过上述处理，可以对目标图像进行粗分割，去除图像中的冗余信息，大大减小算法的计算量。

④ 对二值分割后的 SAR 图像进行形态学处理。虽然经过二值分割处理后的 SAR 图像被划分为了水域和非水域两大区域，但是由于噪声和地物阴影的影响，图像上仍然会存在一些毛刺和空洞，有些本应连接在一起的区域也会因为噪声的影响而被割裂开。通过形态学的处理，可以有效消除上述问题。

(3) 利用 CFAR 检测器对海陆分割后二值图像中的海洋区域进行舰船目标检测，得到初步的候选目标。

(4) 根据目标的像素数、长宽比、核密度等特征,去除不符合要求的目标,输出 SAR 图像的舰船目标检测结果。

图 8-9 给出了利用 CFAR 获得的香港地区和山东日照地区的 SAR 图像舰船目标检测结果,图中绿框标识出的区域即为 CFAR 方法检测出的舰船目标。从图 8-9 中可以看出,由于舰船和海水对 SAR 信号的反射特性不同,因此在 SAR 图像中舰船表现为亮目标,而海水表现为暗背景。此外,通过将含有陆地和岛屿的 SAR 图像进行海陆分割,再对获取的海洋区域采用 CFAR 算法进行目标检测,并结合候选目标的长宽比、舰船面积、核密度等多特征剔除虚警目标,有效避免了陆地对舰船目标检测结果的不利影响,提高了舰船目标的检测准确率,成功地检测出了港口附近海域的各类舰船。

(a)   (b)

图 8-9 香港地区和山东日照地区的 SAR 图像舰船目标检测结果

(a) GF-3 聚束模式(SL)(香港地区);(b) TerraSAR 卫星遥感图像(山东日照地区)。

8.4.2 SAR 图像水体提取

考虑到陆地水域的雷达后向散射强度较弱,而植被、城镇等非水体区域的雷达后向散射强度更强,可以采用阈值分割方法,将 SAR 图像中后向散射强度小于阈值的区域划分为水体,反之划分为非水体,实现对陆地水体区域的提取。这里主要介绍基于 KI 阈值分割的 SAR 图像水体信息提取方法。

KI 阈值分割算法是一种经典的、基于最小错误率的贝叶斯理论阈值选取方法,该算法根据图像的概率分布特征求解阈值,利用贝叶斯最小错误率准则选择最优阈值。假设 SAR 图像中的未变化类和变化类分别为 ω_u 和 ω_c,它们对应的先验概率分别为 $P(\omega_u)$ 和 $P(\omega_c)$,像素灰度值集合 $X_1 \in \{0,1,2,\cdots,L-1\}$,则 X_1 属于 ω_u 和 ω_c 的概率分别为 $P(X_1|\omega_u)$ 和 $P(X_1|\omega_c)$。根据全概率公式,X_1 在 SAR 图像中的发生概率可表示为

$$P(X_1) = P(X_1|\omega_u)P(\omega_u) + P(X_1|\omega_c)P(\omega_c) \qquad (8-43)$$

定义 $h(X_1)$ 为 SAR 图像的灰度直方图,$T \in \{0,1,2,\cdots,L-1\}$ 为阈值(根据 T 值可以将 SAR 图像划分为未变化类和变化类两大类)。根据像素灰度值 X_1 和阈值 T,可以计算获得 KI 准则下对应的 SAR 图像分类代价值 $J(T)$ 为

$$J(T) = \sum_{l=1}^{L-1} h(X_1)c(X_1,T) \qquad (8-44)$$

其中,$c(X_1,T)$ 的计算公式如下:

$$c(X_1,T) = \begin{cases} -2\ln P(\omega_u|X_1,T), & X_1 \leq T \\ -2\ln P(\omega_c|X_1,T), & X_1 > T \end{cases} \qquad (8-45)$$

式中:$P(\omega_u|X_1,T)$ 和 $P(\omega_c|X_1,T)$ 分别为给定灰度值 X_1 和阈值 T 下对应的未变化类和变化类的后验概率。

后验概率可由先验概率 $P(\omega)$ 和条件概率 $P(X_1|\omega,T)$ 计算得到,有

$$P(\omega_i|X_1,T) = \frac{P(\omega_i)P(X_1|\omega_i,T)}{\sum_{i \in \{u,c\}} P(\omega_i)P(X_1|\omega_i,T)} \qquad (8-46)$$

将式(8-43)代入式(8-46),有

$$P(\omega_i|X_1,T) = \frac{P(\omega_i)P(X_1|\omega_i,T)}{P(X_1)} \qquad (8-47)$$

当 $J(T)$ 取最小值时,图像的分类误差最小,此时对应的 T^* 即为最佳阈值,有

$$T^* = \mathrm{Arg} \max_{0 \leqslant T \leqslant L-1} J(T) \quad (8-48)$$

假设变化类与未变化类元素都符合高斯分布,省略对代价函数没有影响的数值项,最终得到高斯分布下的判别函数表达式为

$$J(T) = 1 + 2[P_u(T)\ln\sigma_u(T) + P_c(T)\ln\sigma_c(T)] + 2H(\omega, T) \quad (8-49)$$

$H(\omega, T)$ 表示变化类 ω_c 与未变化类 ω_u 之间的熵,其表达式如下:

$$H(\omega, T) = -\sum_{X_1=0}^{T} h(X_1)\ln P_u(T) - \sum_{X_1=T+1}^{L-1} h(X_1)\ln P_c(T)$$

$$(8-50)$$

当阈值 T 给定时,变化类和未变化类对应的后验概率 $P_c(T)$ 和 $P_u(T)$、均值 $u_c(T)$ 和 $u_u(T)$,以及方差 $\sigma_c^2(T)$ 和 $\sigma_u^2(T)$ 可以通过下式进行计算:

$$\begin{cases} P_u(T) = \sum_{X_1=0}^{T} h(X_1) \\ u_u(T) = \dfrac{1}{P_u(T)} \sum_{X_1=0}^{T} X_1 h(X_1) \\ \sigma_u^2(T) = \dfrac{1}{P_u(T)} \sum_{X_1=0}^{T} [X_1 - u_u(T)]^2 h(X_1) \\ P_c(T) = 1 - P_u(T) \\ u_c(T) = \dfrac{1}{P_c(T)} \sum_{X_1=T+1}^{L-1} X_1 h(X_1) \\ \sigma_c^2(T) = \dfrac{1}{P_c(T)} \sum_{X_1=T+1}^{L-1} [X_1 - u_c(T)]^2 h(X_1) \end{cases} \quad (8-51)$$

图 8-10 给出了湖南东北部地区 GF-3 卫星精细成像模式、HV 极化条件下的灰度图像,以及利用 KI 阈值分割法获取的陆地水体信息提取结果。从图 8-10(a)中可以看出,由于陆地和水体对雷达波的后向散射特性不同,它们在图像的灰度值上存在着明显的差异,相比陆地区域,由于水体区域的后向散射强度更低,因此其对应的图像灰度值也更低。图 8-10(b)给出了利用 KI 阈值分割法获取的陆地水体信息提取结果,其中蓝色区域部分是利用 KI 阈值分割法提取得到的水体信息。从图 8-10 中可以看出,SAR 图像中的水体得到了

有效的识别和提取,证明了利用 KI 阈值分割法提取水体信息的有效性。

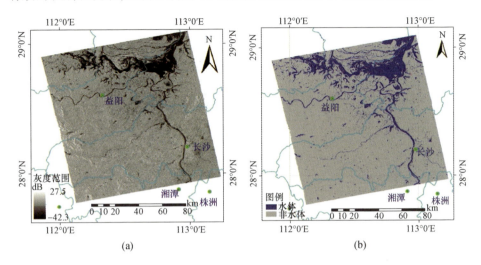

图 8-10　湖南东北部地区 GF-3 卫星遥感图像

(a)精细成像模式、HV 极化条件下的灰度图像;(b)利用 KI 阈值分割法获取的陆地水体信息提取结果。

第9章 多源遥感图像融合处理及解译应用

随着卫星遥感技术的发展,星载传感器获取的数据量越来越大。这些遥感数据从载荷角度包括全色、多光谱、高光谱、SAR 等类型,从波长角度包括可见光、近红外、短波红外、热红外、X 波段雷达、C 波段雷达等类型,从空间分辨率角度包括低分辨率、中等分辨率、高分辨率、超高分辨率等类型,从时间角度包括不同时相的图像。在现实需求下,一张图像往往无法包含足够解决实际问题所需要的信息,但是多类型载荷在同一时间或不同时间对同一场景成像所得到的多张图像则可能包含足够的必要信息。如何对这些多类型的遥感图像进行融合,实现各类图像之间的互补,为卫星遥感图像解译提供新的途径,是遥感应用的重要内容。

9.1 图像融合基础

本节首先介绍图像融合(Image Fusion)的基本概念,然后从像素级融合、特征级融合和决策级融合阐述图像融合的 3 个层次,最后介绍图像融合的基本方法和步骤。

9.1.1 图像融合的基本概念

图像融合属于信息融合(Information Fusion)的范畴。信息融合是指对来自多个传感器获得的多源信息进行多级别、多方面、多层次的处理与综合,从而获得更丰富、更精确、更可靠的有用信息。来自多个传感器的信号提供的信息具有冗余性和互补性,信息融合的目的是最大限度地获取对目标或场景的完整信息描述[67]。

图像融合是以图像为研究对象的信息融合,是指将两个或两个以上传感器在同一时间或不同时间获取的关于某一具体场景的图像或图像序列信息加以综合,以生成新的有关此场景解释的信息处理过程。

多源遥感图像融合是指对多个传感器获取的同一场景的遥感图像或同一传感器在不同时间获取的同一场景的遥感图像进行空间和时间配准,并采用一定的算法将各图像所含的信息优势互补地有机结合起来,产生新图像数据或场景解释的理论和方法。多源遥感图像融合的目的是扩大成像系统工作范围、提高成像系统的可靠性、获取更高效精准的信息描述、降低对单一传感器的性能要求等。

9.1.2 图像融合的3个层次

通常根据图像融合在处理流程中所处的阶段及信息的抽象程度,可以将图像融合分为3个层次:像素级融合、特征级融合和决策级融合[68]。从经过预处理和配准的图像到判断决策,图像融合的步骤包括特征提取、目标识别和判断决策,图像融合的3个层次与这3个步骤相对应,像素级融合是在特征提取之前进行,特征级融合是在目标识别之前进行,决策级融合是在判断决策之前进行。图像融合的层次结构如图9-1所示。

1. 像素级融合

像素级融合是在基础数据层面进行的图像融合,其主要完成的任务是对多源图像中的目标和背景等信息直接进行融合处理。像素级融合是一种基本的融合方式,处于基础层次。像素级融合的优点是融合准确性高,能够提供其他

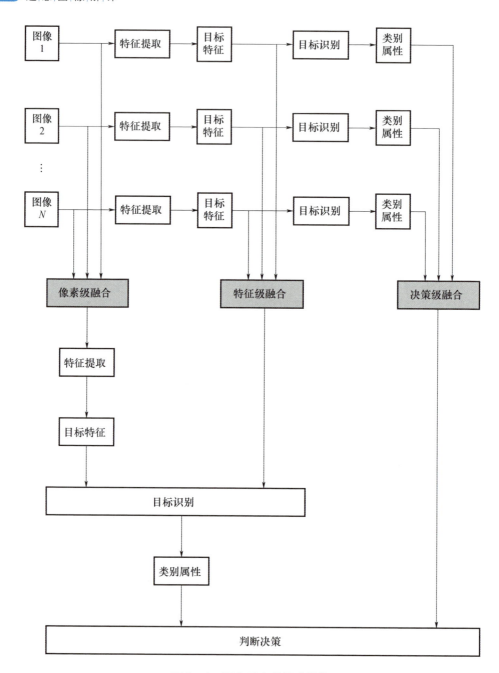

图 9-1 图像融合的层次结构

较高层次的融合处理所不具有的细节信息;缺点是处理信息的数据量大、实时性差、计算成本高,并且通常要求融合数据由同类或差异不大的传感器获得。像素级融合常用的方法包括加权平均法、金字塔融合法、IHS变换法、PCA变换法、小波变换法等。

2. 特征级融合

特征级融合是在特征提取的基础上,对景物信息如边缘、轮廓、形状、纹理等信息进行综合和处理,得到置信度更高的判识结果。特征级融合是处于中间层次的图像融合,其优点是涉及的数据量比像素级融合少,有利于实时处理,并且提供的融合特征与决策分析直接相关;缺点是相对于像素级融合,其精度较差。特征级融合常用的方法包括贝叶斯法、证据推理法、表决法、神经网络法等。

3. 决策级融合

决策级融合是根据一定的准则及每个决策的可信度做出最优决策。在图像融合的3个层次中,决策级融合是最高层次的融合。决策级融合的优点是通信及传输要求低,容错能力强,数据要求低,处理实时性强;缺点是其融合时利用的信息已有很大程度上的丢失,因此其空间和时间精度较低。决策级融合常用的方法包括贝叶斯法、证据推理法、粗糙集理论法等。

上述3种融合的主要特点如表9-1所列[68]。

表9-1 像素级、特征级和决策级融合的主要特点

融合方式	融合层次	信息损失	容错性	抗干扰能力	精度	实时性	计算量
像素级	低	小	差	差	高	差	大
特征级	中	中	中	中	中	中	中
决策级	高	大	优	优	低	好	小

在具体应用中,像素级、特征级与决策级融合并没有哪个更优,而是需要具体情况具体分析。此外,这3个层次的融合并不是完全不兼容的,而是可以联合使用,多层联合的融合也是一个前沿的研究方向。

9.1.3 图像融合的基本方法

图像融合的3个层次中使用到的具体的融合方法或算法包括加权平均法、

金字塔融合法、IHS 变换法、PCA 变换法、小波变换法等,本节简要介绍这些方法的基本原理[67-69]。

1. 加权平均法

大量研究显示,图像中越清晰区域对应的像元强度一般也越大。因此,加权平均法是一种简单的获取清晰输出图像的方法。融合的图像由输入图像对应的像元求取均值得到,即

$$F_{ij} = \frac{A_{ij} + B_{ij}}{2} \quad (9-1)$$

式中:F_{ij} 为融合后的图像;A_{ij} 和 B_{ij} 为待融合的输入图像。

2. 金字塔融合法

金字塔融合法是一类多尺度信号表示方法,通过对图像不断地进行平滑和降采样获得金字塔。通常可以使用低通和带通方式。使用合适的平滑滤波器,不断地对图像进行平滑,并沿各个坐标轴方向进行下采样。每一轮上述操作都会产生一个更小且更加平滑的图像,其空间采样密度也随之不断降低。将上述过程进行图形化,可以发现多尺度表示看起来类似于一个金字塔结构,最原始的图像位于金字塔底部,不断变小的图像通过逐层叠加方式构成一个金字塔结构。基于金字塔的图像融合有拉普拉斯金字塔变换(Laplace Pyramid Transform),其是从高斯金字塔变换(Gaussian Pyramid Transform)演变和逐步发展而来的。

3. IHS 变换法

IHS 变换法是图像融合中具备快速计算能力的一种标准手段。计算机中的数字图形通常使用三原色 RGB 这样的加性颜色组合系统来进行显示。因为人类对于颜色的感知通常来源于 3 个特征——强度、色调和饱和度,所以 HIS 变换法将一幅彩色的多光谱图像从 RGB 颜色空间转换至 IHS 颜色空间。因为 RGB 采用的是直角坐标系,IHS 采用的是柱形坐标系,所以应将正交的 RGB 系统旋转为正交的 IHS 系统,实现颜色空间的转换。强度表示整体的明暗度,或者任意颜色场景下的光亮度;色度成分指的是占据支配地位某个波长的光波;而饱和度描述的是该颜色的纯度。很多文献将 IHS 视作一种三阶方法,因为其

变换核是一个 3×3 的矩阵。全色图像看起来类似于 IHS 表示条件下的强度波段。因此，在融合也即全色锐化过程中，多光谱图像被投射至 IHS 颜色空间，并且强度分量被全色波段替代，通过 IHS 逆变换即可得到融合结果。上述步骤具体描述如下。

（1）将相同区域的低分辨率多光谱图像和高分辨率全色图像进行配准（Co‑Registered），使用重采样方法使得多光谱遥感图像的分辨率与全色遥感图像一致。这通常可以使用双三次插值（Bi‑Cubic Interpolation）实现。

（2）将经过重采样分别表示 RGB 3 个波段的多光谱图像变换为 IHS 对应的成分。此过程可以使用如下公式表示（式中的 V_1 和 V_2 为中间变量）：

$$\begin{bmatrix} I \\ V_1 \\ V_2 \end{bmatrix} = \begin{bmatrix} \frac{1}{3} & \frac{1}{3} & \frac{1}{3} \\ \frac{1}{\sqrt{6}} & \frac{1}{\sqrt{6}} & \frac{-2}{\sqrt{6}} \\ \frac{1}{\sqrt{2}} & \frac{-1}{\sqrt{2}} & 0 \end{bmatrix} \begin{bmatrix} R \\ G \\ B \end{bmatrix} \quad (9-2)$$

$$H = \tan^{-1}\left(\frac{V_2}{V_1}\right) \quad (9-3)$$

$$S = \sqrt{V_1^2 + V_2^2} \quad (9-4)$$

（3）将全色遥感影像与前一个步骤得到的 I 分量进行直方图匹配。此步骤是为了对两幅图像的光谱差异进行补偿，这些差异是由于传感器、数据获取时间及角度的不同导致的。

（4）使用经过直方图匹配后的全色遥感影像替代多光谱遥感影像中的强度成分。新融合多光谱的 RGB 图像能够通过 IHS 至 RGB 的逆向变换得到。IHS 的逆向变换公式如下：

$$\begin{bmatrix} R \\ G \\ B \end{bmatrix} = \begin{bmatrix} 1 & \frac{1}{\sqrt{6}} & \frac{1}{\sqrt{2}} \\ 1 & \frac{1}{\sqrt{6}} & \frac{-1}{\sqrt{2}} \\ \frac{11}{\sqrt{2}} & \frac{-2}{\sqrt{6}} & 0 \end{bmatrix} \begin{bmatrix} I \\ V_1 \\ V_2 \end{bmatrix} \quad (9-5)$$

4. PCA 变换法

PCA 是一种用于降维的统计学工具,该方法也称卡洛南 – 洛伊变换(Karhunen – Loève Transform, KLT)。在一般的理解中,PCA 是一种数据压缩技术,其将具有内部相关性的数据变换为一组新的不相关的成分(PC_1, PC_2, …, PC_n,其中 n 是输入多光谱波段的数量),经 PCA 变换后的成分往往比源数据更具有可解释性。PCA 通过找出使得数据数值方差最大的基函数方向,并将数据在其上进行投影来对遥感图像数据进行分析。第一主成分(PC_1)包含的信息最多,并与全色图像相似,因此可以使用全色数据来对此部分进行替代。最后,通过主成分变换的逆变换得到 RGB。

为了理解 PCA 的作用,通常考虑由两个维度直方图构成的椭圆。旋转光谱空间的坐标轴,改变每个像元在光谱空间中的坐标,确保新的坐标与椭圆的轴平行。此时,最宽的横截面对应于椭圆的长轴,称为数据的第一主成分(PC_1)。PC_1 的方向即为第一特征向量的方向,长度对应于特征值。第二主成分(PC_2)和第一主成分正交,对应椭圆的短轴。因此,PC_2 描述的是数据的最大方差。依此类推,对于 n 维数据,有 n 个主成分,每个主成分都与其他的主成分正交,并且方差按照降序方式进行排列。尽管 PCA 有 n 个输出波段,但它们中的前几个表征了数据最主要的变化。通常来说,PC_1 收集了对于输入数据所有波段具有共性的信息,即空间信息,而光谱信息则可以从其他主成分中获得。

为了计算主成分变换,对数据使用线性变换,这意味着光谱空间中的每个像元都使用线性方程重新计算其坐标。为了进行线性变换,需要从协方差矩阵中计算得到 n 个主成分的特征值和特征向量,如下:

$$\boldsymbol{D} = \begin{bmatrix} D_1 & \cdots & 0 \\ \vdots & \ddots & \vdots \\ 0 & \cdots & D_n \end{bmatrix} \tag{9-6}$$

$$\boldsymbol{E} \cdot \mathrm{Cov} \cdot \boldsymbol{E}^\mathrm{T} = \boldsymbol{D} \tag{9-7}$$

式中:$\boldsymbol{E}$ 为特征向量矩阵;Cov 为协方差矩阵;T 为矩阵的转置;$\boldsymbol{D}$ 为特征值的对角矩阵。

所有的非对角元素都是零,并且非零元素按照从大到小的顺序进行排列。

PCA 变换法引入少量的颜色失真,会影响多光谱数据的光谱响应。无论是 IHS 还是 PCA 融合都遵循相同的原则,即通过线性变换将多光谱的空间信息与光谱信息相分离。IHS 变换将多光谱数据中的空间信息分离为 I 分量。类似地,PCA 使用 PC_1 分离空间信息。PCA 通常会表现出比 IHS 更好的性能,特别是在无法避免的光谱失真方面,失真更加难以被注意到。

5. 小波变换法

使用小波进行变换是对傅里叶变换的一种拓展,并且已经被成功应用于图像融合中。信号被投射到一系列小波函数上,在不改变图像光谱成分的条件下,获取最优分辨率。此种多分辨率方法适合于不同的分辨率,并能够将图像分解为不同种类的系数。将来自不同图像的系数相结合构成新的系数,然后通过逆变换获得融合影像。小波变换能够在时域和频域提供很好的分辨率,并且具备金字塔融合方法具有的增加方向信息的能力。此外,基于小波变换的方法不会产生块状失真效应,具有更好的信噪比及主观感受。基于小波变换的图像融合如图 9-2 所示。

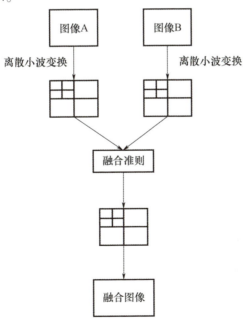

图 9-2 基于小波变换的图像融合

可被称为小波的函数需要满足以下两个基本特性。一是小波函数关于时间的积分必须是 0,即

$$\int_{-\infty}^{\infty} \psi(t)\mathrm{d}t = 0 \qquad (9-8)$$

二是小波函数平方关于时间的积分为单位值,即

$$\int_{-\infty}^{\infty} \psi^2(t)\mathrm{d}t = 1 \qquad (9-9)$$

通过对母小波(Mother Wavelet)进行缩放和平移,可以获得一个小波函数族,即

$$\psi_{a,b}(x) = \frac{1}{\sqrt{a}}\psi\left(\frac{x-b}{a}\right) \qquad (9-10)$$

式中:a 为尺度参数;b 为平移参数。

9.1.4 图像融合的基本步骤

图像融合通常包括 4 个步骤,即图像预处理、图像配准、融合处理和融合效果评价,如图 9-3 所示。

图 9-3 图像融合的基本步骤

1. 图像预处理

图像融合常在不同尺寸、不同分辨率、不同灰度的图像之间进行,在近些年的发展中,其也有在不同类型图像、不同成像机理的图像之间进行。在融合之前,往往需要对获取的图像进行预处理,预处理过程是对图像进行增强的过程,主要包括空间域增强、频率域增强、色彩增强等。

(1)空间域增强是有目的地突出图像上的某些特征,如突出边缘或线性地物;也可以有目的地去除某些特征,如抑制图像上在获取和传输过程中产生的各种噪声。例如,图像边缘增强是针对高分辨率图像进行的,既要尽可能降低噪声,又要使得图像边界清晰,将高空间分辨率图像的空间纹理信息有效融入低空间分辨率图像中。

(2) 频率域增强主要是通过图像滤波进行处理。例如,利用高通滤波获得高分辨率图像的高频纹理信息,以保证在将其与低分辨率图像融合时的高频纹理信息不丢失。

(3) 色彩增强主要是对低分辨率图像进行处理,增加其色彩反差,在不改变低分辨率图像原有光谱信息的基础上使图像的色彩更加明亮,从而把低分辨率图像的光谱信息充分反映到融合图像上。

2. 图像配准

图像配准是将多幅需要融合的图像进行空间配准,即对同一个景物在不同时间、用不同传感器、从不同视角获得的图像,利用图像中共有的景物,通过比较和匹配,找出图像之间的相对位置关系。更准确地说,图像配准的目标就是找到把一幅图像中的点映射到另一幅图像中对应点的最佳变换。由于图像成像条件不同,即使包含同一个物体,在图像中物体表现出来的光学特性、几何特性和空间位置都会有很大的变化,再加上噪声、干扰物体等因素的存在,使得图像有很大的差异。总地来说,同一场景的多幅图像的差别可以表现在不同的分辨率、不同的灰度属性、不同的位置(平移和旋转)、不同的比例尺、不同的非线性变形等方面。为了对场景进行深入分析,需要把两个或者多幅图像融合起来,而实现这些图像的配准则是基本的一步。

一般而言,图像配准方法由以下 3 个部分组成:特征空间、搜索策略和相似性准则。特征空间从图像中提取用于配准的信息,搜索策略从图像转换集中选择用于匹配的转换方式,相似性准则决定配准的相对数值,然后基于这一结果继续搜索,直到找到能使相似性度量令人满意的图像转换方式,如基于灰度信息的方法、基于变换域的方法和基于特征的方法。

3. 融合处理

经过图像预处理和图像配准两个步骤之后,就可以在此基础上对图像进行融合处理。如 9.1.2 小节所述,根据图像融合在处理流程中所处的阶段及信息的抽象程度,图像融合可以分为 3 个层次:像素级融合、特征级融合和决策级融合。根据传感器类型,遥感图像融合包括全色和多光谱遥感图像融合、高光谱和多光谱遥感图像融合等。具体融合方法或算法如 9.1.3 小节所述。

4. 融合效果评价

融合效果评价即对融合的效果进行定性或定量评价。对于不同层次的融合方法,常采用不同的评价指标。例如,对于像素级融合,更多地从视觉效果进行分析比较;而对于决策级融合,则更强调融合对完成任务的帮助作用。尽管融合方法多种多样,但是图像融合的根本目的始终是改善图像质量和丰富图像信息。理想的融合过程既应有对新信息的挖掘引入,也应有对原图像信息的保留。

融合效果评价包括定性评价和定量评价,下面简要介绍这两种评价方式。

(1)定性评价即通常意义上的主观评价,是一种主观性较强的目测方法。在定性评价中,观察者能够凭自己的观察对图像的质量提出相对严格的判断,其对一些明显的图像信息进行评价显得直观、快捷和方便,对一些暂无较好客观评价指标的现象可以进行定性说明。具体而言,可以通过以下内容进行判断:①判断图像配准的精度,如果配准不好,融合后的图像会出现重影;②判断融合图像的整体色彩分布,如果能够与天然色彩一致,则融合后的图像色彩符合真实色彩;③判断融合图像的整体亮度和色彩反差,如果不合适,则会出现蒙雾或斑块;④判断融合图像的纹理和彩色信息是否丰富,如果光谱与空间信息在融合过程中有丢失,则融合图像会显得比较平淡;⑤判断融合图像的清晰度,如果清晰度降低,则边缘会变得模糊。

(2)定量评价根据某些可计算的指标来进行,通常采用两种评价方法,即降分辨率评估和全分辨率验证。降分辨率评估使用比原始图像更低的分辨率进行评估,使用原始的多光谱图像作为参照图像,和很多广泛应用的指数配合使用,对结果进行精准的评估。但是,降分辨率图像和原始尺度图像之间可能会存在错配问题,其性能与所使用的降分辨率方法直接相关。全分辨率验证使用无需参照图像的质量指数,仅需原始尺度图像和其对应的全色锐化结果。此处操作是直接作用在原始尺度的图像上的,但是可能会因为索引的定义出现偏差。因为客观评估方法往往是次优的,所以对融合结果进行目视检测仍然非常有必要。

评价图像融合效果时,往往可以使用如下指标。

1)熵

图像的熵是衡量图像信息丰富程度的一个重要指标。融合前后,图像的熵势必会发生改变。根据香农信息论,图像的熵表示如下:

$$H = -\sum_{i=0}^{L-1} p(i) \log_2 p(i) \quad (9-11)$$

式中:$p(i)$为灰度级i的概率;L为图像总共的灰度级,待分析图像灰度的动态范围为$[0, L-1]$。

如果融合后图像的熵比融合前要高,就表明信息提升,且融合效果提升。

2)互信息

互信息对从源图像到融合后图像的信息进行测算,如果此值增大,则表明融合图像具有更丰富的信息。通常两个随机变量之间的互信息可以通过下式进行计算:

$$\mathrm{MI}_{XY}(x,y) = \sum_{x,y} P_{XY}(x,y) \log \frac{P_{XY}(x,y)}{P_X(x) P_Y(y)} \quad (9-12)$$

式中:X和Y为随机变量,它们对应的边际概率分布分别为$P_X(x)$和$P_Y(y)$;$P_{XY}(x,y)$为混合概率密度。

3)相关系数

相关系数计算原始图像和融合图像的相关度,通过下式进行计算:

$$\mathrm{CC} = \frac{\sum_{i=1}^{M} \sum_{j=1}^{N} [F(i,j) - \bar{F}][X(i,j) - \bar{X}]}{\sqrt{\sum_{i=1}^{M} \sum_{j=1}^{N} [F(i,j) - \bar{F}]^2 \sum_{i=1}^{M} \sum_{j=1}^{N} [X(i,j) - \bar{X}]^2}} \quad (9-13)$$

式中:X和F分别为大小为$M \times N$的源多光谱图像和融合图像。

当源多光谱图像和融合图像一致时,相关系数为1。

4)标准差

当不存在噪声时,标准差(Standard Deviation)更为有效。标准差测量融合图像的对比度,具有高对比度的图像具有较大的标准差。标准差的计算公式如下：

$$\sigma = \sqrt{\sum_{i=0}^{L} (i - i')^2 h_I(i)}, \cdots, i' = \sum_{i=0}^{L} i h_I \quad (9-14)$$

式中：$h_I(i)$ 为融合图像 $I(x,y)$ 的归一化直方图；L 为直方图的级数。

5）均方差

均方差(Mean Square Error, MSE)的计算公式如下：

$$\text{MSE} = \frac{1}{mn} \sum_{i=1}^{m} \sum_{j=1}^{n} (A_{ij} - B_{ij})^2 \quad (9-15)$$

式中：A 为参考图像；B 为待评估的融合图像；i 为行值索引；j 为列值索引；m 为总行数；n 为总列数。

6）均方根误差

均方根误差(Relative Mean Square Error, RMSE)是测量参考图像和融合图像差异的另一种标准测量方法，其计算公式如下：

$$\text{RMSE} = \left(\frac{\sum_{i=1}^{M} \sum_{j=1}^{N} [I_R(i,j) - I_F(i,j)]^2}{M \times N} \right)^{\frac{1}{2}} \quad (9-16)$$

式中：$I_R(i,j)$ 和 $I_F(i,j)$ 分别为参考图像和融合图像的像元值；$M \times N$ 为图像的尺寸。

更大的 RMSE 值表明参考图像和融合图像之间存在更大的差异。RMSE 的主要缺点在于各个波段的误差无法与各个波段的均值进行关联。

7）相对平均光谱误差

估计融合图像整体的光谱质量，可使用百分比形式的相对平均光谱误差(Relative Average Spectral Error, RASE)。RASE 反映了图像融合在光谱波段的平均性能，其计算公式如下：

$$\text{RASE} = \frac{100}{M} \sqrt{\frac{1}{N} \sum_{i=1}^{N} \text{RMSE}^2(B_i)} \quad (9-17)$$

式中：M 为原始多光谱 N 个光谱波段(B_i)的平均辐射亮度；RMSE 为计算得到

的均方根误差。

8) ERGAS 指数

相对无量纲全局误差指数(Errur Relative Globale Adimensionnelle de Synthèse, ERGAS)为相对整体合成误差。ERGAS 指数为评价全色锐化全局的有效指标,其计算公式如下:

$$\text{ERGAS} = \frac{100}{R}\sqrt{\frac{1}{N}\sum_{k=1}^{N}\left[\frac{\text{RMSE}(I_k, J_k)}{\mu(I_k)}\right]^2} \quad (9-18)$$

式中:RMSE 的含义如前所述;μ 为图像的均值。

因为 ERGAS 由 RMSE 值的和构成,所以越小的 ERGAS 值表征融合效果越好,且最优条件下的值为 0。

9) 峰峰信噪比

峰峰信噪比(Peak To Peak Signal To Noise Ratio, PSNR)计算信号最大功率及影响信号保真度噪声的最大功率之比。PSNR 的计算公式如下:

$$\text{PSNR}(\text{dB}) = 20\log\frac{255\sqrt{3MN}}{\sqrt{\sum_{i=1}^{M}\sum_{j=1}^{N}[B'(i,j) - B(i,j)]^2}} \quad (9-19)$$

式中:B 为参照图像;B' 为待评估的参照图像;i 为行值索引;j 为列值索引;M 为总共行数;N 为总共列数。

10) 通用图像质量指标或 Q 指数

通用图像质量指标(Universal Image Quality Index, UIQI)计算得到一个标量值,克服了 RMSE 的一些局限性,其计算公式如下:

$$Q(I, J) = \frac{\sigma_{IJ}}{\sigma_I \sigma_J} \frac{2\bar{I}\bar{J}}{(\bar{I})^2 + (\bar{J})^2} \frac{2\sigma_I \sigma_J}{\sigma_I^2 + \sigma_J^2} \quad (9-20)$$

式中:σ_{IJ} 为样本 I 和 J 的协方差;$\bar{I}$ 为样本 I 的均值,其值在[-1,1]范围内变化,取值为 1 时表明图像与参照图像最为相似。

考虑到光谱失真,将 Q 指数(Q-index)进行向量拓展,成为包含 4 个数值的 Q4 向量指数。Q4 向量指数的变化范围为[0,1],取值为 1 时表示效果最佳。

11) 空间频率

空间频率(Spatial Frequency, SF)用于衡量图像整体的活动级,其计算公式如下：

$$\mathrm{SF} = \sqrt{(\mathrm{RF})^2 + (\mathrm{CF})^2} \qquad (9-21)$$

式中：RF 和 CF 分别为行频率和列频率。

RF 和 CF 的计算公式如下：

$$\mathrm{RF} = \sqrt{\frac{1}{MN} \sum_{i=1}^{M} \sum_{j=2}^{N} [I(i,j) - I(i,j-1)]^2} \qquad (9-22)$$

$$\mathrm{CF} = \sqrt{\frac{1}{MN} \sum_{i=1}^{M} \sum_{j=2}^{N} [I(i,j) - I(i-1,j)]^2} \qquad (9-23)$$

12）光谱角度匹配

光谱角度匹配（Spectral Angle Mapper，SAM）通过对全局图像求取平均值，测量光谱失真度。将每个光谱视作一个坐标轴，可以计算融合图像与参考图像相应像元之间的夹角。令 $I_{\{n\}} = \{I_{1,\{n\}}, \cdots, I_{N,\{n\}}\}$ 为具有 N 个波段的多光谱图像 I 中的一个像元向量，$I_{\{i\}}$ 和 $J_{\{j\}}$ 之间的 SAM 可以使用下式进行计算：

$$\mathrm{SAM}(I_{\{i\}}, J_{\{i\}}) = \arccos\left(\frac{\langle I_{\{i\}}, J_{\{j\}} \rangle}{\|I_{\{i\}}\| \|J_{\{i\}}\|}\right) \qquad (9-24)$$

式中：$\langle I_{\{i\}}, J_{\{j\}} \rangle$ 为点积；$\|I_{\{i\}}\|$ 为向量的 l_2 范数。

当不存在光谱失真时，取得最优 SAM 值，等于 0。但是，这种情况下可能存在辐射度失真（两个向量虽然彼此平行，但是具有不同的长度）。

扩充光谱角度匹配（Expanded Spectral Angle Mapper，ESAM）是对 SAM 的进一步改进，其对两幅图像的不同之处更为敏感，只有当两幅图像完全相同时值才会为 0；而 SAM 在两幅图像相似且不相同的条件下，取值也可能是 0。ESAM 通过每个单独的像元测量信息，并且不考虑与邻近像元的关系，这些关系对结构和纹理信息更为重要。

9.2 多源遥感图像空谱融合理论和方法

空谱融合是常见的图像融合类型，本节介绍高空间和高光谱分辨率空谱融合的基本原理和方法。

9.2.1　高空间和高光谱分辨率遥感图像融合概述

随着航天技术的发展,遥感卫星在获取高空间分辨率、高光谱分辨率、高时间分辨率图像方面取得了长足的进步。卫星遥感图像在空间分辨率、光谱分辨率方面存在的差异是星载光学系统设计在空间分辨率、光谱分辨率上折中的结果。多光谱遥感图像和高光谱遥感图像分别是高空间分辨率和高光谱分辨率的典型图像,但是空间分辨率和光谱分辨率是相互矛盾的,原因在于多光谱传感器接收入射光的光谱范围较宽,获取的地物辐射能量较多,相应的空间分辨率较高;高光谱传感器通过分光设计获取整个可见光、红外波段的多且窄的光谱信息,在给定信噪比条件下,高光谱传感器获得较高光谱分辨率的同时,往往意味着付出低空间分辨率的代价。

目前,越来越多的遥感卫星采用全色、多光谱、高光谱传感器同时对地成像。例如,美国2001年发射的 Earth Observing-1(EO-1)卫星携带了高光谱成像光谱仪(Hyperion)和先进的陆地成像仪(Advanced Land Imager,ALI),其中 ALI 获取的9个波段多光谱图像和单波段图像的空间采样间隔分别为30m 和10m,Hyperion 是一个具有30m 采样间隔和220个光谱波段(400~2500nm)的高光谱相机。因此,EO-1卫星能获取同一场景的全色、多光谱、高光谱图像数据。此外,意大利和以色列航天机构联合推出的地球观测计划"星载高光谱应用于陆地和海洋的任务"(SHALOM)开拓了高光谱和全色融合的新前景,该计划中的高光谱数据空间采样间隔为10m,幅宽为10km,光谱范围为400~2500nm,标称光谱分辨率为10nm,全色数据的空间采样间隔为2.5m。

实际应用中往往需要兼具高空间分辨率的高光谱分辨率图像,高光谱和多光谱图像融合是解决这一问题的有效途径。将光谱分辨率较高的高光谱图像与空间分辨率较高的多光谱图像进行融合,不仅能够保持高光谱图像的光谱物理特性和波形形态,而且还能大幅度改善高光谱图像的空间解析特性,融合后的图像仍可为超多波段的图像数据,且具有可定量分析的波谱形状,有利于图像解译等后续处理,具有较强的实用价值。

9.2.2 谐波分析原理和方法

随着遥感数据源的日益丰富,越来越多的多光谱和全色图像可被用来进行融合处理。从多源图像空谱融合的空间信息融入度和光谱信息保真度的角度出发,基于谐波分析(Harmonic Andlysis,HA)的多源图像空谱融合技术能够解决高光谱图像空间分辨率不足的问题,并且可有效地利用多光谱或全色波段图像高空间分辨率的优点。多源图像空谱融合技术的理论基础是谐波分析,融合后的图像继承了多光谱的高空间分辨率和高光谱的高光谱分辨率的特点。基于谐波分析的多源图像空谱融合算法克服了融合后数据保真度不高和普适性低的问题,可以与全色波段、单波段和多光谱图像兼容处理,并能获得很好的融合效果,从而克服了高光谱数据空间分辨率低的缺陷。图像融合结果无论是在空间解析特性的空间信息融入度方面,还是在光谱物理特性和波形形态的保真性方面都有较高的保持效果,尤其在光谱曲线波形形态的保持方面与原始图像的光谱曲线达到了完美吻合。

谐波分析(Harmonic Analysis,HA)最初由 Jakubauskas 等提出并较多地应用于电力系统的信号监测等。在高光谱图像信息处理方面,多次谐波分析能将高光谱图像中每个像元光谱信息表达成一系列谐波余项、相位和振幅的能量谱等正(余)弦波叠加之和。另外,经过谐波分析之后的低次谐波占据了波谱的主要能量特征,高次谐波却往往夹杂着噪声信息,振幅和相位也相应代表着波谱的局部特征信息。谐波分析可以将任何连续的周期曲线 $f(t)$ 表示成傅里叶级数形式。高光谱遥感图像具有极高的光谱分辨率,光谱分辨率只有几十甚至几纳米,图像中包含丰富的波段信息,如此多的波段使得像元在每个波段的灰度值可以表示为一条连续的曲线。由于每个像元在各个波段处的光谱值是一条连续的曲线,因此利用图像连续的光谱曲线 $v(s)$ 来代替时间序列曲线 $f(t)$,即可用正(余)弦波相叠加的形式来表示光谱曲线 $v(s)$,像元光谱曲线经过谐波分解后产生谐波余项、谐波振幅与谐波相位3项系数。将谐波分解分量进行重构,得到逆谐波分析的重构图像,能有效地消除光谱中存在的高频噪声,且对光谱有良好的平滑作用。

高光谱图像的谐波分析以离散像元为处理单元,设 $P_{x,y}$ 为高光谱图像上第

x 行第 y 列的一个像元,该像元在各波段(n)上的光谱值用 Value(n) 表示,则其光谱向量可表示为 Value(x,y) = $[v_1, v_2, v_3, \cdots, v_N]^T$。

将谐波分析公式中的周期用波段总数 N 替换,时间用波段号 n 替换,即可将谐波分析理论应用到高光谱遥感图像处理中,即

$$\text{Value}(n) = \frac{A_0}{2} + \sum_{h=1}^{\infty} \left[A_h \cos(2h\pi n/N) + B_h \sin(2h\pi n/N) \right] \quad (9-25)$$

$$= \frac{A_0}{2} + \sum_{h=1}^{\infty} \left[C_h \sin(2h\pi n/N + \phi_h) \right]$$

$$A_h = \frac{2}{N} \sum_{t=1}^{L} \left[\text{Value}(n) \cos(2h\pi n/N) \right] \quad (9-26)$$

$$B_h = \frac{2}{N} \sum_{t=1}^{L} \left[\text{Value}(n) \sin(2h\pi n/N) \right] \quad (9-27)$$

式中:N 为高光谱图像中的波段总数;n 为高光谱图像的波段号;$A_0/2$ 为像元 $P_{x,y}$ 的谐波余项,表示高光谱图像经 h 次谐波分析后光谱的平均值。

基于谐波分析的多源图像空谱融合技术流程如图 9-4 所示。

为保证得到良好的多源图像空谱融合效果,待融合的高光谱图像和高分辨率图像获取时间应一致或尽可能接近,且两景图像的空间位置需配准后再进行融合处理。其具体步骤如下。

（1）依据式（9-25）对预处理后的高光谱反射率数据进行最佳分解次数的谐波分析,获得谐波振幅、谐波相位和谐波余项 3 个分量。

（2）对高空间分辨率图像进行预处理,获得与高光谱图像级别相同的反射率数据,并配准裁剪至与高光谱图像空间位置和范围一致。

（3）用裁剪获得的高分辨率图像的反射率数据（单波段、全色波段或者多光谱）替换谐波分解后的谐波余项分量,多光谱数据需计算各波段均值后再替换谐波余项分量。

（4）依据替换谐波余项的高空间分辨率数据,获取相同空间位置的高光谱图像经过谐波分析的谐波振幅和谐波相位,并将相同空间位置的各个分量再根据式（9-26）和式（9-27）进行谐波逆变换,从而获得多源图像空谱融合图像。

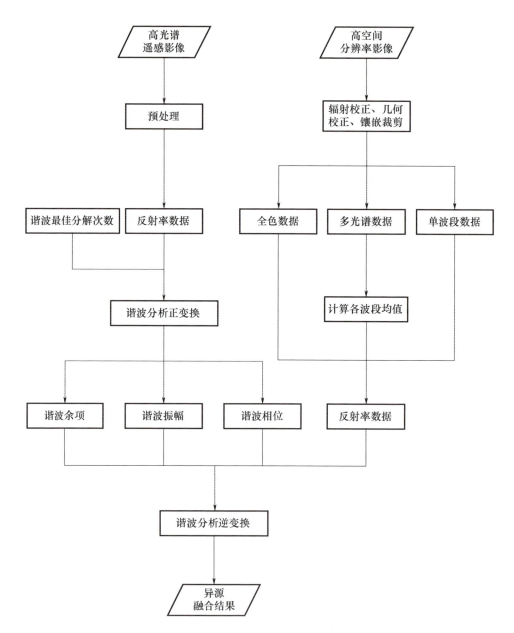

图9-4 基于谐波分析的多源图像空谱融合技术流程

9.3 多源遥感图像空谱融合及其解译应用

本节将结合实例,介绍空谱融合方法的具体应用。

9.3.1 多源遥感图像数据

基于国产遥感图像处理软件 PIE,利用基于谐波分析的多源图像空谱融合技术,分别对 30m Hyperion 高光谱图像与 15m Landsat 8 多光谱图像、100m HJ-1A 高光谱图像与 30mHJ-1A CCD B3 波段图像进行融合。

9.3.2 多源遥感图像空谱融合及分析

融合前后的图像空间效果及光谱保真度对比如图 9-5 和图 9-6 所示。

谐波分析在提供新颖的频率域分析方法的同时,还具有降低光谱高频噪声和高保真度降维等特点。通过图 9-5 和图 9-6 可以发现,基于谐波分析技术的多源图像融合可以将不同传感器的全色波段、单波段、多光谱等高空间分辨率图像与低空间分辨率的高光谱图像进行融合,生成具备高空间分辨率的高光谱图像。同时,通过对比高光谱图像融合前后像元的光谱曲线可以发现,生成的图像信息融合完全,融合图像的空间信息和光谱信息保真度高,能够在保持光谱特效的前提下有效地提升高光谱图像的空间分辨率。

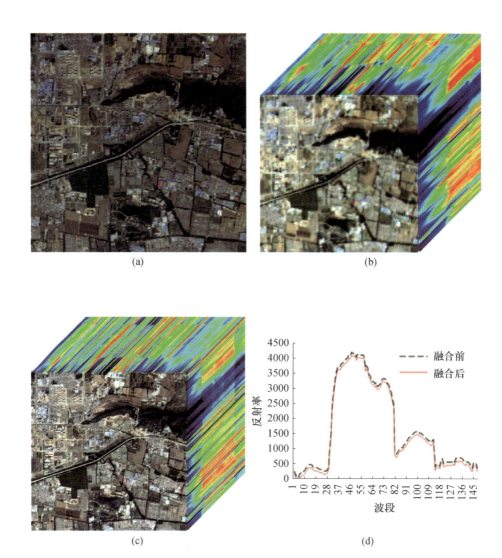

图9-5 多光谱与高光谱图像异源空谱融合样例结果

(a)15m Landsat 8 多光谱图像;(b)30m Hyperion 高光谱图像;
(c)15m 空谱融合图像;(d)融合前后相同位置光谱保真度对比。

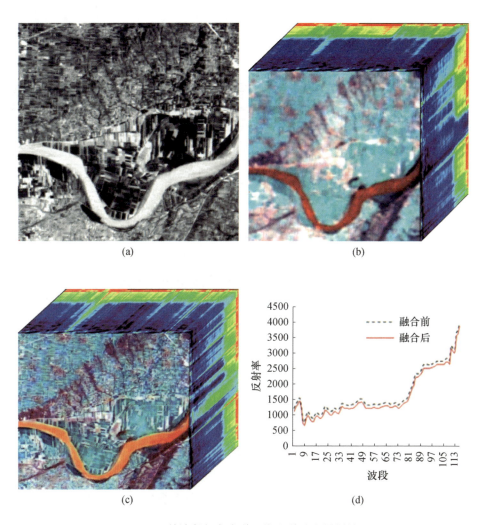

图 9-6 单波段与高光谱图像空谱融合样例结果

(a)30m HJ-1A CCD B3 波段图像;(b)100m HJ-1A 高光谱图像;
(c)30m 空谱融合图像;(d)融合前后相同位置光谱保真度对比。

第 10 章

人工智能卫星遥感图像解译及应用

早期的遥感图像计算机辅助解译主要依靠传统的人工设计特征加浅层分类器的方案,由于特征提取、样本数据、计算能力的限制,解译的效率和精度有限。近年来,人工智能技术快速发展,为卫星遥感图像解译提供了新的方法和途径,促进了卫星遥感图像解译向自动化、智能化方向迈进,卫星遥感图像解译效率显著提高。本章主要阐述遥感图像智能解译基础、面向对象的图像分析方法和基于深度学习的方法在遥感图像解译中的应用。

■10.1 遥感图像智能解译基础

智能解译能够实现遥感图像信息的智能化自动提取,本节介绍智能解译基本概念、方法和发展趋势。

10.1.1 智能解译基本概念

遥感图像智能解译是对遥感数字图像运用计算机视觉、机器学习等技术,以及人类视觉信息处理机理、视觉认知科学、生物神经网络等其他学科理论,实现专题情报信息的智能化获取,其基本目标是遥感图像的智能化理解。这里的解译是从语义角度出发的,从图像中感兴趣区域及它们之间的关系来进行图像理解,从而实现遥感图像蕴含信息的智能化自动提取。

与传统的遥感图像处理和分析技术相比,遥感图像智能解译具有鲜明的特点:其目的在于检测图像中的目标,并且描述它们之间的结构和相互关系,而不仅仅是简单地对单个像素或基元标注类别名称。知识的获取、表达和运用是遥感图像智能解译成功与否的关键。

总之,遥感图像智能解译是利用计算机模拟人脑对遥感图像内容的认知过程,以图像为对象,以知识为核心;在传统判读方法的基础上,引入人工智能、计算机视觉、认知学等多种计算理论与方法,综合目标特性等辅助信息,实现对图像结构、尺度、大小、形态等空间和属性信息的提取及描述;能够根据知识库进行高层语义逻辑的推理,得到更加复杂、动态的目标空间分布信息,进而达到比认知更高一个层次的决策分析过程。

10.1.2　常用智能解译方法

常用的智能解译步骤和方法如下。

(1) 面向对象的图像分析:高分辨率遥感图像阴影检测方法,图像分割方法,基于边缘信息的聚类分析方法,综合纹理、形状和光谱信息的遥感图像分割方法。

(2) 提取图像对象特征:高分辨率遥感图像特征提取、选择与降维,中等复杂度的图像块特征提取及分析,高分辨率遥感图像纹理的稀疏表示与分析,图像对象的特征分析,共享特征及提取,层次流形学习与降维,层次流形学习分析与评价。

(3) 图像对象词包表示与主题模型:基于词包模型的遥感图像对象表达、视觉单词的构建、主题模型的选择、主题模型的分析与评价。

(4) 遥感图像相似性对比及其检索:心理学相似性检索、图像特征比率模型相似性检索、基于光谱特征对比相似性检索。

(5) 遥感图像目标检测与识别:视觉注意机制、变换域显著性分析、旋转不变霍夫森林目标检测方法。

(6) 高空间分辨率遥感图像分类:基于特征分类器的模式分类方法、可调节的 k - 局部特征线分类方法、基于压缩凸包的遥感图像分类方法、基于局部软性仿射包的遥感图像分类方法、基于条件纹元森林的遥感图像分类方法、基于拓扑权重的面向对象分类精度评价方法。

传统的解译方法一般需要人工介入,而基于监督学习、半监督学习的传统解译方法需要人为预设好某个特征,进行训练后才能用于解译,其训练结果的优劣很大程度上取决于预设特征选取的好坏。在这方面,深度学习具有独特优势,其不需要预设好特征,可以直接使用大量数据进行训练、自我学习,自动寻找特征用于图像解译。

深度学习的实质是通过构建具有很多隐层的机器学习模型和使用海量的训练数据来学习更有用的特征,从而最终提升分类识别的准确性。因此,深度模型是手段,特征学习是目的。区别于传统的浅层学习,深度学习的不同在于:①强调了模型结构的深度,通常至少有 5 层、6 层,甚至超过 10 多层的隐层节点;②明确突出了特征学习的重要性,即通过逐层特征变换,将样本在原空间的特征表示变换到一个新特征空间,从而使分类识别更加容易。与人工构造特征方法相比,利用大数据自动学习特征更能刻画数据丰富的内在信息。

遥感图像具有尺寸大、内容多、分割难度大等特点,很难找到有效的预设特征。深度学习能够极大地提高开发效率,使得其在遥感图像解译众多技术中脱颖而出。因此,将其引入遥感图像解译中,能够全方面提升遥感图像的智能化处理、分析能力,可提供更多更深层的信息洞察能力,同时还兼具快速迭代能力和丰富的场景适用性。深度学习可应用于包括目标检测、变化检测、路网提取、云雪检测、水体提取、土地利用类型分类、建筑物提取等多个遥感应用场景。

10.1.3 智能解译发展趋势

当前卫星数据获取能力不断增强,但数据信息的智能化提取水平还相对较低:从数据获取到信息提取再到应用产品过程中人工干预较多,信息提取尤其是知识获取(数据解译)等遥感应用工作主要以专业人员目视解译为主,数据利用率低,信息服务难以保障时效性。

国外已出现成熟的具备智能化目标解译能力的遥感应用系统,其具备目标自动检测识别、多时相目标变化检测等能力。国内目前的智能化解译尚处于探索阶段,实现了部分目标,如飞机、舰船检测能力,能够辅助人工判读,但无法完全替代人工目标解译判读。

在美国国防部大力推进人工智能军事应用的背景下,将以深度学习为代表的人工智能技术引入卫星遥感图像智能分析处理成为发展趋势。2017年,美国国家地理空间信息局(National Geospatial-Intelligence Agency,NGA)前局长指出:"5年后,NGA处理的数据将是当前的100万倍;20年后,为了应对海量数据的分析处理,NGA需要超过800万名分析人员。"

随着人工智能技术的发展,利用机器学习技术实现卫星遥感图像、信号的智能化分析成为可能。通过高标准识别库、高水平处理算法和高质量勘误能力,可以提高卫星遥感图像处理的自动化程度,减少人力参与成本。卫星遥感图像的自动化处理及目标的智能化解译将极大地缩短情报生产周期。

利用深度学习、迁移学习等相关技术,可提升天基节点在轨处理、管控、服务等能力,发展从数据获取与分析、任务决策与规划到情报生成与推送"全链路自主智能"的航天技术,实现星间自主任务协同、星上实时处理分发,减少任务环节,缩短链条长度。同时,利用深度学习、群体智能、人机混合智能等先进人工智能技术,有望系统性地突破在轨数据智能解译与自动情报生成、多源侦察情报信息融合与智能认知、信息精准推送与智能分发、人-星协同智能增强等关键技术,构建具有自主智能、高效协同、群体智慧涌现特征的新型天基信息支援体系,满足面向未来天基信息支援系统智能化、自主化运行,网络化、体系化协同,态势高效感知、智能认知,信息支援敏捷、精准的应用需求。

10.2 面向对象的图像分析方法在遥感图像解译中的应用

10.2.1 面向对象的图像分析原理

随着智能化科技的不断发展,遥感分析已经慢慢从摄影测量和定量反演方法迈进人工智能领域,一大批新方法、新突破正在改变和影响着遥感解译和信息提取。基于像素的图像分析已不能满足高分辨率遥感图像解译的需要,面向对象的图像分析(Object – Oriented Image Analysis, OOIA)已成为高分辨率遥感图像解译的重要方法[70]。

面向对象的遥感分类方法是一种基于目标的分类方法,这种方法可以充分利用高分辨率图像的空间信息,综合考虑光谱统计特征、形状、大小、纹理、相邻关系等一系列因素,得到较高精度的信息提取结果。面向对象的遥感分类方法最大的特点是分类的最小单元是由图像分割得到的同质图像对象(图斑),而不再是单个像素,因此该方法的关键是要有鲁棒性好的多尺度图像分割技术。

在面向对象的遥感图像分类技术出现以前,遥感图像处理大都是针对像素进行操作的。由于遥感图像光谱信息极其丰富,地物间光谱差异较为明显,因此在20世纪90年代以前,对基于像素的传统遥感图像处理方法研究较多。然而,对于只含有较少波段的高分辨率遥感图像,传统的分类方法会造成分类精度降低,并且常常伴随椒盐噪声,不利于空间分析。因此,有学者开始研究面向对象的分类技术,目前已在高分辨率遥感图像处理领域取得了很好的效果。

对于图像分类来说,基于像元的信息提取是对每一个像元根据其本身特性进行分类,这种分类方法使得具有明显纹理特征的高分辨率数据中的单一像元没有很大的价值。图像中地物类别特征不仅由光谱信息来刻画,在高分辨率数据中还通过纹理特征来表示。此外,背景信息在图像分析中尤为关键,如城市绿地与某些湿地在光谱信息上十分相似,在面向对象的图像分析中只要明确城市绿地的背景,就可以轻松地区分绿地与湿地,而在基于像元的分类方法中却无法利用背景信息。面向对象的图像分析技术是在空间信息技术长期发展过程中产生的,在遥感图像分析中具有巨大的潜力。面向对象的处理方法中最重要的一部分是图像分割技术。

面向对象的图像分析工作流程分为3步:①图像分割;②图像分析分类与评估;③针对某个具体的类别进行精细化操作,如形状修复、融合和再分割等,即对存在的对象进行进一步处理,并且再进行深入分析。面向对象的图像分析流程如图10－1所示。

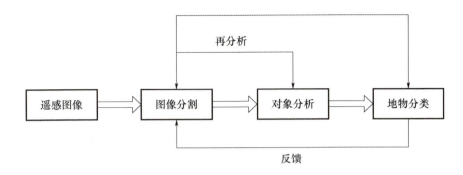

图 10-1 面向对象的图像分析流程

面向对象的图像分析研究思路是首先将遥感图像分割成与实际地物类别相对应的一个个图像对象的实体单元。然后针对图像的对象分割单元提取对象的多空间特征值进行处理分析,建立多特征对象的分类体系。面向对象的图像分析充分使用了高分辨率遥感图像的空间几何、纹理特征和光谱等特征属性信息。最后利用图像的分类算法完成最终的分类步骤。遥感图像分类技术的方法除了面向对象的图像分析方法外,常用的还有传统基于光谱的分类方法和基于专家知识的决策树分类方法,这3种方法的总体比较如表10-1所列。

表 10-1 遥感图像分类技术方法的总体比较

类型	基本原理	图像最小单元	适用数据源	缺陷
传统基于光谱的分类方法	根据地物的光谱信息特征的差异进行分类	单个图像像元	中低分辨率多光谱和高光谱图像	空间信息利用率几乎为零
基于专家知识的决策树分类方法	根据光谱特征、空间关系和上下文关系归类像元	单个图像像元	多源数据	知识获取比较复杂
面向对象的图像分析方法	根据几何信息、结构信息及光谱信息进行分析	图像对象	中高分辨率多光谱和全色图像	运行速度慢

面向对象的图像分析是对正射校正后的遥感图像进行地物分类。首先,对图像进行多尺度分割,分割为很多小图斑。分割算法包括分水岭分割算法、最优邻分割算法、图论分割算法。然后,选择一些样本,根据选择的样本,采用监督分类算法进行面向对象分类,完成全部图像的分类。分类算法包括 $K\text{-}NN$、

支持向量机、分类回归树(Classification and Regression Tree,CART)、随机森林(Random Forest,RF)、贝叶斯分类。本节以分水岭分割算法和随机森林分类算法为例说明面向对象的图像分析方法在遥感图像解译中的应用。

10.2.2 分水岭分割算法原理

1. 分水岭分割算法的概念

分水岭分割算法是数学形态学中一种基于拓扑理论的图像分割方法,其基本思想是把形态学的梯度图像看作地理中的拓扑地貌,则梯度图像中每个像素点的灰度值都对应着地形中相应点的海拔高度,像素点灰度值的局部极小值与其环绕的影响区域在地形中就形成集水盆,而集水盆的相应边界构成分水岭。基于数学形态学的分水岭分割算法是新发展起来的一种图像分割方法,该算法在满足图像的一致性和峰值信噪比的情况下具有较好的分割效果[71]。

近年来,基于形态学的分水岭分割算法得到人们的极大关注。相比于其他图像分割方法,分水岭分割算法的优点突出:计算速度快、定位精确及对图像的像素变化敏感。分水岭分割算法的主要目标是找出分水岭,其基本思想可以类比如下:假设在每个区域的最小值上打一个洞,并且让水通过洞以均匀地速率上升,从低到高淹没整个地形。当不同的汇水盆地中上升的水聚集时,修建一个水坝来阻止这种聚合。水将达到各个水坝的顶部,水坝的边界对应于分水岭的分割线,它们是由分水岭分割算法提取出来的边界。图10-2所示为分水岭分割算法的过程。

2. 分水岭分割算法的计算过程

令 $M_1, M_2, \cdots, M_R$ 表示图像 $g(x,y)$ 的区域最小值点的坐标和集合,令 $C(M_i)$ 表示与区域最小值 M_i 相联系的汇水盆地中的点的坐标集合,符号 min 和 max 用于表示 $g(x,y)$ 的最小值和最大值。令 $T[n]$ 表示满足 $g(s,t) < n$ 的坐标 (s,t) 的集合,即

$$T[n] = \{(s,t) | g(s,t) < n\} \qquad (10-1)$$

几何上,$T[n]$ 是 $g(x,y)$ 中位于平面 $g(x,y) = n$ 下方的点的坐标集合。

随着水位以整数从 $n = \min + 1$ 到 $n = \max + 1$ 不断上升,地形将被水淹没。

第 10 章 >> 人工智能卫星遥感图像解译及应用

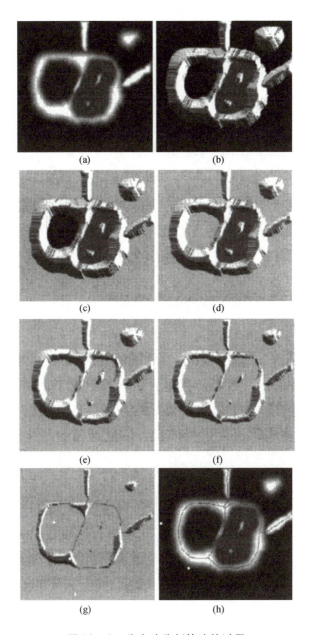

图 10-2 分水岭分割算法的过程

(a)原图像;(b)地形俯视图;(c)~(d)被水淹没的两个阶段;(e)进一步淹没的结果;
(f)来自两个汇水盆地的水开始汇聚;(g)较长的水坝;(h)最终分割结果

在淹没过程的任意步 n,算法都需要知道处在淹没深度以下的点的数量。从概念上来说,假设处在 $g(x,y)=n$ 平面之下的 $T[n]$ 中的坐标被标记为黑色,所有其他坐标被标记为白色,则当以任何淹没增量 n 处向下观察 xy 平面时,将会看到一幅二值图像,图像中的黑点对应于函数中平面 $g(x,y)=n$ 之下的点。

令 $C_n(M_i)$ 表示汇水盆地中与淹没阶段 n 的最小值 M_i 相关联的点的坐标集,$C_n(M_i)$ 可看成由下式给出的一幅二值图像:

$$C_n(M_i) = C(M_i) \cap T[n] \tag{10-2}$$

也就是说,如果 $(x,y) \in C(M_i)$ 和 $(x,y) \in T[n]$ 相"与"(AND),则在位置 (x,y) 处有 $C_n(M_i)=1$,否则 $C_n(M_i)=0$。这一结果的几何解释很简单,在淹没阶段 n 只需要使用"与"算子将 $T[n]$ 中的二值图像分离出来即可。

接下来,令 $C[n]$ 表示在阶段 n 中已被水淹没的汇水盆地的"并",即

$$C[n] = \bigcup_{i=1}^{R} C_n(M_i) \tag{10-3}$$

然后,令 $C[\max+1]$ 表示所有汇水盆地的"并",即

$$C[\max+1] = \bigcup_{i=1}^{R} C(M_i) \tag{10-4}$$

在算法的执行过程中,$C_n(M_i)$ 和 $T[n]$ 中的元素是不会被替换的,而且当 n 增大时,这两个集合中的元素的数量不增加,即保持相同。这样可理解为 $C[n-1]$ 就是 $C[n]$ 的一个子集。由式(10-2)和式(10-3)可知,$C[n]$ 是 $T[n]$ 的一个子集,所以 $C[n-1]$ 可理解为 $T[n]$ 的一个子集。因此,可得出重要结果,即 $C[n-1]$ 中的每个连通分量都恰好包含在 $T[n]$ 的一个连通分量中。

寻找分水线的算法使用 $C[\min+1] = Y[\min+1]$ 来初始化。该算法进行递归处理,由 $C[n-1]$ 计算 $C[n]$,其过程如下:令 Q 表示 $T[n]$ 中的连通分量的集合,对于每个连通分量 $q \in Q[n]$,有如下 3 种可能性。

(1) $q \cap C[n-1]$ 为空集。

(2) $q \cap C[n-1]$ 包含 $C[n-1]$ 的一个连通分量。

(3) $q \cap C[n-1]$ 包含 $C[n-1]$ 的一个以上的连通分量。

由 $C[n-1]$ 构建 $C[n]$ 取决于这 3 个条件中的哪个成立。当遇到一个新的最小值时,条件(1)发生,在这种情况下连通分量 q 并入 $C[n-1]$ 中形成 $C[n]$;

当 q 位于某些局部最小值的汇水盆地内时,条件(2)发生,在此情况下 q 并入 $C[n-1]$ 中形成 $C[n]$;条件(3)发生的前提为遇到全部或部分分隔两个或多个汇水盆地的山脊线。

仅用 $g(x,y)$ 中对应的现有灰度值的 n 值就可改善算法的效率,根据 $g(x,y)$ 的直方图可以确定这些值及最小值与最大值。

10.2.3 随机森林分类算法原理

随机森林分类算法是一种基于决策树的机器学习算法。随机森林是一种组合分类器,它利用 Bootstrap 重抽样方法从原始样本中抽取多个样本,对每个 Bootstrap 样本进行决策树建模,并将这些决策树组合在一起,通过投票得出最终分类或预测结果。大量的理论和实证研究都证明了随机森林分类算法具有较高的预测准确率,对异常值和噪声具有很好的容忍度,且不容易出现过拟合[72]。

1. 随机森林的分类原理

随机森林的基本分类器是决策树。决策树是一种典型的单分类器,根据特征变量的不同可以分为分类树和回归树。其中,特征变量可以采取离散值的决策树称为分类树,特征变量可以采取连续值的决策树称为回归树。决策树分类器的生成和决策过程分为 3 个部分:首先,通过对训练集进行递归分析,生成一棵状如倒立的树形结构;然后,分析这棵树从根节点到叶子节点的路径,产生一系列规则;最后,根据这些规则对新数据进行分类或预测。

从本质上来说,决策树的分类思想其实是通过产生一系列规则,然后通过这些规则进行数据分析的数据挖掘过程。决策树可视为一个树状模型,树中包括 3 种节点:根节点、中间节点和叶子节点。树中每个节点表示对象的属性,而从每个节点出发的分叉路径则代表某个可能的属性值,每个叶子节点则对应从根节点到该叶子节点经历的路径所表示的对象的值。从根节点出发,经过若干中间节点后,到达叶子节点的路径表示某个规则,整棵树表示由训练样本决定的规则的集合。决策树仅有单一输出,即从根节点出发,只能到达唯一的叶子节点,即规则是唯一的,这样就可以用于数据的分类和预测。

2. 随机森林的构建过程

随机森林是由一系列的单株决策树 $\{h(X,\theta_k); k=1,2,\cdots,n\} \in \{\text{true}, \text{false}\}$ 组成的一个组合分类器,其中 θ_k 是独立同分布的随机向量。在给定一个自变量 X 时,每棵决策树都只投一票给它认为最适合的类,以取得最优的分类结果。随机森林的基本思想是:首先,利用 Bootstrap 抽样从原始训练样本集中抽取 K 个样本;其次,对 K 个样本集分别建立 K 个决策树模型,这些模型便组成了随机森林分类器;然后,用这 K 棵决策树对测试样本集进行分类,得到 K 种分类结果;最后,根据每种分类结果对每个记录进行投票表决,决定其最终分类。随机森林的构建与分类如图 10 – 3 所示。

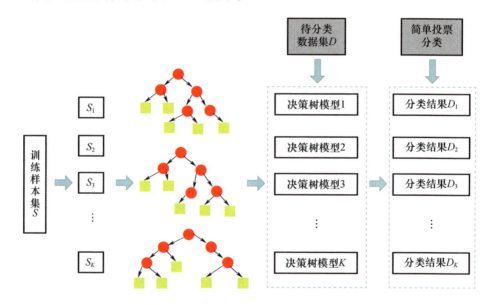

图 10 – 3　随机森林的构建与分类

随机森林是以 CART 决策树为基本分类器的一个集成学习模型,它包含多个由 Bagging 集成学习技术训练得到的决策树,当输入待分类的样本时,最终的分类结果由单个决策树的输出结果投票决定,如图 10 – 3 所示。CART 分类树算法使用基尼系数代替信息增益比,基尼系数代表了模型的不纯度,基尼系数越小,不纯度越低,特征越好,这与信息熵的概念类似。

假设 K 个类别,第 k 个类别的概率为 p_k,则概率分布的基尼系数表达式为

$$\text{Gini}(p) = \sum_{k=1}^{K} p_k(1-p_k) = 1 - \sum_{k=1}^{K} p_k^2 \qquad (10-5)$$

如果是二分类问题,第一个样本输出概率为 p,则概率分布的基尼系数表达式为

$$\text{Gini}(p) = 2p(1-p) \qquad (10-6)$$

对于样本 D,个数为 $|D|$,假设 K 个类别,第 k 个类别的数量为 $|C_k|$,则样本 D 的基尼系数表达式为

$$\text{Gini}(D) = 1 - \sum_{k=1}^{K} \left(\frac{|C_k|}{|D|}\right)^2 \qquad (10-7)$$

对于样本 D,个数为 $|D|$,根据特征 A 的某个值 a,把 D 分成 $|D_1|$ 和 $|D_2|$,则在特征 A 的条件下,样本 D 的基尼系数表达式为

$$\text{Gini}(D,A) = \frac{|D_1|}{|D|}\text{Gini}(D_1) + \frac{|D_2|}{|D|}\text{Gini}(D_2) \qquad (10-8)$$

3. 随机森林算法主要参数

(1) Max_Depth:树的最大可能深度,即训练算法会尝试在深度小于 Max_Depth 时拆分节点。如果满足其他终止标准来修剪树,则实际深度可能会更小。

(2) Min_Sample_Count:如果节点中的样本数小于此参数,则不会拆分该节点。

(3) Regression_Accuracy:回归树的终止条件。如果节点中的估计值与该节点中的训练样本值之间的所有绝对差都小于此参数,则不会拆分该节点。

(4) Max_Categories:将分类变量的可能值聚类到 $K \leq$ Max_Categories 聚类中,以找到次优的拆分。如果训练过程中尝试在其上进行分裂的离散变量使用的 Max_Categories 值大于阈值,则估计精确的最佳子集可能会花费很长时间,因为该算法是指数算法。聚类仅在 $n>2$ 的分类问题中应用于具有 $N>$ Max_Categories 可能的值。在回归和二分类情况下,无需使用聚类就可以有效地找到最佳拆分,因此在这些情况下不使用参数。

随机森林克服了决策树过拟合问题,对噪声和异常值有较好的容忍性,对

高维数据分类问题具有良好的可扩展性和并行性。此外,随机森林是由数据驱动的一种非参数分类方法,只需通过对给定样本的学习训练进行分类,并不需要分类的先验知识。随机森林以其优异的分类性能而在遥感领域得到广泛的应用。

10.2.4　面向对象的图像分析方法应用实例

本案例采用四川地区"高分"二号图像数据的多光谱和全色正射校正、融合后的裁剪图像,空间分辨率为0.8m,如图10-4所示。

图10-4　待分类"高分"二号图像数据

基于 PIE-SIAS 软件,使用分水岭分割算法和随机森林分类算法实现图像分类。算法参数如下。

分水岭分割算法:形状因子=0.3,边界强度=0.5,紧致度权重=0.1,合并区域尺寸=100。

随机森林算法:Max_Depth = 10,Min_Sample_Count = 0,Regression_Accuracy = 16,Max_Categories = 0.95。

针对本次实验的图像数据,建立5种地类类别,分别为建筑物(红色)、林地(绿色)、水域(蓝色)、道路(灰色)与裸土(黄色)。分类完成后可按照相关行业标准对各类别进行符号化渲染,分类结果如图10-5所示。

图10-5 分类结果

图像完成分类后,还需要对分类结果做进一步的精细后处理。针对大面积分类结果不准确情况,可以手动调整样本,再次进行分类;针对小面积分类结果不准确情况,可以采用类别转换方式调整分类结果。类别转换功能通过人机交互将分类错误的图斑转换为指定的类别。例如,在类别转换窗口中选择一种类别,在分类图中点击某一图斑,则该图斑就会转换成选择的类别。调整结束后,可对相邻的同类别图斑进行合并,来减少以分割图斑为对象进行分类时产生的大量的分类图斑。

10.3 深度学习在遥感图像解译中的应用

10.3.1 深度学习基础

1. 人工神经网络与深度学习

1）人工神经网络基本模型

人工神经网络是模仿人类大脑结构和功能而构建的处理系统，由多个相互连接的神经元单元叠加组成。神经元结构如图 10-6 所示，其输出为 $y = \sigma(\boldsymbol{W}^{\mathrm{T}}\boldsymbol{X}+b)$。式中，$\boldsymbol{X}=[x_1,x_2,\cdots,x_n]$ 为输入，$\boldsymbol{W}=[w_1,w_2,\cdots,w_n]$ 为权重，b 为偏置，σ 为激活函数。通常可根据不同的情况选择不同的激活函数，常用激活函数如表 10-2 所列。

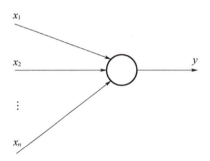

图 10-6 神经元结构

表 10-2 常用激活函数

名称	计算公式
sigmoid	$\sigma(z) = \dfrac{1}{1+\exp(-z)}$
tanh	$\sigma(z) = \dfrac{\exp(z)-\exp(-z)}{\exp(z)+\exp(-z)}$
ReLU	$\sigma(z) = \max(0,z)$
ELU	$\sigma(z) = \begin{cases} z, & z>0 \\ \alpha(\mathrm{e}^z-1), & z\leqslant 0 \end{cases}$

(续)

名称	计算公式
PReLU	$\sigma(z) = \begin{cases} z, & z > 0 \\ \alpha z, & z \leq 0 \end{cases}$

人工神经网络通常由多层神经元组成,网络最初输入层称为神经网络输入层,网络最终输出层称为神经网络输出层,其余层称为隐藏层,如图10-7所示。人工神经网络通常只有一个输入层和一个输出层,但可以有若干个隐藏层。

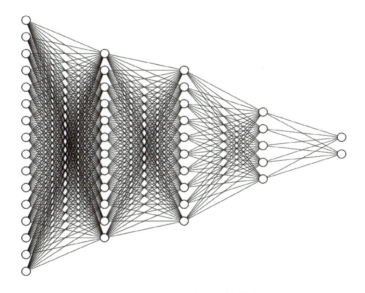

图 10-7 人工神经网络结构

如图10-7所示的神经网络,其每一层输出均作为下一层的输入,这类网络称为前馈神经网络;同时,还存在一种当前层输出作为当前层或更前层输入的情况,这类网络称为反馈神经网络或递归神经网络。

2) 梯度下降算法

针对某一问题,要设计合理的神经网络,首先会定义一个目标函数 C,然后利用训练数据集等找到使目标函数值最小的一组权重和偏置,从而完成推理计算任务。例如,有一组训练数据集$((X_1, y_1), (X_2, y_2), \cdots, (X_n, y_n))$,为了使目

标神经网络的输出$\hat{y}_i$能够拟合所有输入X_i对应的输出y_i,可以定义代价函数为

$$C(\boldsymbol{W},\boldsymbol{B}) = \frac{1}{2n}\sum_{i=1}^{n}\|\hat{y}(X_i) - y_i\|^2 \qquad (10-9)$$

为了找到使$C(\boldsymbol{W},\boldsymbol{B})$最小的一组权重$\boldsymbol{W}$和偏置$\boldsymbol{B}$,可采用梯度下降算法。

如果权重$\boldsymbol{W}$或偏置$\boldsymbol{B}$发生微小变化,即$\Delta \boldsymbol{W} = (\Delta w_1, \Delta w_2, \cdots, \Delta w_{nw})$和$\Delta \boldsymbol{B} = (\Delta b_1, \Delta b_2, \cdots, \Delta b_{nb})$,则可得

$$\Delta C \approx \frac{\partial C}{\partial w_1}\Delta w_1 + \frac{\partial C}{\partial w_2}\Delta w_2 + \cdots + \frac{\partial C}{\partial w_{nw}}\Delta w_{nw} + \frac{\partial C}{\partial b_1}\Delta b_1 + \frac{\partial C}{\partial b_2}\Delta b_2 + \cdots + \frac{\partial C}{\partial b_{nb}}\Delta b_{nb}$$

$$(10-10)$$

定义梯度为

$$\nabla C = \left[\frac{\partial C}{\partial w_1}, \frac{\partial C}{\partial w_2}, \cdots, \frac{\partial C}{\partial w_{nw}}, \frac{\partial C}{\partial b_1}, \frac{\partial C}{\partial b_2}, \cdots, \frac{\partial C}{\partial b_{nb}}\right]^{\mathrm{T}} \qquad (10-11)$$

由微积分知识可知,梯度方向是函数变化最快的方向,若取(η为学习率且$\eta > 0$)

$$(\Delta w_1, \Delta w_2, \cdots, \Delta w_{nw}, \Delta b_1, \Delta b_2, \cdots, \Delta b_{nb}) = -\eta \nabla C \qquad (10-12)$$

则

$$\Delta C \approx -\eta \nabla C^{\mathrm{T}} \nabla C < 0 \qquad (10-13)$$

因此,按照$w'_i = w_i - \eta \frac{\partial C}{\partial w_i}, b'_i = b_i - \eta \frac{\partial C}{\partial b_i}$逐步更新变量,可使目标函数$C$逐渐逼近最小值,最终找到一组偏置和权重,使神经网络完成拟合任务。该变量的更新规则即为梯度下降算法。

3) 反向传播算法

根据梯度下降算法的更新规则,要对变量进行更新,首先应计算得到目标函数针对各个变量的偏导数。如何能够高效地计算得到这些偏导数呢? 反向传播算法可以解决该问题,通过一次网络前向传播计算和一次反向传播计算,即可算出所有变量的偏导数。反向传播算法在20世纪70年代即被提出,但直到1986年Rumelhart的论文[73]才使大家意识到该算法的重要性。

这里以图10-8中神经网络第i层权重的偏导数$\frac{\partial C}{\partial w_{i,1}}$求解为例,简要描述

反向传播算法的计算过程。按照前向方向计算，$a_{i,1} = \sigma(z_{i,1})$，$z_{i,1} = x_1 w_{i,1} + x_2 w_{i,2} + \cdots + x_n w_{i,n} + b_{i,1}$，根据微积分的链式求导法则可知

$$\frac{\partial C}{\partial w_{i,1}} = \frac{\partial C}{\partial a_{i,1}} \frac{\partial a_{i,1}}{\partial w_{i,1}} \qquad (10-14)$$

因此

$$\frac{\partial a_{i,1}}{\partial w_{i,1}} = \sigma'(z_{i,1}) \frac{\partial z_{i,1}}{\partial w_{i,1}} = x_1 \sigma'(z_{i,1}) \qquad (10-15)$$

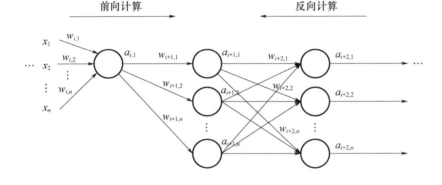

图 10 - 8　神经网络

由上述计算可知，根据前向计算可以计算出 $\dfrac{\partial a_{i,1}}{\partial w_{i,1}}$。根据链式求导法则，可知

$$\frac{\partial C}{\partial a_{i,1}} = \frac{\partial C}{\partial a_{i+1,1}} \frac{\partial a_{i+1,1}}{\partial a_{i,1}} + \frac{\partial C}{\partial a_{i+1,2}} \frac{\partial a_{i+1,2}}{\partial a_{i,1}} + \cdots + \frac{\partial C}{\partial a_{i+1,n}} \frac{\partial a_{i+1,n}}{\partial a_{i,1}} \qquad (10-16)$$

由于 $a_{i+1,j} = \sigma(z_{i+1,j})$，$z_{i+1,j} = a_{i,1} w_{i+1,j} + b_{i+1,j}$，$j = 1, 2, \cdots, n$，将其带入式 (10 - 16) 中，可以得到如下关系：

$$\begin{aligned}\frac{\partial C}{\partial a_{i,1}} =& \frac{\partial C}{\partial a_{i+1,1}} w_{i+1,1} \sigma'(z_{i+1,1}) + \frac{\partial C}{\partial a_{i+1,2}} w_{i+1,2} \sigma'(z_{i+1,2}) + \cdots + \\ & \frac{\partial C}{\partial a_{i+n,2}} w_{i+1,n} \sigma'(z_{i+1,n}) \end{aligned} \qquad (10-17)$$

式中：$\sigma'(z_{i+1,j})$ 可根据前向计算得到。

如果第 $i+1$ 层直接后接输出层，可根据目标函数 C 计算 $\dfrac{\partial C}{\partial a_{i+1,j}}$；如果第 $i+$

l 层继续后接隐藏层,则可根据上述公式继续递推计算 $\frac{\partial C}{\partial a_{i+1,j}}$。因此,如将 $\frac{\partial C}{\partial a_{i+1,j}}$ 看作已知量,则 $\frac{\partial C}{\partial a_{i,1}}$ 的计算过程可理解为同样权重和偏置条件下的反向计算过程。

综上所述,经过一次前向计算可得 $\frac{\partial a_{i,1}}{\partial w_{i,1}}$,再经过一次反向计算可得 $\frac{\partial C}{\partial a_{i,1}}$,从而最终得到 $\frac{\partial C}{\partial w_{i,1}}$。需要注意的是,利用反向传播算法,可通过一次全网络的前向计算和一次全网络的反向计算得到目标函数相对于网络中所有权重和偏置的偏导数,因此计算效率较高。此外,从反向传播算法的计算过程可知,如果不恰当地处理多层人工神经网络,可能会存在梯度消失或梯度爆炸的问题。

有趣的是,反向传播算法的提出者 Hinton 教授同时也在质疑反向传播算法,因为反向传播机制确实和人类大脑运行机制差异太大。同时,一些学者也提出了不同的理论来完成反向传播算法的任务。例如,Ma 等[74]提出不需要反向传播算法训练神经网络的方法,该方法基于 Hilbert – Schmidt 独立性标准(Hilbert – Schmidt Independence Criterion, HSIC)表征不同网络层之间的依赖性,并取得了较好的实验效果。

4)深度学习

人工神经网络之所以能够有效处理相关任务,主要原因在于人工神经网络能够以任意精度逼近连续函数。通过证明可知,仅仅使用单个隐藏层的人工神经网络,只要神经元足够多且参数设置合理,理论上足以解决现实问题。然而,实践验证,通常多个隐藏层的人工神经网络能够更加有效地解决问题,其实这就是深度学习根据层次化的概念体系来理解世界的理念。

层次化的概念让计算机通过构建较为简单的概念来学习复杂概念,如果绘制这些概念的关系图,则可得到一张"深"(多层次)图,所以称之为深度学习。关于模型深度的度量,主要有两种方式:一种是基于评估架构所需执行的顺序指令的数目,一种是描述概念彼此如何关联的图的深度。需要说明的是,不同研究者可能构建不同深度的图解决相关问题,模型深度并不存在单一的正确值,即不存在模型究竟要多么深才能被描述为"深"的共识。因此,多层人工神经网络是深度学习模型的典型代表。

2. 改进深度学习性能的常用方法

深度学习虽然功能强大,但是针对具体问题,通常还需要一些"技巧"才能有效发挥其作用。

1)梯度下降优化算法

根据上述对梯度下降算法的介绍可知,每次变量的更新都需要计算所有样本,这在实际应用中效率较低。按照每次变量更新所使用样本的数量,可将梯度下降算法分为以下3类。

(1)全量梯度下降:每次更新模型参数时使用全部训练数据样本。

(2)随机梯度下降:每次更新模型参数时随机从训练数据中选择一个样本计算。随机梯度下降算法速度快,但可能会带来优化扰动。

(3)小批量梯度下降:该方法介于全量梯度下降和随机梯度下降之间,每次更新模型参数时随机从训练数据中选择 m 个样本计算。小批量梯度下降算法降低了优化扰动,同时也比全量梯度下降计算速度快。在实践中,可根据具体情况选择合适的 m 值。

虽然通过选取不同的计算样本数量可有效提高计算速度,但并不能解决非凸目标函数中局部极值、鞍点带来的计算有效性问题。为了提高梯度计算的有效性,研究人员提出了多种梯度下降优化算法[75]。

(1)Momentum:在梯度下降算法的基础上,变化量加入一个动量项 v,并且每次迭代都乘以衰减系数 γ。如果当前梯度方向与前次梯度方向相同,则变化变快;如果当前梯度方向与前次梯度方向不同,则变化变慢。同时,当算法经过鞍点或者不太"深"的极值点时,借助动量项可冲出所在的非最优化区域。其具体表述如下:

$$v_t = \gamma v_{t-1} + \eta \nabla_w C(w) \qquad (10-18)$$

$$w = w - v_t \qquad (10-19)$$

式中: C 为目标函数; η 为学习率; $\gamma < 1$,为动量项超参数; w 为待更新模型参数。

(2)小生境遗传算法(Niched Genetic Algorithm,NGA)在 Momentum 的基

础上,NAG 求解梯度的位置不再是当前位置,而是沿当前动量乘以超参数前进一步之后所在位置,相当于对下一步如何调整进行了预判。其具体表述如下:

$$v_t = \gamma v_{t-1} + \eta \nabla_w C(w - \gamma v_{t-1}) \quad (10-20)$$

$$w = w - v_t \quad (10-21)$$

式中:C 为目标函数;η 为学习率;$\gamma<1$,为动量项超参数;w 为待更新模型参数。

(3) Adagrad:上述梯度下降算法都默认采用同一学习率,而 Adagrad 可使每个模型参数具有自适应的不同学习率。对稀疏特征,得到较大的学习更新;对非稀疏特征,得到较小的学习更新。若第 t 次更新时目标函数 C 相对于模型参数 w_i 的梯度为

$$g_{i,t} = \nabla_w C(w_i) \quad (10-22)$$

则模型参数 w_i 的更新算法为

$$w_{i,t+1} = w_{i,t} - \frac{\eta}{\sqrt{\sum_{j=1}^{t}(g_{i,j})^2 + \varepsilon}} g_{i,t} \quad (10-23)$$

式中:ε 为非常小的常数项。

基于以上计算可知,随着优化的进行,学习率会越来越小,可能存在还没有到极值就停滞的情况。

(4) Adadelta:Adadelta 对 Adagrad 进行了进一步改进。首先,将累计梯度信息从全部历史时刻缩小为当前一个窗口期内;其次,窗口期内不再使用梯度的平方和,而是使用均值;再次,最终均值是窗口期序列均值与当前梯度的加权平均。其具体表述如下:

$$E[g_i^2]_t = \gamma E[g_i^2]_{t-1} + (1-\gamma) g_{i,t}^2 \quad (10-24)$$

$$w_{i,t+1} = w_{i,t} - \frac{\eta}{\sqrt{E[g_i^2]_t + \varepsilon}} g_{i,t} \quad (10-25)$$

式中:$E[g_i^2]_t$ 为窗口期内历史梯度平方均值;γ 为衰减系数。

(5) Adam:Adam 同样是一种不同模型参数具有自适应的不同学习率的方法,其结合了 Momentum 和 Adagrad 的思想。其具体表述如下:

$$m_{i,t} = \beta_1 m_{i,t-1} + (1-\beta_1) g_{i,t} \quad (10-26)$$

$$v_{i,t} = \beta_2 v_{i,t-1} + (1-\beta_2) g_{i,t}^2 \qquad (10-27)$$

$$w_{i,t+1} = w_{i,t} - \frac{\eta}{\sqrt{v_{i,t} + \varepsilon}} m_{i,t} \qquad (10-28)$$

式中：β_1、β_2 为动量项超参数；$g_{i,t}$ 为第 t 次更新时目标函数相对于模型参数 w_i 的梯度；ε 为非常小的常数项。

针对梯度下降算法，除了上述介绍的优化方法外，还存在其他多种优化算法及并行和分布式算法[76]。

2）数据预处理

数据预处理对深度学习的性能有着重要影响，这里主要介绍数据标准化和数据扩增，分别对应数据质量改善和数据数量扩增。

（1）数据标准化。通过数据标准化，可以将不同规模的特征量都统一到同一个规模下，从而增加模型的泛化能力。常用的数据标准化方法有以下两种[77]。

① 针对数列 $\{x_i\}$ 的数据标准化处理如下：

$$\mu = \frac{1}{n}\sum_{i=1}^{n} x_i, \sigma^2 = \frac{1}{n}\sum_{i=1}^{n}(x_i - \mu)^2 \qquad (10-29)$$

$$\hat{x}_i = \frac{x_i - \mu}{\sqrt{\sigma^2 + \varepsilon}}, i = 1, 2, \cdots, n \qquad (10-30)$$

② 将每个特征维度的最大值和最小值按比例缩放到 $-1 \sim +1$。当前，针对网络每一层都进行数据预处理的批标准化方法[78]应用十分广泛。

（2）数据扩增。除了有效提高数据质量外，有效扩增样本数据数量对增强模型的泛化能力同样具有重要影响。对于图像数据来说，通常可通过图像的平移、翻转、旋转等图像几何变化操作，有效扩增数据数量。

3）权重初始化

网络参数的初始化对网络的训练效率和训练效果有重要影响，针对使用 ReLU 激活函数的神经网络，He 等给出了随机化网络权重的方差应是 $2.0/n$ 的结论[79]。

4）规范化

规范化是指通过给目标函数增加一个约束项，从而使模型具有更好的泛化

性能。规范化只用于神经网络中的权重部分。常用的一种规范化是 L_2 规范化，即

$$\tilde{C} = C + \lambda \sum_i w_i^2 \qquad (10-31)$$

式中：C 为原目标函数；λ 为规范化参数。

从式（10-31）看，规范化实际是使网络倾向于选择小一点的权重，通过参数 λ 进行最小化原目标函数和网络权重的折中。

除了 L_2 规范化外，还有一种常用的规范化方法——L_1 规范化，即

$$\tilde{C} = C + \lambda \sum_i |w_i| \qquad (10-32)$$

目前，对于规范化为什么能够减轻过度拟合还没有严格的证明，相关学者通过三维图像对规范化的作用进行了解释说明。

5）随机失活处理

随机失活处理（Dropout）方法是实践证明有效的一种防止过拟合的方法[80]。该方法运行原理非常简单，即让神经元以概率 p 随机激活或无效（设置为0）。通过 Dropout，网络中的节点需要自适应纠正可能由此带来的错误，从而使训练的网络更加健壮。此外，Dropout 策略使原有神经网络的运算结构发生了变化，可以理解为每一次 Dropout 之后就是一个新的模型，从而将整个训练看作集成学习方法。

需要注意的是，Dropout 策略仅在训练时的输入层和隐藏层中使用，不能在输出层中使用。同时，该策略在训练完成后的测试阶段不使用，且最终的模型权重需要根据失活比例进行缩放。

6）超参数优化

学习率参数、规范化参数、网络层数、各层神经元个数乃至网络架构等人工神经网络中用到的超参数如何确定是一件比较困难的事情，通常需要使用者具有丰富的经验。除了上述方法外，其实还存在很多其他改进深度学习性能的方法。由于调整深度学习网络达到性能最优比较困难，因此有人将深度学习相关的调优训练戏称为"炼丹术"。针对该问题，目前已有很多研究者致力于自动化深度学习（AutoDL）研究方向，并取得了相当多的成果[81]。谷歌已于2018年发

布了深度学习模型自动构建工具 Cloud AutoML,此外还有 Auto – Keras、Auto – Sklearn 等开源平台。

3. 深度学习常用模型

1) 卷积神经网络

卷积神经网络的设计思想来源于动物视觉神经系统,是当前深度学习中运用非常广泛的网络结构之一,尤其在计算机视觉领域取得了巨大成功。早在 1998 年,LeCun 等[82]就提出了 LeNet – 5 网络结构,用于手写数字的分类识别。2012 年,Hinton 教授和他的学生 Krizhevsky 等在 ImageNet 竞赛中提出 AlexNet 网络[83]并一举夺得冠军。此后,具有代表性的 ZFNet[84]、VGG[85]、GoogleNet[86]、ResNet[87]等卷积神经网络相继问世,卷积神经网络也朝着层数越来越深、结构越来越复杂演进。VGG16 网络结构如图 10 – 9 所示。

图 10 – 9　VGG16 网络结构

虽然卷积神经网络的结构可以设计得非常复杂,但其可以归纳为卷积计算、池化计算和全连接计算 3 个主要的计算结构,其基本结构如图 10 – 10 所示。

（1）卷积计算。

卷积计算是指每个卷积层都存在一个滤波器(卷积核)的集合,分别和输入进行卷积计算生成特征响应图的过程。卷积计算包括一维卷积、二维卷积和三维卷积等不同类型的计算,这里主要介绍二维图像卷积。若输入图像是 $W_i \times H_i \times C_i$,卷积层有 C_o 个 $W_f \times H_f \times C_i$ 卷积核,经过卷积计算后输出特征响应图为

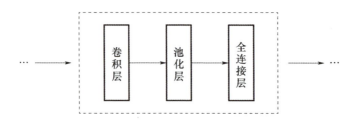

图 10-10　卷积层、池化层和全连接层的基本结构

$W_o \times H_o \times C_o$。其中，$W_i$、$H_i$、$C_i$ 分别为输入图像的宽、高和通道数，W_f、H_f、C_i 分别为卷积核的宽、高和通道数（卷积核的通道数和输入图像通道数相等），C_o 为卷积核个数，W_o、H_o、C_o 为输出卷积结果的宽、高和通道数（卷积结果的通道数和卷积核个数相等）。

输出特征响应图每个像素值 y_j 的计算如下：

$$y_j = \sigma(\sum_{k=0}^{C_o} x_k * w_{kj}) \qquad (10-33)$$

式中：x_k 为第 k 个通道的输入值；w_{kj} 为第 k 个卷积核的权重参数；σ 为激活函数；y_j 为输出特征响应图值。

下面以输入 $5 \times 5 \times 1$、1 个卷积核 $3 \times 3 \times 1$ 为例介绍卷积计算过程，如图 10-11 所示。

上述卷积计算过程具有以下特点。

① 局部连接及权重共享。卷积核每次只和输入图像数据的一部分（卷积核尺寸范围内）进行计算，且卷积核采用相同权重。以图 10-11 为例，由于其只使用了 1 个卷积核且卷积核通道数为 1，因此共有 $3 \times 3 \times 1 \times 1 = 9$ 个权重。此外，通过计算过程可以看出输入图像数据共享了卷积核的权重参数，相比全连接前馈网络极大地减少了参数个数。

② 滑动和填充。卷积核在输入图像数据上滑动，每次只和输入图像数据一部分进行计算，可设置滑动步长，如图 10-11 中的滑动步长为 1。输入图像数据可使用 0 进行边缘填充，从而控制输出数据的空间尺寸，图 10-11 未使用边缘填充。

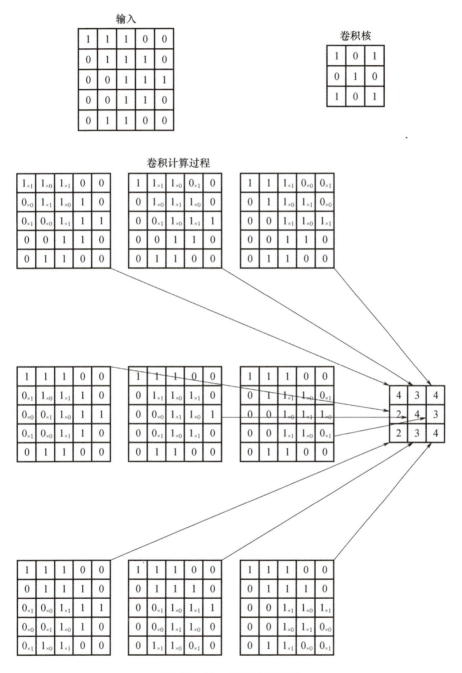

图 10-11 卷积计算示例

③ 输入尺寸和输出尺寸的关系。输入数据尺寸为 $W_i \times H_i$，卷积核尺寸为 $W_f \times H_f$，卷积计算滑动步长为 S，输入数据边缘填充数为 P，则输出数据尺寸为 $W_o \times H_o$，即

$$W_o = \frac{W_i - W_f + 2P}{S} + 1 \qquad (10-34)$$

$$H_o = \frac{H_i - H_f + 2P}{S} + 1 \qquad (10-35)$$

（2）池化计算。

池化计算的主要作用是逐渐降低数据的空间尺寸，利用图像特征的不变性，在保留数据中的重要信息的同时进一步减少网络参数数量。池化计算和卷积计算类似，其通过使用一个空间窗口在输入数据上滑动，得到空间窗口内的计算值作为输出结果，减小输出数据的空间尺寸。

下面以输入 4×4、池化窗口 2×2，滑动步长 2 为例介绍池化计算过程，如图 10-12 所示。

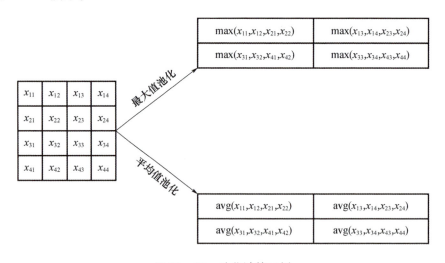

图 10-12 池化计算示例

若输入数据尺寸为 $W_i \times H_i$，池化窗口尺寸为 $F \times F$，滑动步长为 S，池化计算输出数据尺寸为 $W_o \times H_o$，即

$$W_o = \frac{W_i - F}{S} + 1 \quad (10-36)$$

$$H_o = \frac{H_i - F}{S} + 1 \quad (10-37)$$

(3) 全连接计算。

一般地,在经过一系列卷积和池化计算后,需要将特征响应图接入普通前馈网络中进行进一步计算。全连接计算主要是将卷积计算的特征响应图转换成全连接的形式,其又称为"展平"过程。

下面以 3 个 2×2 的特征响应图处理为例介绍全连接计算过程,如图 10-13 所示。

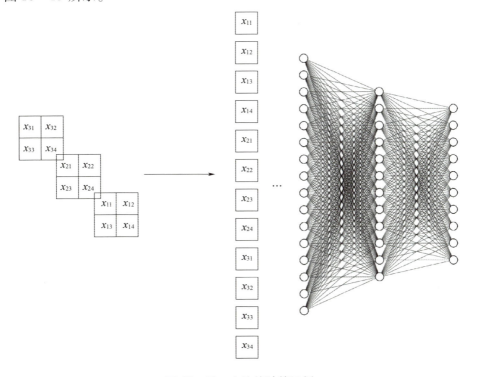

图 10-13 全连接计算示例

2)循环神经网络

卷积神经网络虽然功能强大,但并不具有记忆功能。基于记忆功能的思想,循环神经网络(Recurrent Neural Network,RNN)能够记住前面出现过的特征,并根据前面的特征推断后续结果,具备了时间维度,可更好地理解序列化数据。循环神经网络在时刻 t 接收一个输入 x_t,网络产生输出 y_t,而 y_t 由 t 时刻之前的输入序列共同决定。

循环神经网络主要由输入层、循环层和输出层构成,一个简单的结构如图10-14所示。

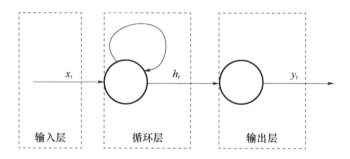

图10-14 循环神经网络简单结构

其中,基本的循环层结构如图10-15所示。计算过程如下:

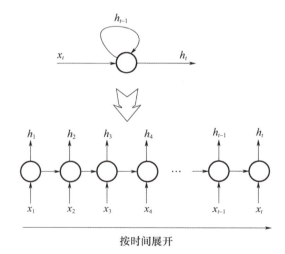

图10-15 基本的循环层结构

$$h_t = f(h_{t-1}, x_t) = f(W_{xh}x_t + W_{hh}h_{t-1} + b) \quad (10-38)$$

式中:W_{xh} 为输入层到循环层的权重;W_{hh} 为循环层内的权重;b 为偏置。

显然,更改输入值的顺序将会得到不同的循环层输出结果。需要注意的是,这里的示例循环层只有一个隐藏层,可以根据需要推广到多个隐藏层。

循环神经网络输出层以循环层的输出值为输入,生成最终的循环神经网络输出,即

$$y_t = \sigma(W_o h_t + b_o) \tag{10-39}$$

式中:W_o 为输出层的权重;b_o 为输出层的偏置。

由于循环神经网络状态值传递的特点,循环神经网络在使用反向传播算法时同样面临梯度消失或梯度爆炸的问题[88-89]。针对梯度问题和短时记忆问题,这里介绍目前应用较广泛的长短期记忆模型(Long Short - Term Memory,LSTM)和门控循环单元(Gated Recurrent Unit,GRU)两种循环层结构。

(1) LSTM

LSTM 由 Schmidhuber 和 Hochreiter[90]于 1997 年提出。该方法通过引入输入门、遗忘门、输出门来计算 h_t,基本结构如图 10-16 所示。

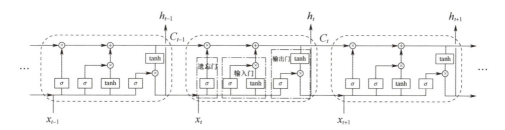

图 10-16 LSTM 基本结构

针对时刻 t 的计算如下。

遗忘门计算:

$$f_t = \sigma(w_f[h_{t-1}, x_t] + b_f) \tag{10-40}$$

输入门计算及学习到的记忆:

$$i_t = \sigma(w_i[h_{t-1}, x_t] + b_i) \tag{10-41}$$

$$\tilde{C}_t = \tanh(w_c[h_{t-1}, x_t] + b_c) \tag{10-42}$$

$$C_t = f_t C_{t-1} + i_t \tilde{C}_t \tag{10-43}$$

输出门计算：

$$o_t = \sigma(w_o[h_{t-1}, x_t] + b_o) \quad (10-44)$$

$$h_t = o_t \tanh C_t \quad (10-45)$$

通过输入门、遗忘门和输出门的计算，LSTM 实现了网络长时记忆功能。

（2）GRU。

GRU 的基本结构由 Cho 等[91]于 2014 年提出。该方法是 LSTM 网络的一种变体，但结构比 LSTM 网络更加简单，只引入了更新门和重置门，基本结构如图 10-17 所示。

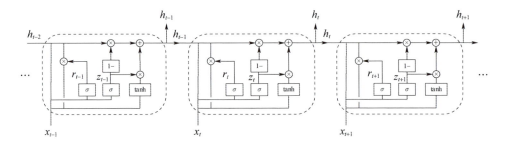

图 10-17　GRU 基本结构

针对时刻 t 的计算如下。

更新门计算：

$$z_t = \sigma(w_z[h_{t-1}, x_t]) \quad (10-46)$$

重置门计算：

$$r_t = \sigma(w_r[h_{t-1}, x_t]) \quad (10-47)$$

输出计算：

$$\tilde{h}_t = \tanh(w[h_{t-1}r_t, x_t]) \quad (10-48)$$

$$h_t = (1 - z_t)h_{t-1} + z_t\tilde{h}_t \quad (10-49)$$

和 LSTM 一样，GRU 实现了网络长时记忆功能，且 GRU 比 LSTM 计算更加方便。

3）生成对抗网络

生成对抗网络（Generative Adversarial Network，GAN）由 Goodfellow 等于 2014 年提出[92]。在 GAN 模型提出之前，已有 AutoEncoder、Variational AutoEncoder 等生成模型，这些模型均使用生成结果与原样本的差值作为损失函数。GAN 提出了一种新的通用框架，可根据样本数据找出概率特征分布并生成新的数据，而新的数据与样本数据在统计上几乎无法区分。

GAN 主要由生成模型和判别模型两部分组成。生成模型负责学习样本数据，并以随机向量作为输入生成符合样本数据统计分布的数据；判别模型负责判别一个数据是样本数据还是生成数据，从而指导生成模型的训练。两个模型相互竞争，不断改进，最终达到生成模型的生成数据可以假乱真骗过判别模型的目的，结构如图 10 – 18 所示[93]。针对图像数据，生成模型和判别模型通常会采用深度卷积神经网络。

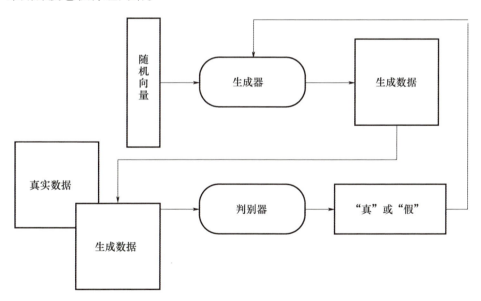

图 10 – 18　GAN 结构

若生成模型的映射函数为 $G(z, \theta_g)$（z 为模型输入，θ_g 为模型参数），判别模型的映射函数为 $D(x, \theta_d)$（x 为模型输入，θ_d 为模型参数），则 GAN 的优化目标函数为

$$\min_G \max_D V(D,G) = E_{x \sim P(x)}[\ln D(x)] + E_{z \sim P(z)}\ln(\{1-D[G(z)]\}) \quad (10-50)$$

上述目标函数可理解为在生成模型 G 固定的情况下，判别模型 D 能够正确判别真实数据和生成数据，即对真实数据，$D(x)$ 越大越好；对生成数据，$D[G(z)]$ 越小越好（$ln\{1-D[G(z)]\}$ 越大越好）。在判别模型 D 固定的情况下，对生成模型 G 的生成数据，$D[G(z)]$ 越大越好（$ln\{1-D[G(z)]\}$ 越小越好）。此外，上述目标函数也表明了 GAN 的训练方法：先训练判别模型，再训练生成模型，循环进行上述步骤，直到满足退出循环条件。

针对实际应用，人们在基本 GAN 的基础上又提出了 CGAN[94]、DCGAN[95]、GRAN[96]、InfoGAN[97]、SRGAN[98] 等改进模型。

从发展趋势来看，针对具体问题，不同类型的深度神经网络模型通常会综合使用，如循环神经网络和卷积神经网络的时空结合、卷积神经网络和 GAN 模型结合、循环神经网络和 GAN 模型结合等。

10.3.2　深度学习在高光谱遥感图像分类中的应用

高光谱图像的分类问题是遥感图像处理领域的一类重要问题。由于高光谱图像既包含光谱信息，又包含空间信息，因此既可仅利用光谱信息提取图像特征，又可同时利用光谱信息和空间信息提取图像特征，进而解决高光谱图像的分类问题。本节将从这两个方面介绍深度学习在高光谱图像分类问题中的应用。

Botswana 是美国国家航空航天局（National Aeronautics and Space Administration, NAS）地球观测卫星 -1（EO-1）于 2001 年 5 月在博茨瓦纳奥卡万戈三角洲获取的高光谱数据，包含沼泽、干燥林地等 14 种地物，共有 145 个波段（移除了水吸收、低信噪比等波段）。EO-1 搭载的高光谱成像光谱仪共有 242 个波段，光谱范围为 400~2500nm，光谱分辨率为 10nm，空间分辨率为 30m，幅宽为 7.7km。整个数据集包含的地物类型如表 10-3 所列，探测区域的可视化图像（RGB 波段 75、33、15）和地物真实标记图像如图 10-19 所示，归一化后的水谱线图如图 10-20 所示，归一化的 14 类地物平均谱线图如图 10-21 所示。

表 10-3 整个数据集包含的地物类型

编号	地物类型	样本数量
1	水体(Water)	270
2	河马草地(Hippo Grass)	101
3	河漫滩草地1(Floodplain Grasses 1)	251
4	河漫滩草地2(Floodplain Grasses 2)	215
5	芦苇地(Reeds)	269
6	河岸(Riparian)	269
7	火疤(Fire Scar)	259
8	海岛腹地(Island Interior)	203
9	刺槐林地(Acacia Woodlands)	314
10	刺槐灌木带(Acacia Shrublands)	248
11	刺槐草地(Acacia Grasslands)	305
12	矮可乐豆木(Short Mopane)	181
13	混合可乐豆木(Mixed Mopane)	268
14	裸露的土壤(Exposed Soils)	95

1. 基于光谱信息的神经网络模型

在仅考虑光谱信息的情况下,可以通过全连接神经网络和一维卷积神经网络两类模型解决高光谱图像分类问题。

1) 全连接神经网络模型

在全连接神经网络模型中,网络输入层为145个神经元(对应图像中某一像素145个波段的光谱值),网络中间层设计为若干个隐藏层(各隐藏层可设计若干神经元,主要执行前馈计算),网络输出层为15个神经元(14类已知地物和1类未知地物),网络结构如图10-22所示。

卫星遥感图像解译

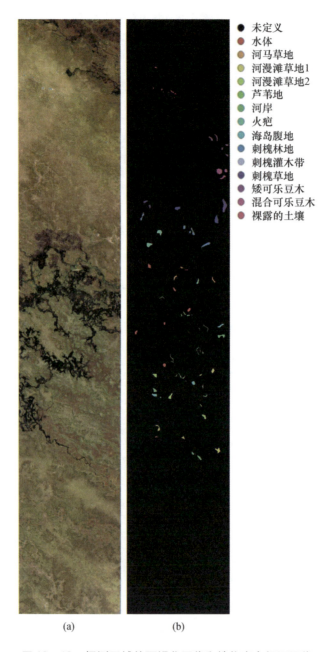

(a)　　　　　(b)

图 10-19　探测区域的可视化图像和地物真实标记图像

(a)探测区域的可视化图像；(b)地物真实标记图像。

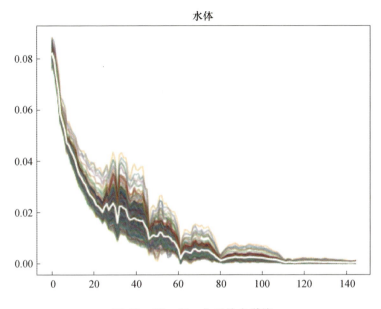

图 10-20 归一化后的水谱线

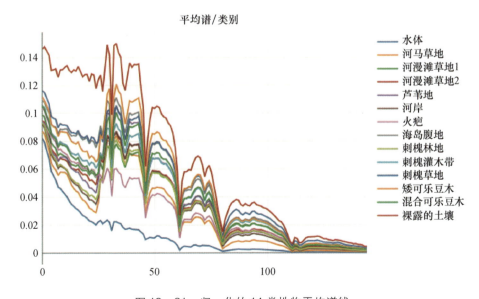

图 10-21 归一化的 14 类地物平均谱线

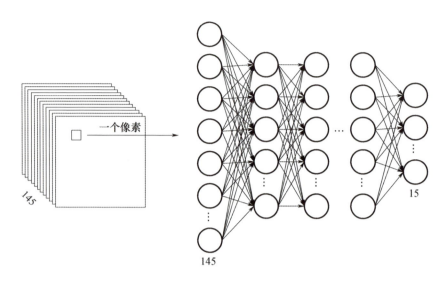

图 10-22 全连接神经网络结构

2) 一维卷积神经网络模型

在一维卷积神经网络模型中,网络输入层为 145 个神经元(对应图像中某一像素 145 个波段的光谱值),网络中间层设计为若干个隐藏层(各隐藏层可设计若干神经元,主要执行一维卷积计算和一维池化计算),网络输出层为 15 个神经元(14 类已知地物和 1 类未知地物),网络结构如图 10-23 所示。

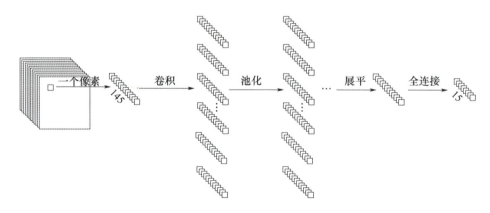

图 10-23 一维卷积神经网络结构

2. 基于空谱信息的神经网络模型

在同时考虑光谱信息和空间信息的情况下,可以通过二维卷积神经网络和三维卷积神经网络两类模型解决高光谱图像分类问题。

1) 二维卷积神经网络模型

在二维卷积神经网络模型中,网络输入层为 145 个通道的 $w \times h$ 二维图像(145 对应 145 个波段,w 和 h 分别为以待分类某像素为中心的图像宽度和图像高度),网络中间层设计为若干个隐藏层(各隐藏层可设计若干神经元,主要执行二维卷积计算和二维池化计算),网络输出层为 15 个神经元(14 类已知地物和 1 类未知地物),网络结构如图 10-24 所示。

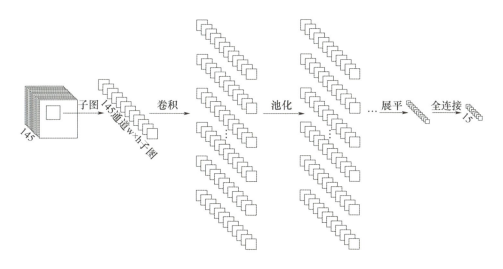

图 10-24 二维卷积神经网络结构

2) 三维卷积神经网络模型

在三维卷积神经网络模型中,网络输入层为 1 个通道的 $145 \times w \times h$ 三维图像(145 对应 145 个波段,w 和 h 分别为以待分类某像素为中心的图像宽度和图像高度),网络中间层设计为若干个隐藏层(各隐藏层可设计若干神经元,主要执行三维卷积计算和三维池化计算),网络输出层为 15 个神经元(14 类已知地物和 1 类未知地物),网络结构如图 10-25 所示。

3. 实验分析

1）实验设置

实验中取 50% 的数据作为训练数据（其中 5% 为验证数据），另外 50% 的数据作为测试数据，各模型迭代次数均为 1000 次。为了让各模型实验结果具有一定的可比性，上述模型的关键网络参数设置应尽可能保持一致。

（1）全连接神经网络模型：梯度下降算法采用 SGD（Stochastic Gradient Descent，随机梯度下降）算法，目标函数采用交叉熵函数，学习率采用 0.05，主要参数设置如表 10 - 4 所列。

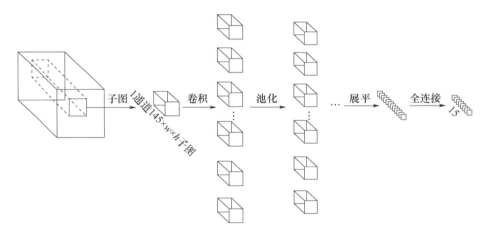

图 10 - 25　三维卷积神经网络结构

表 10 - 4　全连接神经网络模型主要参数设置

层信息	输入神经元数	全连接	输出神经元数	激活函数
第 1 层	145	是	512	ReLU
第 2 层	512	是	1024	ReLU
第 3 层	1024	是	512	ReLU
第 4 层	512	是	15	—

（2）一维卷积神经网络模型：梯度下降算法采用 Adadelta 算法，目标函数采用交叉熵函数，学习率采用 0.3，主要参数设置如表 10 - 5 所列。

表 10-5　一维卷积神经网络模型主要参数设置

层信息	输入神经元数	全连接	一维卷积	一维池化	输出神经元数	激活函数
第1层	1×145	否	16×3	2	16×71	ReLU
第2层	16×71	否	32×3	2	32×34	ReLU
第3层	32×34	否	32×3	—	32×32	ReLU
第4层	1024	是	—	—	15	—

（3）二维卷积神经网络模型：梯度下降算法采用 SGD 算法，目标函数采用交叉熵函数，学习率采用 0.05，图像长宽均为 7，主要参数设置如表 10-6 所列。

表 10-6　二维卷积神经网络模型主要参数设置

层信息	输入神经元数	全连接	二维卷积	二维池化	输出神经元数	激活函数
第1层	145×7×7	否	16×3×3	2×2	16×3×3	ReLU
第2层	16×3×3	否	32×3×3	2×2	32×1×1	ReLU
第3层	32×1×1	否	32×3×3	—	32×1×1	ReLU
第4层	32	是	—	—	15	—

（4）三维卷积神经网络模型：梯度下降算法采用 Adagrad 算法，目标函数采用交叉熵函数，学习率采用 0.02，图像长宽均为 7，主要参数设置如表 10-7 所列。

表 10-7　三维卷积神经网络模型主要参数设置

层信息	输入神经元数	全连接	三维卷积	三维池化	输出神经元数	激活函数
第1层	1×145×7×7	否	16×3×3×3	2×2×2	16×71×3×3	ReLU
第2层	16×71×3×3	否	32×3×3×3	2×2×2	32×34×1×1	ReLU
第3层	32×34×1×1	否	32×3×3×3	—	32×32×1×1	ReLU
第4层	1024	是	—	—	15	—

2）实验结论

（1）分类结果。

将各模型重复实验 50 次，得到的平均分类结果如表 10-8 所列。在网络模型均为 4 层，卷积核大小和池化大小设置一致的情况下，结合了光谱信息和空间信息的二维卷积和三维卷积神经网络模型的分类精度明显高于仅有光谱信息的全连接和一维卷积神经网络模型，二维卷积和三维卷积神经网络模型的分类精度近似，一维卷积神经网络模型的分类精度优于全连接神经网络模型的分类精度。

表 10-8　各模型平均分类结果

参数	全连接神经网络模型	一维卷积神经网络模型	二维卷积神经网络模型	三维卷积神经网络模型
整体分类精度/%	81.927	91.681	97.672	99.132
Kappa 系数	0.805	0.910	0.975	0.991

（2）收敛性和参数比较。

针对 4 类网络模型，各取一次训练过程数据进行比较，训练过程中损失函数值的变化如图 10-26 所示，训练过程中验证数据集分类精度的变化如图 10-27 所示。由图 10-26 和图 10-27 可知，和仅有光谱信息的全连接和一维卷积神经网络模型相比，结合了光谱信息和空间信息的二维卷积和三维卷积神经网络模型能够更快实现模型的收敛。

4 类模型涉及的参数数量如表 10-9 所列。由表 10-9 可知，基于卷积神经网络的网络参数数量大大小于全连接神经网络模型的参数数量。因此，合理选择卷积神经网络模型不仅可以提高模型精度，还可以减少模型参数量，提高模型计算效率。

表 10-9　4 类模型涉及的参数数量

参数	全连接神经网络模型	一维卷积神经网络模型	二维卷积神经网络模型	三维卷积神经网络模型
参数数量	1132559	20111	35375	57359

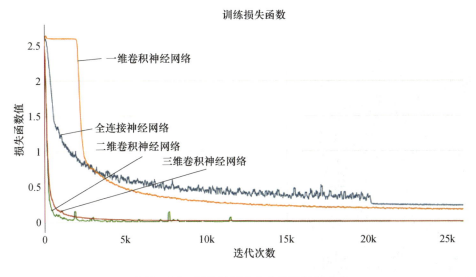

图 10-26 训练过程中损失函数值的变化

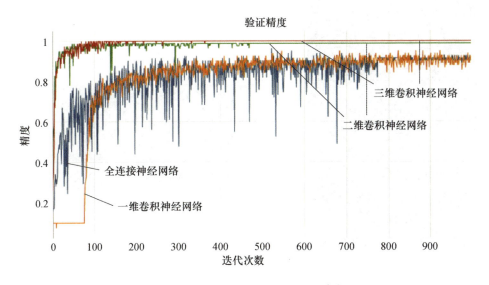

图 10-27 训练过程中验证数据集分类精度的变化

（3）分类效果。

根据三维卷积神经网络模型的分类结果，可得分类标记图像和真实标记图像[图 10-28(a)]及分类结果混淆矩阵[图 10-28(b)]。

卫星遥感图像解译

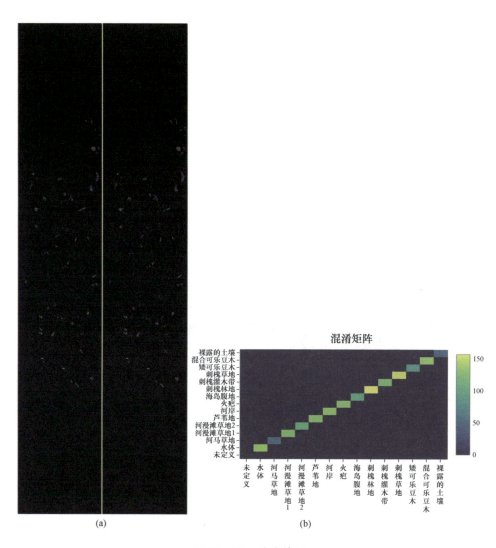

图 10-28 分类效果

(a) 分类标记图像和真实标记图像；(b) 分类结果混淆矩阵。

10.3.3 深度学习在可见光遥感图像目标检测中的应用

遥感图像目标检测是遥感图像处理领域的一类重要问题。本节将介绍基于改进的端到端 YOLOv3 算法实现可见光遥感图像中的典型目标检测。

xView 数据集[99]由国防创新试验单元实验室(Defense Innovation Unit Experimental,DIUx)发布。该数据集是一个基于 WorldView-3 数据的大规模遥感图像数据集,覆盖 1400km²。为了最大限度地减少图像采样偏差,数据集包含矿山、港口、机场、沿海、内陆、城市和农村等多种地理场景。数据集中所有图像数据均已经过正射校正、光谱融合和大气校正。训练集包含 846 幅图像,测试集包含 281 幅图像,每幅图像约对应 1km² 的地面面积,尺寸约为 3000×3000 像素。数据集中包含 221593 个车辆目标标注和 1341 个飞机目标标注。由于输入图像过大,这里将切分的候选窗口尺寸设为 608×608 像素,切分效果如图 10-29 所示。

图 10-29 数据切分效果

1. 基于水平边界框表示的改进 YOLOv3 模型

基于 YOLOv3 模型的改进模型如图 10-30 所示，其由主干网络（Backbone）、检测头部（Head）和输出（Output）3 个部分组成。主干网络采用 Darknet-53 网络，该网络由 52 层卷积层和 1 层全局池化层组成，特征提取部分全部由卷积层构成，网络中采用残差模块（Res Block）。检测头部采用特征金字塔结构，使模型能够在 3 个尺度的特征图上进行训练和预测。模型预测和训练过程通过锚点生成方法得到的锚点参数进行相对运算。锚点参数采用多尺度聚类生成方法得到，流程如图 10-31 所示。按照上述原则，将标注样本按照目标大小分配到 3 个尺度上，分别通过 K-means 聚类[100]分析得到锚点参数，并分配至特征金字塔中各层特征图上。这种方式一方面可以将不同大小的锚点分配至和其特征图分辨率相匹配的层次；另一方面由目标尺度分布聚类产生的锚点参数能够使得目标和锚点之间的偏移量相对较小，有利于参数的拟合及定位精度的提高。

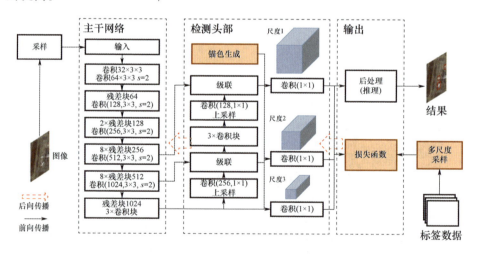

图 10-30 基于 YOLOv3 模型的改进模型

损失函数的设计对目标检测网络的训练至关重要，而深度神经网络的训练可看成损失函数 Loss 的优化问题。这里采用多任务损失函数联合优化目标检测模型，其由位置损失 L_{coord}、置信度损失 $L_{confidence}$ 和分类损失 L_{class} 组成，位置损失由中心点坐标损失 L_{xy}、尺度缩放损失 L_{wh} 组成，置信度损失由不包含目标的负样

第 10 章 >> 人工智能卫星遥感图像解译及应用

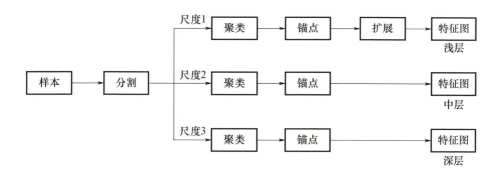

图 10-31 锚点生成方法流程

本置信度 L_{noobj} 和包含目标的正样本置信度 L_{obj} 组成。

$$\begin{aligned}
\text{Loss} &= L_{\text{coord}} + L_{\text{confidence}} + L_{\text{class}} = L_{xy} + L_{wh} + L_{\text{obj}} + L_{\text{noobj}} + L_{\text{class}} \\
&= \lambda_{\text{coord}} \sum_{i=0}^{K \times K} \sum_{j=0}^{A} \mathbb{1}_{ij}^{\text{obj}} [(x_i - \hat{x}_i)^2 + (y_i - \hat{y}_i)^2] + \\
&\quad \lambda_{\text{coord}} \sum_{i=0}^{K \times K} \sum_{j=0}^{A} \mathbb{1}_{ij}^{\text{obj}} (2 - w_i \times h_i)[(w_i - \hat{w}_i)^2 + (h_i - \hat{h}_i)^2] - \\
&\quad \sum_{i=0}^{K \times K} \sum_{j=0}^{A} \mathbb{1}_{ij}^{\text{obj}} [\hat{C}_i \log(C_i) + (1 - \hat{C}_i) \log(1 - C_i)] - \\
&\quad \lambda_{\text{coord}} \sum_{i=0}^{K \times K} \sum_{j=0}^{A} \mathbb{1}_{ij}^{\text{noobj}} [\hat{C}_i \log(C_i) + (1 - \hat{C}_i) \log(1 - C_i)] - \\
&\quad \sum_{i=0}^{K \times K} \mathbb{1}_{ij}^{\text{obj}} \sum_{c \in \text{classes}} \{p_i(c) \log[p_i(c)] + [1 - p_i(c)] \log[1 - p_i(c)]\}
\end{aligned}$$

(10-51)

式中：L_{xy} 和 L_{wh} 采用回归问题常用的 MSE 函数；L_{obj}、L_{noobj} 和 L_{class} 采用交叉熵 (Cross Entropy,CE) 损失；$\mathbb{1}_{ij}^{\text{obj}}$ 为包含目标的掩码，当特征图中第 i 格对应的第 j 个锚点为一个目标对应的最佳锚点 (坐标落在该网格内且 IoU 最大) 时,$\mathbb{1}_{ij}^{\text{obj}} = 1$；$\mathbb{1}_{ij}^{\text{noobj}}$ 为不包含目标的掩码，当特征图中第 i 格对应的第 j 个锚点为背景锚点 (与所有目标 IoU < 阈值) 时,$\mathbb{1}_{ij}^{\text{noobj}} = 1$。

在 YOLOv3 原损失函数基础上进行改进，位置偏差损失由 GIoU 损失函数计算得到,FL(L_{noobj}) 表示将不包含负样本损失 L_{noobj} 并经过焦点损失调整权重的目标函数,L_{obj} 和 L_{class} 保持不变。

$$\text{Loss} = L_{\text{coord}} + L_{\text{confidence}} + L_{\text{class}} = L_{\text{GIoU}} + L_{\text{obj}} + \text{FL}(L_{\text{noobj}}) + L_{\text{class}}$$

负责负样本置信度学习的部分引入焦点损失。这是由于遥感图像中目标的稀疏分布导致包含目标的锚点数量要远远少于不包含目标的锚点数量,需要对正样本进行充分训练。焦点损失通过降低易分类负样本的损失权重进一步优化模型。焦点损失算法如下:

$$L_{\text{noobj}} = -\alpha \times p^{\gamma} \times \log(1 - P_t) \qquad (10-52)$$

式中:P_t 为不同类别的分类概率;γ 和 α 为算法的调节参数。

将 GIoU Loss[101] 引入多任务损失函数的定位误差计算中,即

$$\text{GIoU} = \text{IoU} - \frac{|C\backslash(A\cup B)|}{|C|} \qquad (10-53)$$

$$L_{\text{GIoU}} = 1 - \text{GIoU} \qquad (10-54)$$

2. 实验分析

1)实验设置

将数据集中 20% 的图像作为测试集,测试集用于模型性能的评价,不参与训练,所有对比实验均采用相同的数据集分布。模型为改进的 YOLOv3 模型,训练采用 Adam 优化器,学习率 LR = 0.001,Momentum = 0.9,Decay = 0.0005,$\beta_1 = 0.9$,$\beta_2 = 0.999$,$\varepsilon = 10^{-8}$,epoch = 30,前 20epochs 训练冻结模型的主干网络部分进行微调,后 10epochs 解冻主干网络部分,对全部参数进行训练。

2)实验结论

(1)实验结果。

整个训练过程中损失函数的变化如图 10-32 所示。

这里将改进 YOLOv3 模型和经典的 Faster RCNN 模型[102]、基本 YOLOv3 模型、SSD 模型[103] 的 P-R 曲线进行比较,实验结果如图 10-33 所示。实验结果表明,本章所提方法在测试集上的平均精确率提升显著,较基本 YOLOv3 模型飞机检测提升了 6.42%,车辆检测提升了 8.44%。从实验结果可以看到,本章所提的改进方法能够显著提高模型的性能,特别是对于小目标较多的车辆目标检测性能提升更加突出。

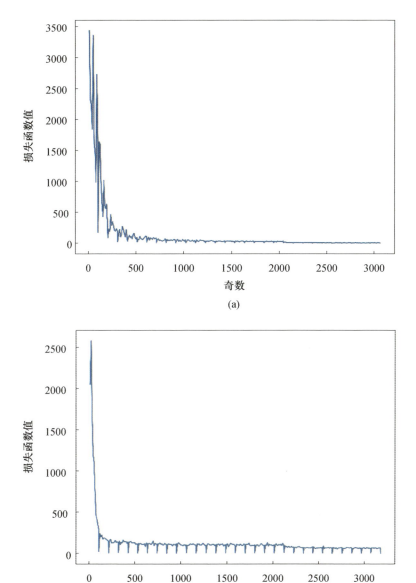

图 10-32 整个训练过程中损失函数的变化

（a）飞机检测；（b）车辆检测。

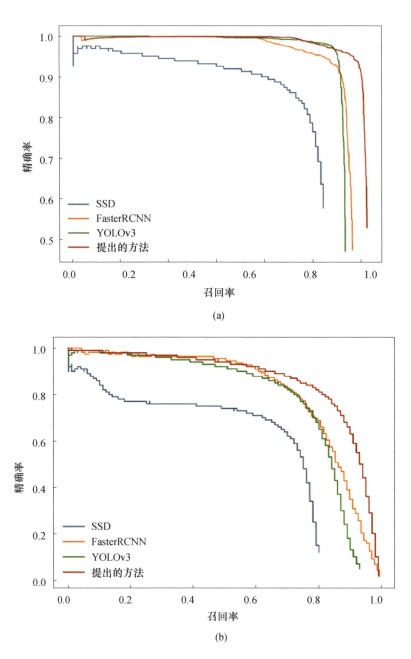

图 10-33 各模型在测试集上的 P-R 曲线对比
（a）飞机检测；（b）车辆检测。

第10章 >> 人工智能卫星遥感图像解译及应用

（2）目标检测效果。

这里将训练后的模型在测试集上的部分预测结果和真实样本标注进行对比，真实数据（Ground Truth）可视化为绿色矩形边界框，目标预测结果可视化为红色矩形边界框，如图10-34和图10-35所示。

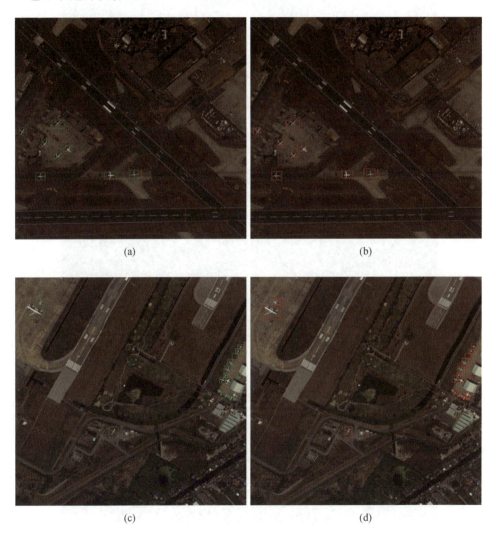

图 10-34　飞机目标检测结果

(a)真实数据1；(b)检测结果1；(c)真实数据2；(d)检测结果2。

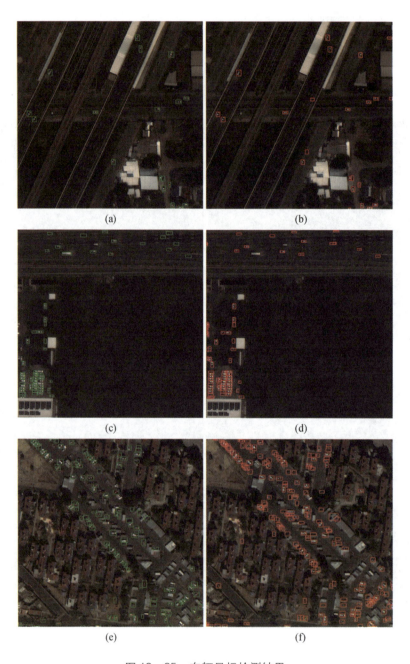

图 10-35　车辆目标检测结果

(a)真实数据 1;(b)检测结果 1;(c)真实数据 2;(d)检测结果 2;(e)真实数据 3;(f)检测结果 3。

第11章

卫星遥感图像解译典型应用

本书前几章对卫星遥感原理、常用的遥感图像解译方法和各种类型遥感图像解译进行了系统介绍,本章将结合实际应用,对卫星遥感图像解译组织流程进行介绍,并选取具有代表性的案例进行剖析,为读者提供更详实的参考。

11.1 卫星遥感解译组织流程

卫星遥感技术可以大范围、全方位地获取地球的资源与环境信息,为不同的部门和用户服务。例如,农业部门通过遥感解译进行作物分类、病虫害监测,水利部门通过遥感解译进行水域普查、灾害监测,城市管理部门通过遥感解译进行区域规划、城市变化检测等。针对不同的用户需求,卫星遥感图像解译发展了很多行业应用方向,本章对其中的典型代表进行介绍。人工解译模式是几十年来遥感行业使用的最基本的解译模式,但随着遥感大数据时代的到来,智能解译模式已逐步成为主要的解译模式,并成为遥感解译发展的主流发展方向。本节将重点介绍使用以上两种解译模式组织开展遥感解译的具体案例。

11.1.1 人工解译模式

人工解译模式主要指以人为主体,在目视解译基础上,依托个人经验、专业知识和观察能力做出主观判断,完成遥感图像判读解译的过程。人工解译模式下遥感解译组织流程如图 11-1 所示。

1. 遥感解译准备

在进行人工解译前,需要完成的准备工作主要包括明确解译任务要求、准备遥感图像和收集相关资料信息。

(1) 明确解译任务要求:在接收到遥感解译任务后,根据具体任务要求确定遥感解译区域范围、观测成像时间要求(季节月份、成像时刻等具体要求)、遥感图像类型(可见光、红外、高光谱或 SAR 图像)要求和图像分辨率(空间分辨率、光谱分辨率、辐射分辨率、时间分辨率)要求。

(2) 准备遥感图像:根据已经明确的解译任务要求,获取能够覆盖任务区域的、符合成像时刻和分辨率要求的可见光、红外、高光谱或 SAR 图像。

(3) 收集相关资料信息:根据具体解译任务情况,收集整理该任务相关的背景资料与专业信息,必要时可组织解译人员进行任务区域的现地调查。例如,进行地质遥感解译时,需收集地层、构造、蚀变带等信息;进行植被遥感解译时,需收集植被类型分布、气候条件、土壤类型等信息。

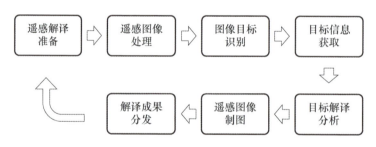

图 11-1 人工解译模式下遥感解译组织流程

2. 遥感图像处理

在进行目视判读解译前,需要对获取的遥感图像(默认获取的为二级产品)进行裁切、降噪、几何精校正、图像增强、镶嵌和匀色等处理,使遥感图像信息更加准确,可读性更加突出[6-7]。

(1) 裁切:根据明确的遥感解译区域范围对遥感图像进行裁切,获取任务区域图像切片。

(2) 降噪:通过利用空间域和频率域的各种滤波器消除和减弱遥感图像上

的各种噪声。

（3）几何精校正：通过利用现有的地理参考数据（如地面控制点、数字地形图等）对遥感图像进行几何精校正，使其具有更加准确的地理坐标。

（4）图像增强：通过直方图变换、锐化和平滑操作、彩色合成等图像增强技术突出目标地物信息。

（5）镶嵌和匀色：如任务区域范围较大，单景图像不能覆盖全部区域，需要对多景图像进行遥感图像镶嵌和匀色处理，确保任务区域全覆盖。

3. 图像目标识别

通过人的目视判读，依靠形状、大小、色调、位置、阴影、活动等直接解译标志，以及成像时刻、季节、气候、周边环境等间接解译标志，采取直接判读法、对比分析法、信息复合法、综合推理法等解译方法，完成图像中任务目标的识别与分类。

4. 目标信息获取

在完成目标识别的基础上，使用计算机量测软件对各类目标实施量测，获取精确的长度、宽度、高度、面积、位置等信息，而后对各项量测结果进行统计整理入库，为定量分析和应用做准备。

5. 目标解译分析

解译人员使用自身的专业知识和经验（农学、地质学、气象学、水文学、考古学等知识），融合多时相数据、多传感器数据、GIS 数据等，综合分析目标间的属性、时间和空间关系，提取所需的状态信息、变化信息、高程信息、温度信息、光谱信息等专题特征。根据遥感解译任务具体要求，综合专题特征信息与定性、定量分析结果，开展专题分析、趋势预测、评估评价等工作，撰写相应的遥感图像分析报告。

6. 遥感图像制图

依托各类制图软件，使用符合国家标准的地图符号及注记，将判读分析获取的各类信息标绘在遥感图像上，同时添加图像标题、图例、比例尺、指北针、参考图等辅助信息，完成卫星遥感图像专题图的制作。

7. 解译成果分发

根据不同的用户需求,将制作完成的遥感图像专题图和分析报告发布给相应的用户,同时接收用户反馈信息,以便组织新一轮遥感解译任务。

11.1.2 智能解译模式

智能解译模式主要指人在计算机系统的支持下,综合运用模式识别、深度学习、专家系统等人工智能技术,完成遥感图像解译分析的过程[8]。智能解译模式下遥感解译组织流程如图 11-2 所示。

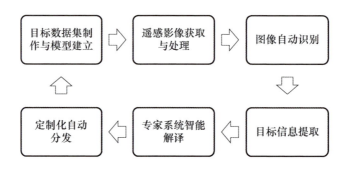

图 11-2 智能解译模式下遥感解译组织流程

1. 目标数据集制作与模型建立

不同的部门根据各自的业务需求,在人工解译目视判读的基础上进行相应的目标样本数据采集,制作遥感图像目标训练集。通过卷积神经网络等深度学习方法,利用已有目标数据集进行模型训练,构建本领域内的图像目标识别模型,如农业部门建立不同农作物的学习模型、城市管理部门建立不同建筑物的学习模型等。

2. 遥感图像获取与处理

在收到遥感解译任务后,将遥感解译区域范围、成像时间、图像类型和分辨率等具体要求输入计算机系统,系统检索相应的遥感图像数据库,输出符合特定要求的图像列表,下载获取相应的区域图像。根据任务需要,对遥感图像进行裁切、降噪、几何精校正、图像增强、镶嵌和匀色等处理。

3. 图像自动识别

在训练完成的学习模型基础上输入解译任务图像,通过模式识别、深度学习等技术,根据任务需要实现图像分类、目标检测或语义分割等不同层次的图像识别。

4. 目标信息提取

根据图像自动识别结果,对不同类别目标的形状、大小、数量、位置、温度、光谱、状态、变化情况等特征信息进行提取,并将数据存储入库,同时推送至专家解译系统。

5. 专家系统智能解译

在完成图像识别与信息提取后,遥感图像解译专家系统结合数据库中的专家解译知识和背景知识,综合运用人工智能等技术,模拟解译专家的思维过程,进行遥感图像智能解译,完成专题分析、趋势预测、评估评价等解译任务。系统根据解译结果,智能生成遥感图像专题图、专题分析报告等成果。

6. 定制化自动分发

根据遥感解译任务来源,计算机系统将解译后的遥感图像专题图和分析报告自动推送给相应用户,并接收用户的反馈结果向解译人员推送。

11.2 农作物种植面积提取

11.2.1 概述

农作物的种植面积、产量等信息是政府制定粮食政策和经济计划的重要依据。农作物种植面积反映了在空间范围内利用农业生产资源的情况,是了解农产品种类、分布特征等重要信息的有效途径,是进行农业结构调整的依据。及时了解农作物种植面积、长势及产量,对于加强农作物生产管理,进一步挖掘生产潜力,辅助政府有关部门制定科学合理的粮食政策有重要的意义。

冀中南地区是指河北省位于京津之南的地区,位于华北平原腹地,地势平坦,可利用土地资源丰富。冬小麦是该地区的主要经济作物。基于多时相图像数据,提取冀中南地区的冬小麦种植面积,充分利用农作物的生育进程随时间变化的规律性,排除不同作物间的物候交叉现象,从而提高作物分类的精度。

11.2.2 基本原理

不同作物的物候期常常存在交叉现象,因此利用单时相遥感图像进行作物分类,其分类精度难以保证。多时相数据能够充分利用农作物的生育进程随时间变化的规律性,较好地排除不同作物间的相互干扰,从而提高作物分类精度。时间特征反映作物长势在时间域上的分布,作物在不同生长季节、不同生育期具有不同的生理特征,而 NDVI 是植被生长状态及植被覆盖度的最佳指示因子。因此,多时相 NDVI 参数的时间变化能够充分表现同一作物在不同生育期及不同作物在同一生育期的差异[39]。

NDVI 计算公式为

$$\text{NDVI} = \frac{\rho_{\text{NIR}} - \rho_{\text{R}}}{\rho_{\text{NIR}} + \rho_{\text{R}}} \quad (11-1)$$

式中:ρ_{NIR}、ρ_{R} 分别为近红外、红波段的地表反射率。

NDVI 值域为 $-1 \sim +1$,负值表示地表覆盖为云、水、雪等,对可见光高反射;0 表示岩石或裸土等,ρ_{NIR} 和 ρ_{R} 近似相等;正值表示有植被覆盖,且随覆盖度增大而增大。一般绿色植被区的 NDVI 范围是 $0.2 \sim 0.8$。NDVI 的局限性表现在对高植被区具有较低的灵敏度。

11.2.3 方法步骤

利用 GF-1 卫星遥感图像进行冬小麦种植面积提取实验的操作流程如图 11-3 所示。

(1)根据研究区域内冬小麦物候期,分别选取研究区域内的 2014 年 10 月和 2015 年 3 月的 GF-1 多光谱图像。10 月冬小麦刚入土,种植区域表现为裸土,NDVI 数值很小或为负值,非小麦种植的植被区域 NDVI 值表现为植被特有的较高特点。3 月正处于初春季节,冬小麦处于拔节期,非小麦种植的植被区域多表现为 NDVI 值较低;而小麦进入拔节期后,NDVI 值比较高。

第11章 >> 卫星遥感图像解译典型应用

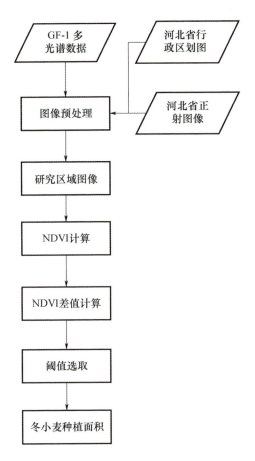

图 11-3 冬小麦种植面积提取流程

（2）基于国产软件 PIE 完成选取的研究区域 GF-1 多光谱遥感图像的辐射定标、图像匹配、正射校正、图像镶嵌和裁剪等预处理操作。

（3）计算研究区域内两个时相的遥感图像的 NDVI 值,求得 NDVI 差值图（后期-前期）,生成一幅单波段的灰度图像。一般植被覆盖区的 NDVI 取值范围与获取图像的所处的季节、地物分布情况及区域特征均存在较大的联系,需要结合后期原始图像与上述生成的 NDVI 单波段图像进行综合分析,以固定阈值为步长,通过多次比较,找出一个合适的阈值,然后以该阈值为界,通过波段运算生成一幅二值图像,完成冬小麦种植区域的提取。

河北省南皮县、沧县和黄骅市的 NDVI 计算结果如图 11-4 所示。

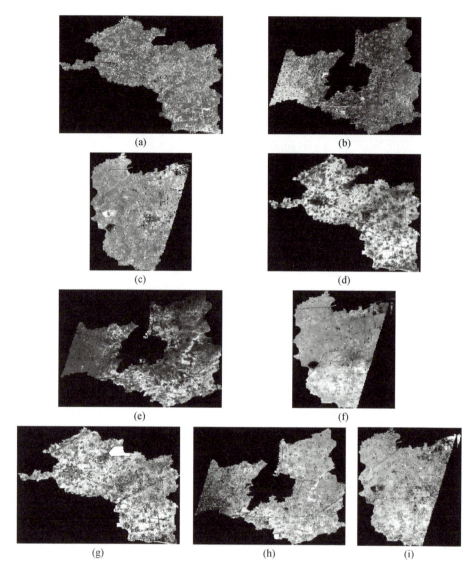

图 11-4 河北省南皮县、沧县和黄骅市 NDVI 计算成果

(a) 2014 年南皮县 NDVI;(b) 2014 年沧县 NDVI;(c) 2014 年黄骅市 NDVI;
(d) 2015 年南皮县 NDVI;(e) 2015 年沧县 NDVI;(f) 2015 年黄骅市 NDVI;
(g) 南皮县 NDVI 差值图;(h) 沧县 NDVI 差值图;(i) 黄骅市 NDVI 差值图。

11.2.4 结果分析

对利用阈值筛选后的冬小麦进行掩膜处理或透明渲染设置后,可将冬小麦提取区域与正射图像进行叠加显示,如图 11-5 所示。

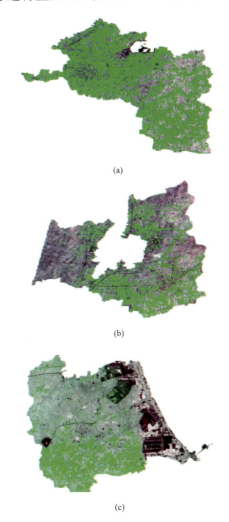

图 11-5 2015 年冬小麦种植面积提取成果(绿色部分为冬小麦种植区域)
(a)南皮县 2015 年冬小麦种植分布;(b)沧县 2015 年冬小麦种植分布;
(c)黄骅市 2015 年冬小麦种植分布。

这里主要利用邢台市、沧州市、衡水市和邯郸市 4 市技术站提供的统计数据对各市 2014—2015 两年小麦种植面积提取结果进行精度评价,如表 11 - 1 所列。

表 11 - 1　2014—2015 年冀中南地区小麦种植面积提取结果精度评价

地区	2014 年提取数据/万亩	实际统计数据/万亩	差值/万亩	精度/%	2015 年提取数据/万亩	实际统计数据/万亩	差值/万亩	精度/%
邢台市	536.51	538.70	2.19	99.59	548.40	533.10	-15.3	97.21
衡水市	466.29	436.60	-29.69	93.63	384.21	409.00	24.79	93.94
邯郸市	537.73	573.00	35.27	93.84	553.15	565.00	11.85	97.90
沧州市	656.74	692.40	35.66	94.85	588.13	591.76	3.63	99.39
总计	2197.27	2240.70	43.43	98.06	2073.89	2098.86	24.97	98.81

从表 11 - 1 中可以看出,2014 年和 2015 年的冬小麦种植面积提取精度均大于 90%。由此可见,通过卫星遥感图像解译提取冬小麦种植面积具有较大的参考意义。

11.3　蝗虫灾害遥感监测应用

11.3.1　概述

植物受到病虫害侵袭,其红外波段的光谱值会发生较大的变化。通过对灾害监测区域开展周期性遥感观测,提取这些变化的信息,实现植被亚健康或长势变化区域、长势衰弱或死亡等信息的快速获取,分析病虫害的来源地、灾情分布、发展状况,为病虫害防治提供辅助信息。

2019 年 5 月,非洲蝗灾的爆发使得非洲及亚洲部分地区受灾严重,导致大面积农作物减产,也给林业和草原自然资源造成严重损害。印巴边界沙漠蝗虫的发展状况与我国虫害入侵风险密切相关,通过对巴基斯坦沙漠蝗虫对植被的危害现状及植被受蝗灾后长势变化情况进行遥感监测,分析沙漠蝗虫的源地、灾情分布、发展状况及未来沙漠蝗虫对南亚区域及我国的潜在威胁,可以为蝗虫灾害防治提供辅助决策服务。

11.3.2 基本原理

本实验主要综合利用沙漠蝗虫的繁殖地、繁殖周期、习性、潜在食物、历史迁移等先验知识,地形、降水、温度、风向等气象条件,结合遥感图像解译,对沙漠蝗虫对植被的危害现状及植被受蝗灾后长势变化情况进行遥感监测分析。

遥感对作物长势监测的原理是建立在作物光谱特征基础之上的,即作物在可见光部分(被叶绿素吸收)有较强的吸收峰,在近红外波段(受叶片内部构造影响)有强烈的反射率,形成突峰,这些敏感波段及其组合形成植被指数,可以反映作物生长的空间信息。植物受到病虫害侵袭,其红外波段的光谱值会发生较大的变化。目前植被指数代表的植被遥感参数是公认的能够反映作物长势的遥感监测指标[1,3,5,7-9]。

11.3.3 方法步骤

本实验主要利用 MODIS 数据和国产"高分"六号卫星(以下简称 GF-6)数据进行实验分析。

MODIS 是美国地球观测系统计划中用于观测全球生物和物理过程的卫星,每 1~2 天对地球表面观测一次,时间分辨率较高,空间分辨率较低,可获取陆地和海洋温度、初级生产率、陆地表面覆盖、云、气溶胶、水汽和火情等目标的图像。MODIS 的植被指数 NDVI 产品来自 NASA 的陆地过程分布式数据档案中心。

GF-6 是我国于 2018 年发射的一颗低轨光学遥感卫星,也是我国首颗专门用于精准农业观测的高分辨率卫星,其中 WFV(Wide Field of View,WFV)传感器空间分辨率为 16m,从传统的 4 波段细化成 8 波段,特别增加了对叶绿素比较敏感的红边波段,大幅提高了对农业、林业、草原等资源监测的能力。

因为 GF-6WFV 宽幅数据体量大、单景图像分块存储等特点,导致传统的正射校正方法很难将 3 个分块图像高精度地拼接。采取先对分块数据进行拼接处理,再进行几何校正的策略,以此实现对 GF-6 WFV 数据的高速显示和高效、高精度几何校正,最后对 DOM 进行大气校正和波段运算,提取植被指数 NDVI。

GF-6 WFV NDVI 提取流程如图 11-6 所示。

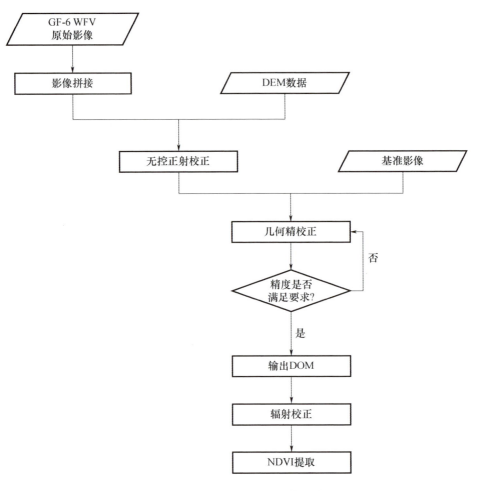

图 11-6 GF-6 WFV NDVI 提取流程

11.3.4 结果分析

本实验利用 2018 年 4 月—2019 年 2 月和 2019 年 4 月—2020 年 2 月 MODIS 的多时相的 NDVI 产品,基于 2020 年 2 月 GF-6 数据进行数据预处理及 NDVI 提取,结合当地气象、地面调查及沙漠蝗虫相关背景知识数据,对巴基斯坦蝗虫重灾区的植被长势进行监测,获得了印巴交界地区植被分布数据及其长势变化(图 11-7~图 11-10),并在先验知识和地面数据的辅助下做出相关分析。

第 11 章 >> 卫星遥感图像解译典型应用

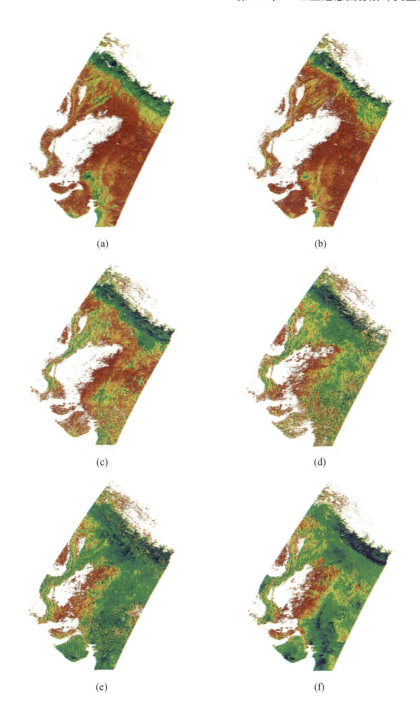

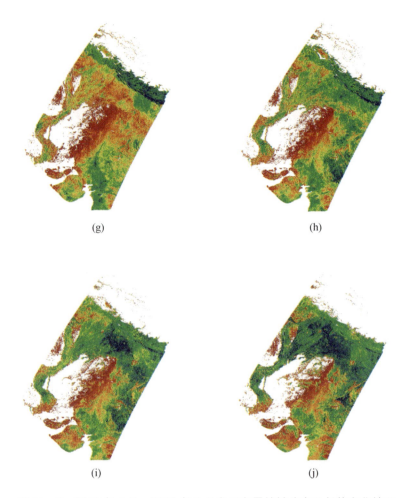

图 11 −7 2018 年 4 月 ~2019 年 2 月印巴交界植被分布及长势变化情况
(a)2018.04.23;(b)2018.05.25;(c)2018.06.26;(d)2018.07.28;(e)2018.08.29;
(f)2018.09.30;(g)2018.11.01;(h)2018.12.03;(i)2019.01.01;(j)2019.02.02。

第 11 章 >> 卫星遥感图像解译典型应用

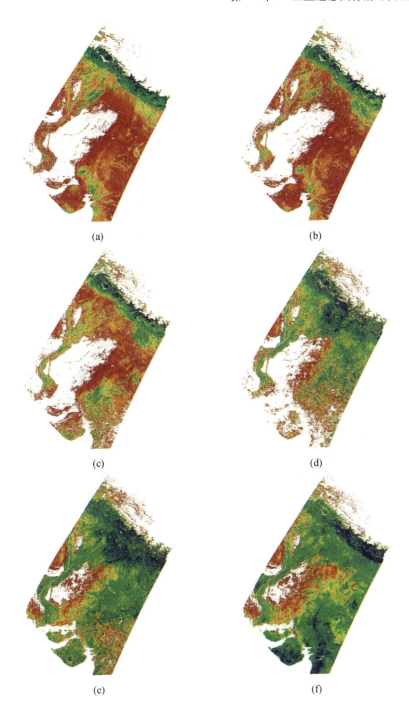

(a)

(b)

(c)

(d)

(e)

(f)

381

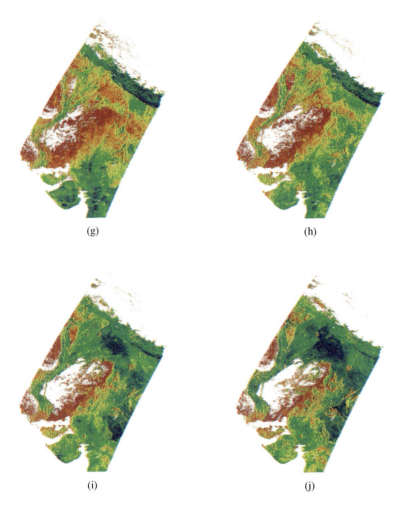

图 11-8 2019 年 4 月~2020 年 2 月印巴交界植被分布及长势变化情况
(a)2019.04.23;(b)2019.05.25;(c)2019.06.26;(d)2019.07.28;(e)2019.08.29;
(f)2019.09.30;(g)2019.11.01;(h)2019.12.03;(i)2020.01.01;(j)2020.02.02。

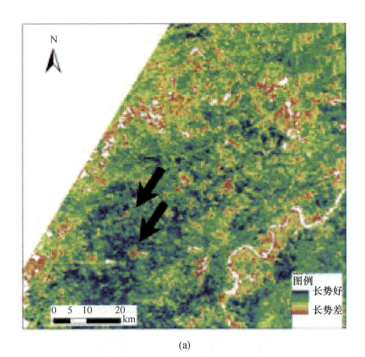

(a)

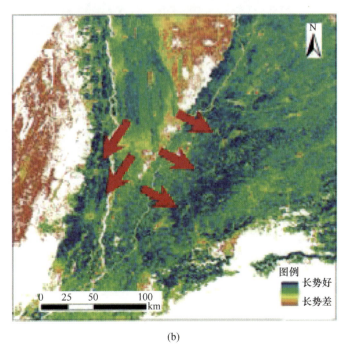

(b)

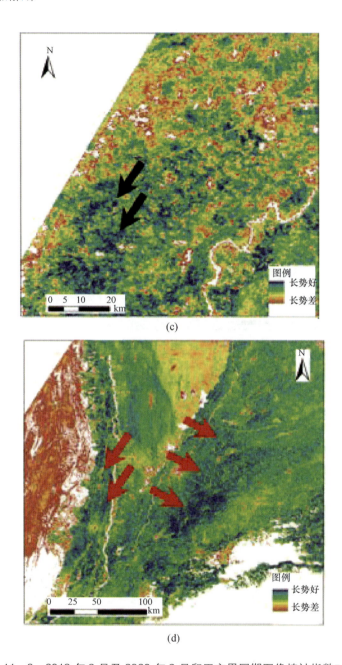

图 11-9　2019 年 2 月及 2020 年 2 月印巴交界同期图像植被指数对比
(a)2019.02.02；(b)2019.02.02；(c)2020.02.02；(d)2020.02.02。

在巴基斯坦相对完善的蝗灾地面信息和先验知识的支撑下,结合遥感图像,可得出以下推论。

(1) 通过对比两年中同一时期的遥感提取植被分布可以看出,随着时间推移,植被呈现周期性增减变化。受 2019 年降水较多影响,印巴交界地区植被及农作物分布范围,尤其是沙漠边缘区域有所扩大,其面积普遍大于 2018 年。

(2) 因受到蝗灾入侵影响,对应的巴基斯坦旁遮普省和信德省(巴基斯坦主要粮食产区,红圈范围)部分地区 2020 年 2 月指数明显低于 2019 年 2 月同期植被指数,2020 年 2 月核心区域(图 11-9 红色箭头及黑色箭头处)的植被及农作物的长势情况环比 2019 年同时期较差,反映出由于该区域蝗虫灾害导致的农作物、草原和森林等遭受不同程度的损害。

(3) 巴基斯坦主要粮食作物小麦 1、2 月正处于孕穗期,很快将进入抽穗开花期,是产量形成的关键时期,同时 1、2 月也是巴基斯坦春玉米的播种时期。推测该区域的蝗灾将对巴基斯坦当年的粮食安全造成严重威胁。

总体而言,巴基斯坦境内植被及农作物在此次灾害中的灾损情况可分为以下 3 类。

(1) 未受损。结合地面数据及 FAO(Food and Agriculture Orgnization of the Unted Nations,联合国粮食及农业组织)报告,提取未受损区域 2018 年和 2019 年的植被指数(图 11-11),显示不同年份的植被覆盖度基本一致。

(2) 2019 年 10 月左右受到蝗虫侵害受损。图 11-12 显示,由于降水较多,该区域 2019 年植被指数 6~9 月底一直高于 2018 年,至 10 月开始快速下降,12 月至 2020 年 2 月期间一直低于往年同期。FAO 报告同期显示该地区 2019 年 10 月左右遭到沙漠蝗虫入侵,与其结果保持一致。

(3) 2019 年 12 月左右受到蝗虫侵害受损。图 11-13 显示,该区域两年间 4 月至 12 月初植被指数基本保持一致,而 2019 年 12 月植被指数开始下降,直至次年 1 月至 2 月环比下降幅度逐渐增大。FAO 报告同期显示该地区 2019 年 12 月左右遭到沙漠蝗虫入侵,与其结果保持一致。

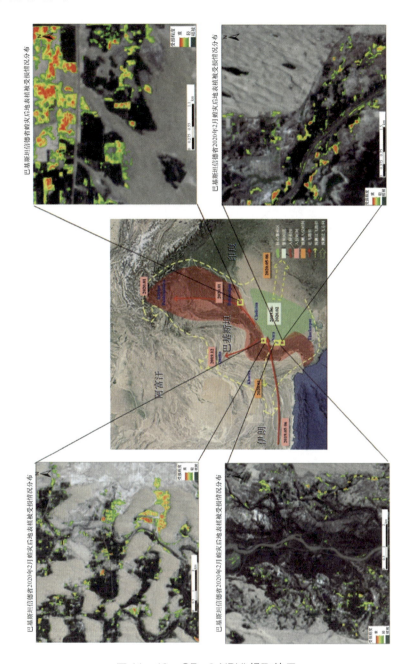

图 11-10 GF-6 NDVI 提取效果

第 11 章 >> 卫星遥感图像解译典型应用

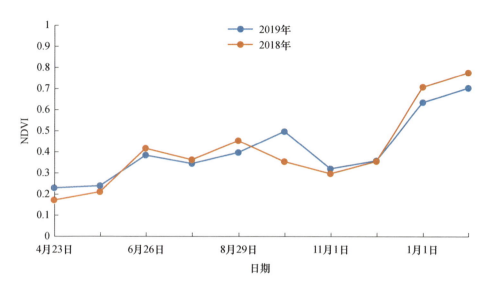

图 11-11　未受损区域植被 NDVI 变化曲线 1

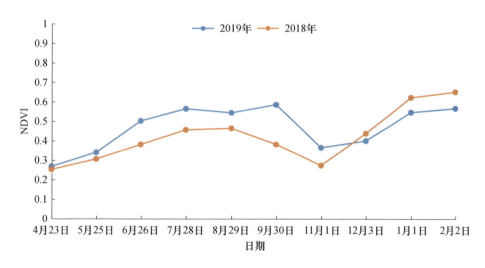

图 11-12　2019 年 10 月左右受损区域植被 NDVI 变化曲线 2

图 11-13 2019 年 12 月左右受损区域植被 NDVI 变化曲线 3

11.4 SAR 图像海岸线提取

11.4.1 概述

海岸线是陆地和海洋的交界线,其附带着丰富的环境信息。海岸线变迁会直接改变潮间带蕴含的滩涂资源量,引发海岸带各种资源与生态环境的变迁。由于温室效应日益严重,海平面不断上升,加上人类过度开发、填海造陆等因素,海岸线一直在发生变化因此加强对海岸线的监测和管理显得尤为重要。快速、准确地提取海岸线对于我国的海岸带建设有着重要意义。遥感技术大面积、同步、高精度的特点,使其能够有效记录海岸线状况及其附近的地面信息,有效地克服实地测量中的各种限制。相比于光学遥感,SAR 系统具备全天候、全天时等优点,已成为海洋遥感中的重要技术手段之一。但由于 SAR 系统相干成像原理,其图像存在着大量斑点噪声,导致精准提取海岸线较难实现[63-64]。

11.4.2 基本原理

SAR 图像海岸线检测是一种图像分割问题。近年来,基于活动轮廓(Active Contour)模型的方法在图像分割领域得到了广泛的应用。该方法本质上是一种基于变分法和偏微分方程的模型,其基本思想是:将待分割的目标边界视为一条可以活动的轮廓线,在特定能量泛函最小化过程的指引下,轮廓线不断朝目标的边缘方向变形,直至停留于目标的边缘位置,此时由轮廓线表征的就是待分割的边界[104]。基于高斯分布的局部活动轮廓模型(Local Gaussian Distribution Active Contour Model,LGDACM)针对轮廓线上的每个点进行统计建模,估计其邻域的统计参数,充分考虑轮廓线附近局部区域的统计信息,更有利于刻画复杂区域,进而实现更精细的轮廓线提取[105]。该模型通过设置邻域参数,可以实现不同程度的细节刻画,其分割能力更强,适用范围更广。

海岸线检测问题可看作寻求图像域 Ω 的一种两区域划分 $R(\Omega)\{\Omega_i, i=1, 2\}$。统计活动轮廓模型是一种基于贝叶斯推理的模型,通过最大化分割区域的后验概率来寻求最优分割。该方法的性能与统计分布对图像的拟合程度有关,统计分布拟合的曲线与直方图越吻合,得到的分割结果越精确,海岸线检测精度越高。该模型最小化能量泛函的一般表达式为

$$E(\{\Omega_1, \Omega_2\}) = -\sum_{q=1}^{2} \int_{\Omega_q} \log p_q[I(x)] \mathrm{d}x + \mu |C| \quad (11-2)$$

式中:$p_q[I(x)]$ 为概率密度模型;$I(x)$ 为第 x 个像素;$|C| = \int_C \mathrm{d}s$ 为边界长度;μ 为正的加权实数。

高斯分布是一种经典的拟合图像数据的统计分布模型,但对于具有大量斑点噪声的 SAR 图像而言,其建模能力较差,利用该分布得到的活动轮廓模型结果易出现错分现象。后来,高斯分布被用于对 SAR 图像进行建模。

1. SAR 强度图像的高斯分布模型

对强度图像建模,SAR 图像的像素集合为 $z=\{z_i, i=1,2,\cdots,N\}$,其中,$i$ 为像素索引,z_i 为像素 i 的强度,N 为总像素数。在统计学的理论框架下,z 可建模为随机场 $Z=\{Z_i, i=1,2,\cdots,N\}$,其中,$Z_i$ 为表征第 i 个像素点像素强度的

随机变量。为了建立图像特征场 Z 的统计模型,假设同一类标号像素满足同一独立的高斯分布,分布参数 $\theta = \{\theta_l = (\alpha_l, \beta_l); l \in (1, \cdots, k)\}$,$\alpha$ 为形状参数,β 为尺度参数。每一个像素与其在标号场内对应的标号有关,则

$$p(Z|L;\theta) = \prod_{i=1}^{n} p(Z_i|L_i;\theta_{L_i}) \tag{11-3}$$

$$p(Z_i|L_i;\theta_{L_i}) = \frac{1}{\Gamma(\alpha_{L_i})}\left(\frac{Z_i^{\alpha_{L_i}-1}}{\beta_{L_i}}\right)\exp\left(-\frac{Z_i}{\beta_{L_i}}\right) \tag{11-4}$$

像素的随机变量 $Z_i(x_i, y_i) \in D$ 服从高斯分布,假设所有像素相互独立,则图像模型可表示为

$$p(Z|L;\theta) = \prod_{i=1}^{n} p(Z_i|L_i;\theta_{L_i}) = \prod_{i=1}^{n} \frac{1}{\Gamma(\alpha_{L_i})}\left(\frac{Z_i^{\alpha_{L_i}-1}}{\beta_{L_i}}\right)\exp\left(-\frac{Z_i}{\beta_{L_i}}\right)$$

$$\tag{11-5}$$

式中:$\Gamma(\ )$ 为高斯函数。

2. 基于高斯分布的局部活动轮廓模型

局部统计信息是反映海岸线细节的重要因素,滑动窗口可以对轮廓线上的每个点进行采样,进而获取其局部统计信息。滑窗因子可表示为

$$B(x, y) = \begin{cases} 1, \|x - y\| < r \\ 0, 其他 \end{cases} \tag{11-6}$$

式中:x、y 分别为中心像素点和其他像素点;r 为滑窗半径;$B(x, y)$ 为轮廓线 C 上以点 x 为中心,r 为半径的邻域。

在其邻域中,轮廓线外的点称为外部点,轮廓线内的点称为内部点。引入水平集函数,使得

$$\begin{cases} \phi(x) > 0, & x \in \Omega_{in} \\ \phi(x) < 0, & x \in \Omega_{out} \\ \phi(x) = 0, & x \in C \end{cases} \tag{11-7}$$

式中:Ω_{in}、Ω_{out} 分别为轮廓线 C 的内部区域和外部区域。

加入水平集函数惩罚项,可以消除迭代过程中不断初始化的步骤。在海岸线检测问题中,是 2 区域划分,结合高斯分布的活动轮廓模型的能量泛函可表

示为

$$F(\phi) = \int_{\Omega_x} \delta_\varepsilon(\phi(x)) \int_{\Omega_y} B(x,y) \times \begin{pmatrix} -H_\varepsilon(\phi(y))\log p(Z(y)|\hat{\alpha}_{L1},\hat{\beta}_{L1}) - \\ [1-H_\varepsilon(\phi(y))]\log p(Z(y)|\hat{\alpha}_{L2},\hat{\beta}_{L2}) \end{pmatrix} dy dx +$$

$$\mu \int_{\Omega_x} |\nabla H_\varepsilon(\phi(x))| dx + \upsilon \int_{\Omega_x} \frac{1}{2}(|\nabla \phi(x)|-1)^2 dx$$

(11-8)

其中：最后一项为惩罚项，$H_\varepsilon(\phi)$ 为 Heaviside 函数：

$$H_\varepsilon(\phi(x)) = \begin{cases} 1, & \phi(x) < -\varepsilon \\ 0, & \phi(x) > \varepsilon \\ \left\{1 + \dfrac{2}{\pi}\arctan\left(\dfrac{z}{\varepsilon}\right)\right\}, & 其他 \end{cases}$$

(11-9)

式中：$\delta_\varepsilon(\phi) = H'_\varepsilon(\phi)$；$\Omega_x$ 为轮廓线上所有点的集合；$\delta_\varepsilon(\phi(x))$ 为使得能量泛函只作用于轮廓线的附近区域点集，也就是该模型利用轮廓线附近区域的局部统计分布；α_{L1} 和 γ_{L1} 是以局部内部点为样本估计出的参数；α_{L0} 和 γ_{L0} 是以局部外部点为样本估计出的参数，可进行估计此时，局部内部点的 1 阶和 2 阶矩分别为

$$\begin{cases} m_{L11} = \dfrac{\int_{\Omega_y} B(x,y) I(y) H_\varepsilon(\phi(y)) dy}{\int_{\Omega_y} B(x,y) H_\varepsilon(\phi(y)) dy} \\ \\ m_{L12} = \dfrac{\int_{\Omega_y} B(x,y) I^2(y) H_\varepsilon(\phi(y)) dy}{\int_{\Omega_y} B(x,y) H_\varepsilon(\phi(y)) dy} \end{cases}$$

(11-10)

局部外部点的 1 阶矩和 2 阶矩为

$$\begin{cases} m_{L01} = \dfrac{\int_{\Omega_y} B(x,y) I(y) [1-H_\varepsilon(\phi(y))] dy}{\int_{\Omega_y} B(x,y) [1-H_\varepsilon(\phi(y))] dy} \\ \\ m_{L02} = \dfrac{\int_{\Omega_y} B(x,y) I^2(y) [1-H_\varepsilon(\phi(y))] dy}{\int_{\Omega_y} B(x,y) [1-H_\varepsilon(\phi(y))] dy} \end{cases}$$

(11-11)

利用最速下降法和变分法将上述能量泛函 F 最小化,可转化为求解如下水平集演化方程:

$$\frac{\partial \phi(x)}{\partial t} = \delta_\varepsilon(\phi(x)) \int_{\Omega_y} B(x,y) \times \delta_\varepsilon(\phi(y)) \times (\log p(Z(y)|\hat{\alpha}_{L2},\hat{\beta}_{L2}) -$$

$$\log p(Z(y)|\hat{\alpha}_{L1},\hat{\beta}_{L1})) \mathrm{d}y +$$

$$\mu \delta_\varepsilon(\phi(x)) \mathrm{div}\left(\frac{\nabla \phi(x)}{|\nabla \phi(x)|}\right) - v\left[\mathrm{div}\left(\frac{\nabla \phi(x)}{|\nabla \phi(x)|}\right) - \Delta \phi(x)\right]$$

(11-12)

式(11-12)的解即为 SAR 图像分割结果。

3. Otsu 分割方法

Otsu 是一种自适应的阈值分割方法,其利用聚类的思想,将图像的灰度大小按灰度级分为两个部分,使得两个部分之间的灰度值差异最大,每个部分之间的灰度差异最小,通过方差的计算寻找一个合适的灰度级别进行划分。假设 Otsu 算法计算出的分割阈值为 s,SAR 强度图像为 I,建立如下水平集函数:

$$\phi = I - s \qquad (11-13)$$

则零水平集函数 $\phi = 0$ 即为图像上满足 $I = s$ 的点集。

由于高分辨率 SAR 图像具有大量的相干斑噪声,该方法的分割结果同样具有大量的噪声,因此首先利用数学形态学对图像进行膨胀操作,去除部分噪声;然后对其进行初始划分,并去除面积过小的连通区域,得到初始分割结果。

11.4.3 方法步骤

由于 SAR 图像固有噪声的影响,海岸线检测通常准确性不够高。为了更加精准地从 SAR 图像中提取海岸线,将基于高斯分布的局部活动轮廓模型与 Otsu 算法结合,首先利用 Otsu 算法对水平集函数进行初始化,完成粗分割,并提取其初始轮廓线。这样不仅减少了算法的运行时间,同时也消除了该算法对初始轮廓线要求较高的限制性。然后将高斯分布引入主动轮廓模型,重新定义其能量泛函数,对初始轮廓线进行优化,进而得到更精确的分割结果。海岸线提取流程如图 11-14 所示。

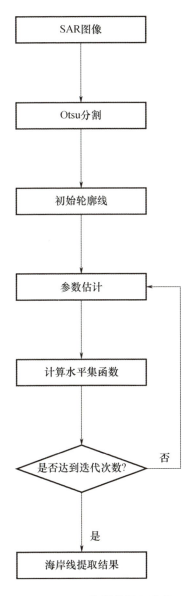

图 11-14　海岸线提取流程

(1) Otsu 分割。利用 Otsu 算法随 SAR 图像进行粗分割,并去除其分割结果中过小的连通区域,提取初始轮廓线。

(2) 参数估计。设置邻域大小,即滑窗半径 r,计算轮廓线上每一像素点的 1 阶和 2 阶矩,并估计 K 分布的局部区域内部和外部统计参数。

(3) 计算并更新水平集函数,达到一定迭代次数时即可得到精准海岸线。

11.4.4 结果分析

基于 LGDACM 模型和 Otsu 算法结合的 SAR 图像海岸线提取方法兼顾了阈值分割和主动轮廓模型的优点,解决了主动轮廓模型受初始轮廓线位置影响较大和迭代次数过多的问题,实现了准确、快速地海岸线提取。

图 11-15 为真实 Sentinel-1 卫星 SAR 图像,极化方式为 HH,分辨率为 30m,大小均为 1024 像素×1024 像素,每幅图像中较亮区域为陆地,较暗地区为海域。其中,图 11-15(a) 中陆地大部分区域为山脉,水域可以看出其亮度存在明显的差异;图 11-15(b) 为辽东半岛的部分区域;图 11-15(c) 中陆地为河口,周围有水产养殖场等,其滨海区域极不均匀,与海域边界线较为模糊;图 11-15(d) 中陆地区域主要包括大型城市、作物等,海上有较多船只;图 11-15(e) 主要包括小型城市、人工港口等地物。

SAR 图像海岸线提取结果如图 11-16 所示。利用 Otsu 算法对 SAR 图像进行水陆划分,并将其中过小的连通区域进行填充,得到海域和陆地的二值图像,如图 11-16(a1)(b1)(c1)(d1)(e1) 所示,其中白色代表陆地,黑色代表海洋。提取二值图像的轮廓线,叠加到真实 SAR 图像,如图 11-16(a2)(b2)(c2)(d2)(e2) 所示。利用 LGDACM 进行海岸线提取,选定初始轮廓线位置,如图 11-16(a3)(b3)(c3)(d3)(e3) 所示,可得到较好结果,该算法结果如图 11-16(a4)(b4)(c4)(d4)(e4) 所示。利用 LGDACM 可得到图 11-16(a6)(b6)(c6)(d6)(e6) 所示的海岸线提取结果,图 11-16(a5)(b5)(c5)(d5)(e5) 为海岸线与真实 SAR 图像的叠加图。

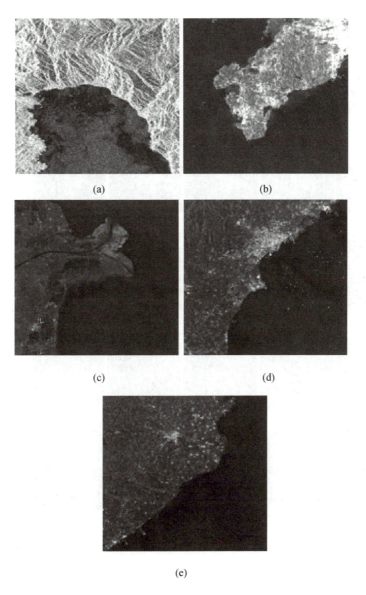

图 11-15 真实 Sentinel-1 卫星 SAR 图像
(a)山脉和水域的亮度差异;(b)辽东半岛的部分区域;(c)河口和滨海区域;
(d)大型城市和作物;(e)小型城市和人工港口。

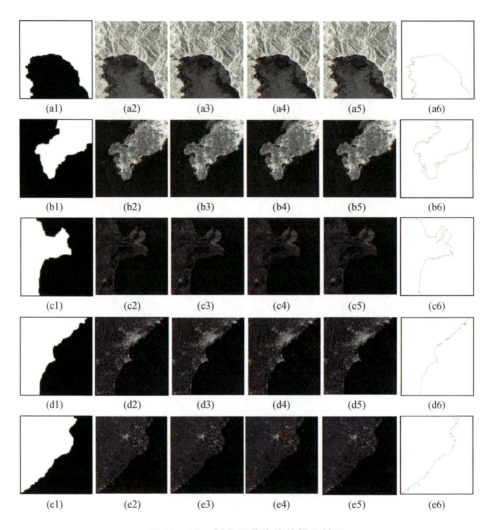

图 11-16 SAR 图像海岸线提取结果

(a1)(b1)(c1)(d1)(e1)Otsu 算法二值图像;(a2)(b2)(c2)(d2)(e2)二值图像轮廓线与真实 SAR 图像叠加图;(a3)(b3)(c3)(d3)(e3)LGDACM 算法初始轮廓线位置;(a4)(b4)(c4)(d4)(e4)LGDACM 算法结果;(a5)(b5)(c5)(d5)(e5)结合 LGDACM 和 Otsu 的 SAR 图像海岸线提取轮廓线与真实 SAR 图像叠加图;(a6)(b6)(c6)(d6)(e6)海岸线提取向量结果。

图 11-16(a)中陆地大部分区域为山脉,水域亮度有所差异,且山脉阴影区域与部分海域较为相似,以上问题均不利于海岸线提取。图 11-16(a1)右侧海岸线较为平缓,仅利用 Otsu 算法即可较好地提取;但其左侧区域海岸线较为复杂,可以明显看出仅利用该算法刻画细节能力不足,如图 11-16(a2)所示。以图 11-16(a3)中的红线为初始轮廓线,图 11-16(a4)为利用局部高斯活动轮廓模型迭代 3000 次的结果,海岸线能够较好拟合,但周围仍存在较多小的错分区域。图 11-16(a5)为结合 LGDACM 和 Otsu 的 SAR 图像海岸线提取方法,以图 11-16(a2)为初始轮廓线,迭代 200 次的实验结果,可以看出提取的海岸线与真实 SAR 图像中的叠加图均能与边缘精确吻合。

图 11-16(b1)为辽东半岛的部分区域,该图像中海岸线和临海区域分布更为复杂,包含城市、山脉、港口等众多地物类型,陆地区域分布极不均匀,海岸线轮廓线极不光滑,凹凸起伏,变化较大。如图 11-16(b2)所示,Otsu 算法只能描绘出该区域的大概轮廓,轮廓线较为平缓,无法反映海岸线细节。图 11-16(b4)为以图 11-16(b3)中的红线为初始轮廓线,利用 LGDACM 算法迭代 1200 次的结果,存在错分现象。图 11-16(b5)为结合 LGDACM 和 Otsu 的 SAR 图像海岸线提取算法迭代 200 次的结果,实现了海岸线的精确检测。

图 11-16(c1)中陆地为河口,周围有水产养殖场等,其滨海区域极不均匀,且部分地区与海域灰度值极其相似,边界线模糊。Otsu 算法不能刻画河口区域向内陆延伸的水域,如图 11-16(c2)所示。图 11-16(c4)为 LGDACM 算法迭代 1000 次的结果,可以看出河口向内陆延伸水域的边缘拟合错误,将部分陆地划分为海域;陆地向海域凸出部分的下部与海域较为相似,该算法将部分水域划分为陆地。如果继续增加迭代次数,错分区域将会更大。图 11-16(c5)为结合 LGDACM 和 Otsu 的 SAR 图像海岸线提取算法迭代 400 次的结果,轮廓线不仅与陆地边缘较好吻合,且较好地刻画了河流向大陆内部延伸的区域,最后以河流上所架桥梁作为边缘,更为准确地提取出了海岸线。

图 11-16(d1)和(e1)主要包括大型城市、作物、人工港口等,海上有较多

船只。从图 11-16(d2)和(e2)可以看出,Otsu 算法对于人工填海的港口区域细节刻画能力不足。仅利用 LGDACM 算法,受海上船只和内陆部分区域边缘影响较大,如图 11-16(d4)和(e4)所示。图 11-16(d5)和(e5)为结合 LGDACM 和 Otsu 的 SAR 图像海岸线提取算法迭代 200 次的结果。

综上所述,Otsu 算法在刻画海岸线细节方面有所欠缺;LGDACM 算法刻画细节能力较强,出现过分割现象,形成错误海岸线,且迭代次数较多,运算时间较长;结合 LGDACM 和 Otsu 的 SAR 图像海岸线提取算法不仅能够准确提取海岸线,且迭代次数少,有效提高了提取效率。

11.5 批量水体提取

11.5.1 概述

我国幅员辽阔,自然条件复杂多样,洪涝和干旱等灾害发生频繁,严重威胁着人民生命财产和生产生活的安全。将有限的水资源调配管理好、利用好,最大限度地发挥其兴利减灾的经济、社会和环境效益是一项艰巨任务。积极发展遥感技术,解决水利行业生产实践中的问题,是提高水利行业生产力水平、增加新的业务手段、改进管理方法和加强水利基础产业地位的重要途径之一。

目前自动化的水体提取技术虽然取得了长足的发展,但其应用仍然存在一定的限制,如对计算机配置的要求比较高、提取结果只比传统提取方法提高了几个百分点、仍需大量后续人工交互操作等。因此,应发展一种便捷的半自动海量水体提取应用技术,充分结合人的认知能力和计算机的分析能力,结合工程化业务生产不断完善,自动生成水体区域向量,提高卫星遥感图像解译水平。

11.5.2 基本原理

1. 基于地物指数的遥感图像最优门限分割算法

此方法首先需要选取监督样本种子点。人工选取的种子点并不一定准确,虽然人眼判断该点是在目标区域上,但很可能点选时鼠标单击的位置正好存在噪声,导致种子点选择存在误差,最终提取目标区域结果不佳。因此,这里采用种子点区域中值滤波方法进行取值,保证能够得到最优的种子点门限值。

在地物波谱特征提取方面,主要利用水体指数信息,结合已有的监督样本信息完成。本算法利用像素点在 NIR(近红外)和 Blue 波段值综合比值判定其是否属于水体,水体指数 NDWI 计算公式如下:

$$\text{NDWI} = \frac{\rho_{\text{NIR}} - \rho_{\text{Blue}}}{\rho_{\text{NIR}} + \rho_{\text{Blue}}} \quad (11-14)$$

式中:ρ_{NIR}、ρ_{Blue} 分别为近红外、蓝波段的地表反射率。

得到遥感图像水体指数灰度图后,再利用 Otsu 图像分割和种子点分割技术,实现最优门限值的选取,即针对结果图像直方图统计结果,寻找目标和背景类间的方差最大而类内方差最小的最优门限值,将该值作为水体提取门限,最终得到二值图像统计结果。

利用种子点位置信息和种子点水体指数值,并利用区域增长算法对种子点相关联的水体区域进行搜索,得到种子点关联的水体区域边界。由于区域增长后会留下众多小图斑,为最终结果向量化效率带来很大影响,因此会再次利用区域生长算法对水体区域内的小斑进行去除处理。

2. 用于遥感图像信息提取的函数分组叠加计算优化方法

由于遥感图像内区域生长算法需要频繁访问计算机磁盘,为提高算法执行效率,利用数值计算泛函解算方法,将区域生长算法和图像分割二值化算法合并执行,省去了二值图像生成并存储到磁盘的中间步骤。

假设像素特征计算公式为 $F = f_1[I(x,y)]$,其中 I 为图像中某个坐标为 (X,Y) 的像素点的灰度值,图像分割判别函数为 $C = f_2(F)$,则泛函计算公式如下:

$$C = f_2\{f_1[I(x,y)]\} \quad (11-15)$$

本次函数计算公式没有包括地物指数求取过程,因为在执行图像分割运算时需已知门限值,而门限值的获取需知道遥感图像的直方图、梯度、最大值和最小值,这些信息可与图像地物指数一并获取,进一步减少了数据落盘次数,算法性能能达到最优。其通过合理的函数叠加计算,避免了数据反复落盘的问题。

11.5.3 方法步骤

半自动海量水体提取处理流程如图 11-17 所示,主要包括加载数据、制作种子点/面、水体批量提取及提取后处理。

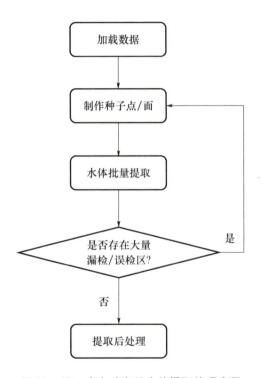

图 11-17 半自动海量水体提取处理流程

(1) 制作种子点/面:制作待提取湖泊的种子点/面,根据种子点/面的位置对该点所在的湖泊进行提取。如果有历史数据,可根据历史数据进行修改。根据实际生产经验,为保证提取湖泊的唯一性和全面性,通常需首先在每个待提取的湖泊中选取一个种子点/面。但由于每个湖泊的形状大小不一,部分湖泊选取一个种子点/面不足以提取整个湖泊的轮廓,因此还需要对部分湖泊选取多个种子点/面。鄱阳湖地区 GF-1 数据种子点/面提取如图 11-18 和图 11-19 所示。

第 11 章 >> 卫星遥感图像解译典型应用

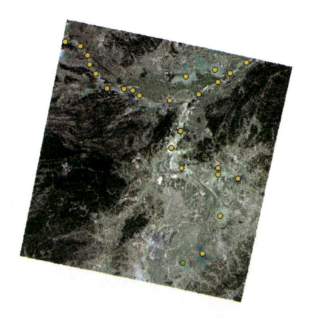

图 11-18 鄱阳湖地区 GF-1 数据种子点提取

图 11-19 鄱阳湖地区 GF-1 数据种子面提取

(2)水体批量提取:进行湖泊的种子点/面初步提取之后,可对批量图像数据进行水体提取。提取时,首先会根据选取的种子点/面对同一区域的多期图像中的湖泊进行种子点/面的自动提取,然后进行批量的水体提取。

(3)提取后处理:对自动提取的水体结果进行检查,如果有漏检或误检区域,可适当调整种子点/面,进行二次水体提取(图11-20)。通过目视判读方法确定水体边界是否正确,对多余的向量斑块通过交互式向量处理方法进行删除或对不准确的边界进行调整,如图11-21和图11-22所示。

图11-20 调整种子点

(a)第一次水体提取结果;(b)在漏检区域增加种子点(圆圈内)。

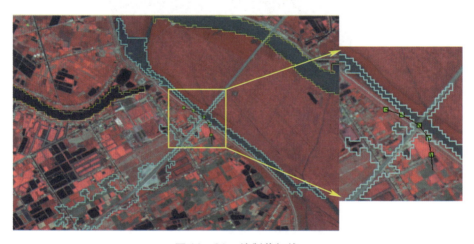

图11-21 绘制裁切线

图 11-22　向量图斑裁切结果

11.5.4　结果分析

半自动海量水体提取方法可处理包括"资源"三号、"高分"一号和"高分"二号在内的遥感数据,部分效果如图 11-23 和图 11-24 所示。

(a)　　　　　　　　　　　　　　(b)

图 11-23　青海察日错湖提取效果对比
(a)2019 年第一季度;(b)2019 年第二季度。

察日错湖位于青海省治多县,该湖泊属于长江流域内湖泊。利用 2019 年第一季度和第二季度的高分卫星遥感图像分别进行水体提取,从结果可以看出第一、第二季度内,该湖泊均存在结冰情况,第二季度水域面积较第一季度有所扩张。

(a)   (b)

图 11-24　湖北野猪湖提取效果对比

(a)2019 年第一季度;(b)2019 年第二季度。

野猪湖位于湖北省孝感市孝南区,该湖泊位于长江流域内,利用 2019 年第一季度和第二季度的高分卫星遥感图像分别进行水体提取,从提取结果可以看出第二季度的水域较第一季度出现明显的扩张情况。

11.6　城市裸土地提取

11.6.1　概述

当前,大气颗粒物质是影响环境空气质量的重要污染物。相关研究表明,颗粒物开放源类是城市颗粒物污染的主要来源,土壤尘、道路尘、水泥尘等地壳源类对中国大气 PM10 的总贡献值达到 50% 左右,最高可以达到 70%。随着城市化进程加快和高强度的城市改造,建筑施工裸地的扬尘已经成为城市大气颗粒物的重要来源之一。同时,建筑施工过程中排放的颗粒物对工人及周边居民都有一定的健康危害。因此,加强建筑裸地位置的监测及扬尘效应的研究具有重要的现实意义。

传统的空气质量监测主要包括手工监测和自动监测两种,手工监测是用滤膜将空气截留下来,将其拿到实验室里称重、化验、分析,得出空气中颗粒物、污染物的成分;自动监测是利用监测站点连续不断地自动分析出空气中的颗粒物浓度及其污染成分。这两种监测方法各有利弊,手工监测费时费力且覆盖度小;自动监测站点仅分布于城镇,广大的农村、水域、山区覆盖都很少,而空气监测是整个大区域的问题,需要联动分析。在目前经济快速发展的前提下,建筑裸地造成的扬尘效应范围越来越广,这两种监测方法都难以对大范围的建筑裸地进行时效性较高的监测。卫星遥感监测正好弥补了以上两种监测方法的不足,通过卫星遥感数据,可以更加宏观地从大范围对整个区域进行时效性较高的动态监测,并且其监测成本也比手工监测和自动监测低得多。

利用时相符合基础性年度监测要求的高分辨率遥感图像,整合最新的基础地理信息数据及相关部门专题数据,利用人机交互目视解译方法与外业相结合,提取城市裸土,监测城市裸土覆盖范围情况,形成现势性强、高精度、全覆盖的监测成果,发布年度裸土监测报告,形成持续、稳定、标准和权威的时间序列化产品,可为市政府部门提供信息决策支撑。

11.6.2 方法步骤

城市裸土提取主要步骤一般包括数据搜集与准备、正射图像生产、遥感解译和成果提交。

1. 数据搜集与准备

原始图像数据筛选需从卫星数据源、分辨率、时相、入射角、重叠度、云量等方面进行考虑。卫星数据源应尽可能使用单一的遥感数据源,当不能实现全覆盖时,可采用其他高分辨率卫星数据源作为补充数据源。卫星遥感图像分辨率满足应用需求,且全色和多光谱遥感图像数据为同一探测器同步接收。卫星遥感图像时相不要挑选季节差别较大的图像数据,且北方一般主要优先选择 6~9 月的图像。应采用入射角 5°以内的卫星遥感图像,特殊情况下允许采用入射角 15°以内的卫星遥感图像。为保证不同卫星数据源、不同卫星遥感图像纠正单元之间的接边,实现感兴趣区内图像的完全覆盖,卫星遥感图像相邻景间重叠度须达到4%以上。为保证项目区范围内重点关注区域内无云、雾、雪等(以下称云量)覆盖和遮挡,保持卫星遥感图像的融合处理效果,应保证卫星遥感图像的云量在3%以内,且云量不覆盖在居民地地区。卫星遥感图像应层次丰富,纹理细节清晰,无明显噪声、斑点、坏线和接痕。数据收集完成后,还需要将原始图像、基础底图、高程数据等基础资料逐项进行全面检查和分析,如发现问题,应按照相应要求进行汇总记录,及时汇报与解决。原始图像除常见的云雪覆盖量较大和侧视角超限等问题外,还包括其他一些质量问题,如断裂、条带、云雾、扭曲错位、增益、掉线等,如图 11-25 所示。

基础底图常见的质量问题有接边超限、拉花、地物变形、内部错位等,如图 11-26 所示。

综上所述,收集成像时间为在 2018 年 3 月,分辨率优于 1m 的图像数据,采用 2000 国家大地坐标系和 1985 国家高程基准,用于纠正使用的基础底图、DEM 数据等。

2. 正射图像生产

对收集的符合要求的卫星遥感图像利用国产软件 PIE 进行自动化、流程化的正射纠正、镶嵌、融合、匀色镶嵌等处理,形成正射图像数据成果,为监测工作提供图像数据底图。GF-1/2 PMS DOM 常规生产流程如图 11-27 所示。经过多个项目实践验证,相较于基于基准进行校正后的多光谱图像,以校正后的全色为基准得到的多光谱图像校正结果在进行数据处理时融合效果更好。

3. 遥感解译

基于正射图像数据,通过内业信息提取、外业调查与核查、内业编辑整理、质量检查等,形成裸土监测数据成果。利用第 4 章介绍的目视解译方法,城市裸土地的遥感解译流程如图 11-28 所示。

遥感解译主要根据遥感图像特征,基于外业调查数据建立解译标志,利用国产软件 PIE,以建立的解译标志作为参考,利用人机交互目视解译方式勾绘疑似裸土图斑。解译完成后,应使线条光滑,不得有多余悬线;严格根据地物纹理、走向、光谱进行勾绘,使向量化结果准确、美观、可看。

第 11 章 >> 卫星遥感图像解译典型应用

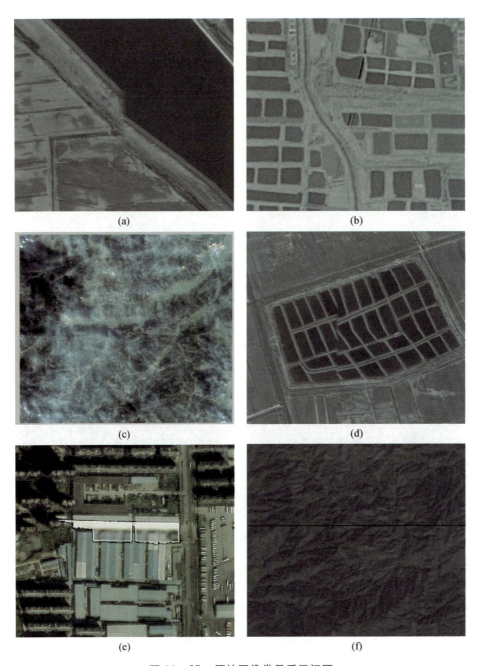

图 11-25 原始图像常见质量问题

(a)断裂;(b)条带;(c)云雾;(d)扭曲错位;(e)增益;(f)掉线。

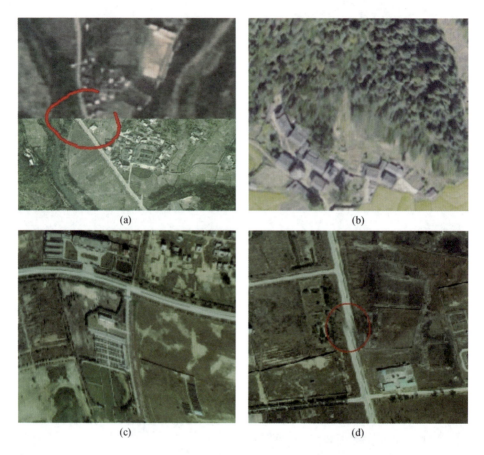

图 11-26 基础底图像常见质量问题
(a)接边超限;(b)拉花;(c)地物变形;(d)内部错位。

解译标志是在遥感图像上能反映和判别地物或现象的图像特征。它是解译者在对目标地物各种解译要素综合分析的基础上,结合成像时间、季节、图像的种类、比例尺等多种因素整理出来的目标地物在图像上的综合特征。解译标志库是解译人员长时间的工作总结成果。对每一种类型,从形状、色调方面进行描述,并给出典型样图,为内业图斑提取人员提供解译参考。城市裸土地解译标志示例如表 11-2 所列。

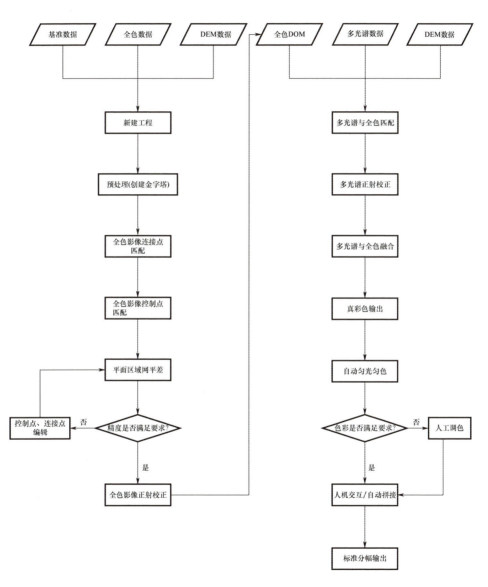

图 11-27　GF-1/2 PMS DOM 常规生产流程

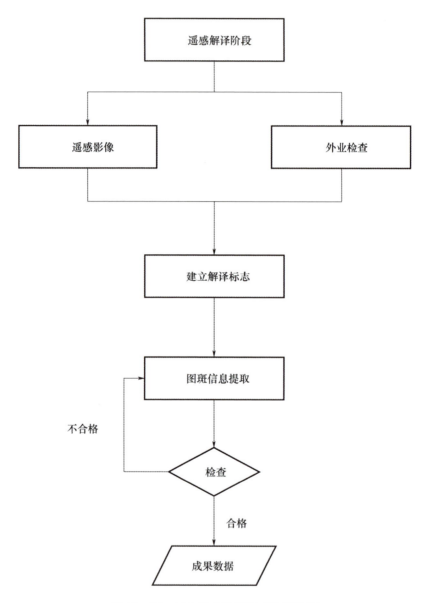

图 11-28 城市裸土地的遥感解译流程

第 11 章 >> 卫星遥感图像解译典型应用

表 11-2 城市裸土地解译标志示例

类型	图像特征	解译标志 形状	解译标志 色调
居民点拆迁		图像清晰,未全部完成房屋拆迁,有裸露地表的痕迹,并与未拆迁的房屋共存,显得杂乱无章	土黄色、浅棕色
建筑工地 1		图像清晰,临时道路较为杂乱,有明显裸露地表痕迹,地表高低起伏较大	土黄色、浅棕色
建筑工地 2		已开工工地有明显裸露地表痕迹,未开工工地有植被覆盖,并有临时道路覆盖	土黄色、浅棕色
建筑工地 3		工地有明显房屋拆迁痕迹和裸土裸露痕迹,临时道路交叉错乱	土黄色、浅棕色

4. 成果提交

业务人员采用目视解译结合外业调查与核查的方法完成内业监测成果后,即可编写裸地分布报告,对裸地分布范围进行展示和分析。

11.6.3 结果分析

裸土地提取案例主要使用目视解译结合外业调查与核查的方法进行,目视解译精度与业务人员的专业技能和经验密切相关。以 2018 年 3 月的解译成果为例,主要利用 3 月的"高分"一号、"高分"二号遥感图像对某城市进行裸地监测,最后提取结果共包括 2068 个自然地块,面积约为 $16km^2$。其中,$0\sim500\ m^2$ 的地块共 63 个,$500\sim1000^2$ 的地块共 232 个,$1000\sim5000^2$ 的地块共 1012 个,$5000\sim10000^2$ 的地块共 376 个,大于 10000^2 的地块共 385 个。裸地分布如图 11-29 和图 11-30 所示。

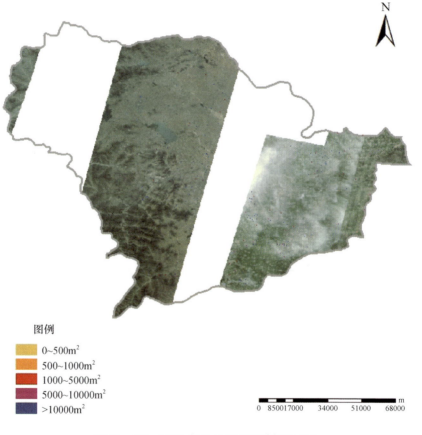

图 11-29 2018 年 3 月城市裸地提取分布

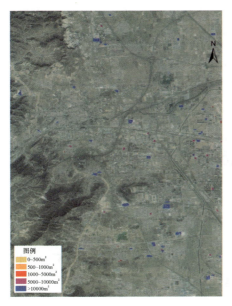 

图 11-30　2018 年 3 月裸地提取局部放大

11.7　城市建成区边界提取与变化检测

11.7.1　概述

经济社会的快速发展加剧了地表形态的变化,利用现代测绘技术对地表土地覆盖、道路交通网络、城市布局与扩张等进行动态的、定量的监测与分析已成为我国监测地理国情的一项重要内容。城市建成区是城市行政区实际已成片开发建设、市政公用设施和公共设施基本具备的区域。城市建成区的范围反映了一个城市发展的规模,是城市规划中一个十分重要的指标。准确提取城市建成区边界是研究城市空间格局变化、城市扩张和城市驱动力等问题的关键,对城市经济发展、城市规划、土地资源管理等许多方面有着重要的作用。从高分辨率遥感图像上快速准确地获取城市建成区典型地物不仅有利于地理空间数据的更新,而且对有效监测新增建筑等城区专题信息有重要意义。

目前,城市的变化检测实际作业中多是利用高分辨率的 DOM 遥感图像,通过人工方式提取城市建成区边界,虽然准确率高,但效率低且成本耗费大,导致了数据更新延迟等问题;同时,受到阴影遮挡、季节变化等因素影响,变化检测精度有待提高。如何结合实际工作情况,基于多时相数字正射影像(Digital Orthophoto Map,DOM)和数字表面模型(Digital Surface Model,DSM)数据的城区边界自动提取及其变化检测,对于智慧城市建设、城市宏观规划、土地利用调查等领域的发展具有十分重要的现实意义。

11.7.2 方法步骤

进行城区边界的提取是进行变化检测的前提,基于多源数据高分辨 DOM 和 DSM 数据进行城区边界变化检测的技术路线如图 11-31 所示。

对多源高分辨率 DSM 和 DOM 数据进行特征提取。对 DSM 数据而言,提取其密度特征,并且生成基于密度的城区边界;对 DOM 数据而言,提取其纹理特征,并基于机器学习算法提取纹理边界;同时,对路网数据进行密度计算,提取出基于路网密度的城市建成区边界。对 DSM 的密度特征边界、DOM 的纹理边界、路网密度边界进行特征级融合,从而提取出城市建成区的候选区。对边界进行优化处理,包括面积过滤与区域空洞填充,参考示范区城市总体规划等参考数据,再进行边界修整与提取,从而生成最终的城市建成区边界。基于多时相的城市建成区边界数据进行城市建成区边界变化检测,从而得到建成区的变化范围、变化方向等信息。

1. 城市建成区边界遥感提取

1) 基于 DSM 数据的建成区边界提取

通过 DSM 数据的特征提取,可以增加建成区和非建成区的区别,从而有利于边界的提取。考虑到城区和非城区在建筑密度上存在较大差异,建成区的建筑林立、密度较高,非建成区建筑稀疏、密度较低,因此通过密度提取可以有效区分建成区和非建成区,从而提取出建成区边界,如图 11-32 所示。

DSM 数据密度特征提取城市建成区边界流程如图 11-33 所示,首先对

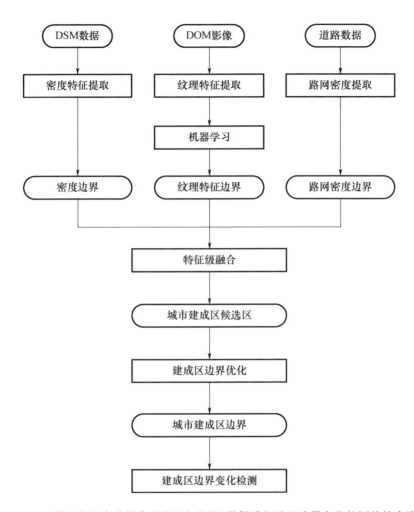

图 11-31 基于多源高分辨率 DOM 和 DSM 数据进行城区边界变化检测的技术路线

DSM 数据进行数据分块,将其均匀划分为正方形的小区域;然后在每块小区域内对 DSM 数据的边缘点进行提取,并计算每块小区域内边缘点的密度,进而可以用边缘点的密度对城市建筑物的空间分布特征进行表征和描述;最后对每块小区域的密度数据进行过滤,最终提取出符合城市建成区特点的小区域,将所有符合建成区条件的小区域进行连通处理,可以得到基于 DSM 数据的城市建成区边界。

具体而言,首先对图像进行分块处理,将其划分为 $N \times N$ 大小的若干个子区

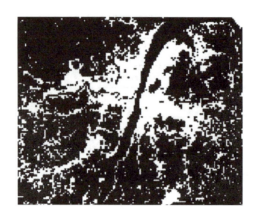

图 11-32 建成区边界

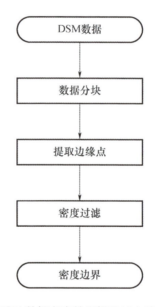

图 11-33 DSM 数据密度特征提取城市建成区边界流程

域图像；然后利用边缘检测算子[106-109]提取出城市建成区的边缘点；再分别计算每个子区域图像的密度 ρ，即

$$\rho = m/N^2 \quad (11-16)$$

式中：m 为该子区域内的边缘点的个数。

对每个子区域图像设置一个阈值 T，当密度 ρ 不小于该阈值时视为城市建

成区边缘密度的合理区,否则视为非城市建成区。将边缘密度合理区像元值设为 1,非城市建成区设为 0,即

$$a(i,j) = \begin{cases} 1, \rho \geq T \\ 0, \rho < T \end{cases} \quad (11-17)$$

式中:$a(i,j)$ 为提取出来的边缘密度合理区。

在得到了基于 DSM 数据的城市建成区边界后,需要将基于 DOM 提取的建成区边界和基于路网密度提取的建成区边界进行特征级融合,从而得到最终城市建成区边界的空间分布。

2) 基于 DOM 图像的建成区提取

相比于非建成区而言,建成区的景观格局更为复杂,因此纹理特征更为丰富,通过提取纹理特征有助于实现建成区和非建成区的区分,如图 11-34 所示。

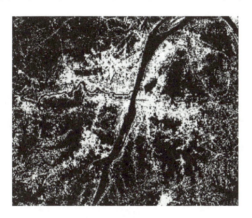

图 11-34　建成区纹理边界

采用基于纹理特征的提取算法,对于预处理的图像,首先将图像量化,再采用滑动窗口算法计算每个像元所在窗口的灰度共生矩阵值(Grey-Level Co-occurrence Matrix,GLCM),进而计算出 8 个纹理特征值,这样每一个纹理特征均为一幅图像。将这 8 幅图像合成为 8 个波段,得到纹理特征图像,采用机器学习算法对特征图像进行建成区边界提取,从而得到基于 DOM 的边界。DOM 数据纹理边界提取流程如图 11-35 所示。

虽然提取的多种纹理特征在一定程度上充分反映了图像中的丰富信息,但

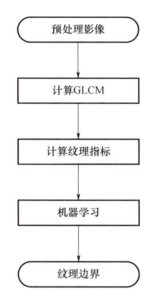

图 11-35 DOM 数据纹理边界提取流程

由于图像获取的不确定性,一些局部特征反而会混淆图像中的地物信息,增加了城区边界提取的难度。为了充分利用图像的多种纹理特征信息,实现城区与非城区的有效区分,选用支持向量机机器学习算法作为分类器,通过一定数量训练样本的输入,进行多时相图像的建成区边界提取。其主要原理与实现过程如下。

首先,在每一个时相的多源遥感图像上计算所有对象的多种纹理特征,从而得到多特征的集合 $\boldsymbol{Q}$。设特征总数为 n,则有

$$\boldsymbol{Q} = \{\boldsymbol{q}_1, \boldsymbol{q}_2, \cdots, \boldsymbol{q}_n\} \tag{11-18}$$

式中:$\boldsymbol{q}_i(i=1,2,\cdots,n)$ 为对象 i 的六维特征向量,即

$$\boldsymbol{q}_i = \{M, D_1, D_2, P, E, S\} \tag{11-19}$$

然后,将纹理边界的提取问题看作高维空间下的二类分类问题,并引入支持向量机对 n 维向量 $\boldsymbol{Q}$ 进行分类。

从二分类问题出发,设有样本集 (x_i, y_i),x_i 表示六维特征向量,$y \in \{1, -1\}$,$y_i = 1$ 表示城区样本,$y_i = -1$ 表示非城区样本。为了计算超平面的 w 和 ω_0,需要在满足条件

$$y_i(w^T x_i + \omega_0) \geq 1, i = 1, 2, \cdots, N \tag{11-20}$$

的情况下最小化

$$C(w) = \|w\|^2/2 \quad (11-21)$$

进一步,将上述方法扩展到非线性可分问题中,可以引用核函数 $k(x_i,x_j)$ 衡量两个模式 x_i 和 x_j 的相似度,并应用拉格朗日原理优化该最小化问题,最终产生的判别函数为

$$f(x) = \sum_{i=1}^{N} \alpha_i y_i k(x_i,x_j) + \omega_0 \quad (11-22)$$

在核函数的选择和优化方面,考虑到高斯径向核函数计算比较简单,同时具有强正则性,适用于在维数较高的情况下求解最优超平面,因此使用的核函数可以表示为

$$k(x_i,x_j) = \exp(-\gamma \|x_i - x_j\|^2), \gamma > 0 \quad (11-23)$$

最后,将高斯径向核函数代入判别函数,通过人工选取一定数量的训练样本,输入支持向量机进行监督分类,就可以完成对多时相图像的城区边界提取。

3) 基于建筑密度和路网密度的建成区边界提取

经过分析可以知道,城市建成区与非建成区的另一个重要区别就是建筑密度和路网密度的大小。在建成区内,基础设施建设覆盖区域比较完全,城市建筑物和交通路网比较密级;在非建成区,建筑物较稀疏,平均高度较低,交通路网没有建成区那样发达,路网密度较建成区小很多。因此,可以根据建筑密度和路网密度的大小对建成区边界进行有效提取。

基于深度学习的建筑物提取方法和基于自适应缓冲区生成的城市道路提取方法可以对道路信息进行有效提取。利用上述道路信息进行路网密度计算时,参考 DSM 数据的密度提取方法,首先将整个研究区划分为 $N \times N$ 个规则格网,计算每个格网中道路面积所占整个格网面积的百分比,以作为路网密度的计算准则。通过设定路网密度的阈值,对大于既定阈值的范围进行提取,从而可以得到基于路网密度的城市建成区边界。

4) 城区建成区边界特征级融合

在得到 DSM 的建成区边界、DOM 的建成区边界及基于路网密度的建成区边界后,需要将这 3 种边界进行融合,可以保证建成区边界提取结果的可靠性

与合理性。特征级融合分为两步,一是对 DSM 边界、DOM 边界及基于路网密度的建成区边界进行融合,得到候选边界;二是提取出城市中心区域,将城市中心区域与候选边界进行融合。

5)城市建成区边界优化

以上步骤得到的城市建成区会存在许多小图斑,并且边缘存在锯齿现象,因此需要进行城区边界的优化。可以采用面积过滤和区域空洞填充、边界修正与提取对城区边界进行优化处理。

(1)面积过滤与区域空洞填充。根据城市建成区的区域连通性特点,这些图斑需要过滤掉。采用区域连通算法,统计每个区域的面积,设置面积阈值,将面积小于阈值的区域过滤掉,这样得到的区域会因为城市建成区中的小湖泊、草地等而存在空洞。为了得到完整的城市建成区,采用基于数学形态学的区域填充算法对其中的空洞进行填充。

(2)边界修整与提取。上述步骤得到的边界可能会由于边缘密度的过滤使其部分边缘呈锯齿状,因此可以采用数学形态学中腐蚀和膨胀算子进行修整。首先用膨胀算子将边界扩展;其次用腐蚀算子将城市边界收缩,使得到的城市建成区边界较为平滑;然后采用基于数学形态学中针对二值图像的边缘提取算法得到城市建成区的边界;最后与城市总体规划、历史数据等数据进行参考比对,确定提取结果的科学性和可用性。城市建成区边界优化结果如图 11-36 所示。

2. 城市建成区边界变化检测

经过上述步骤后,可以对不同时相的城区边界进行变化检测,从而得到城区变化的相关信息。城市建成区边界变化检测如图 11-37 所示。

由于生成的城区边界是向量数据,因此需要进行多时相向量边界数据的变化检测。首先对前后两时相的向量边界数据进行与运算,然后进行求反运算,从而生成向量边界变化检测结果,其技术路线如图 11-38 所示。

建成区边界变化检测具体流程分为两步:一是对变化前后图像进行与运算操作,提取出两幅图像上相同的地物区域;二是对第一步处理结果进行求反运算,即可得到发生变化的区域,如图 11-39 所示。

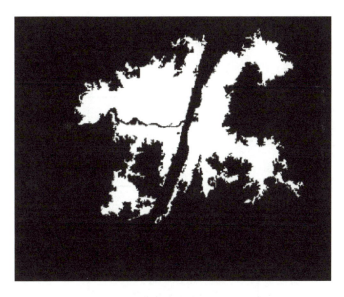

图 11-36 城市建成区边界优化结果

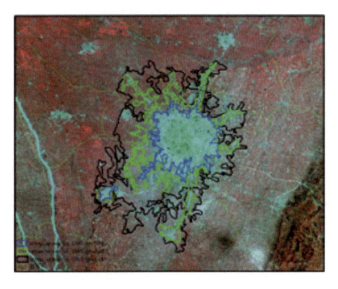

图 11-37 城市建成区边界变化检测

(蓝色为 2000 年,绿色为 2010 年,黑色为 2016 年)

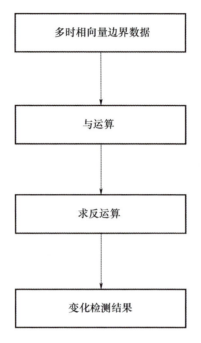

图 11-38 特征级变化检测技术路线

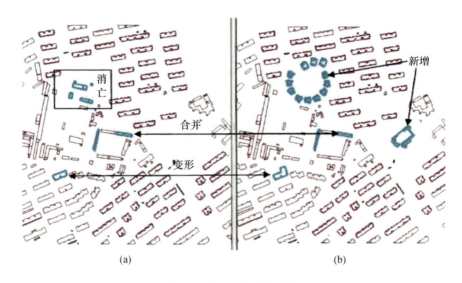

图 11-39 向量变化检测

(a)变化前;(b)变化后。

在第一步中,对基于 T_1 时相的数据 $a(i,j)$ 和 T_2 时相的数据 $b(i,j)$ 进行与操作,即

$$c(i,j) = \begin{cases} 1, a(i,j) = 1 \text{ 且 } b(i,j) = 1 \\ 0, \text{其他} \end{cases} \quad (11-24)$$

式中:$c(i,j)$ 为数据处理结果;$a(i,j)$ 为 T_1 时相的数据;$b(i,j)$ 为 T_2 时相的数据。

通过上述操作,在特征级层次上完成了变化检测的第一步,可以保证检测结果的可靠性与合理性。

在第二步中,对第一步的处理数据进行求反操作,即可得到最终发生变化的区域,即

$$d(i,j) = \overline{c(i,j)} \quad (11-25)$$

式中:$d(i,j)$ 为数据处理结果,即最终的变化区域。

11.7.3　结果分析

利用高精度 DOM、DSM 及建成区边界的提取与变化检测,可开展城市规划动态监测。通过高程变化信息,结合地物类型特征,辅助判断违反城市规划的建设行为,及时掌握城市建设行为发展变化状况,强化对城市规划管控的技术支撑,有效提高城市管理和执法力度,建立有效的城市规划建设管理监督机制。

基于沈阳地区的 DOM 和 DSM 多源数据进行建成区边界提取与变化检测,在传统 DOM 图像提取建成区边界的基础上,引入城市高精度的 DSM 信息作为建成区的特征参数,提高了城市建成区边界遥感数据提取的精度。

城市建成区边界提取实验数据由沈阳地区的 DOM(融合后)(图 11-40)、DSM(图 11-41)以及对应的开源 DEM(图 11-42)组成,具体如表 11-3 所列。

表 11-3　建成区边界提取实验数据

序号	数据	数据来源	分辨率/m
1	DOM	GF-2 图像正射融合处理	1
2	DSM	WorldView-3 立体对密集匹配	1
3	开源 DEM	网上下载并进行高程异常改正	90

  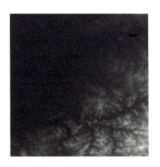

图 11-40　DOM 图像　　　图 11-41　DSM 图像　　　图 11-42　开源 DEM 图像

通过城市建成区边界提取与变化检测技术,得到城市建成区边界提取结果及沈阳市建成区边界变化检测专题图,如图 11-43 和图 11-44 所示。

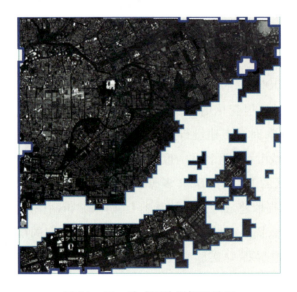

图 11-43　建成区边界提取结果

通过统计自动提取建成区范围与人工提取建成区重叠范围的面积 $Area_{Auto}$,同时人工结合 DOM 和 DSM 数据进行建成区边界的提取,统计人工选取建成区边界的面积 $Area_{Manual}$,得到城市建成区边界提取精度 $\dfrac{Area_{Auto}}{Area_{Manual}} \times 100\%$。城市建成区边界提取精度验证如表 11-4 所列。

第 11 章 卫星遥感图像解译典型应用

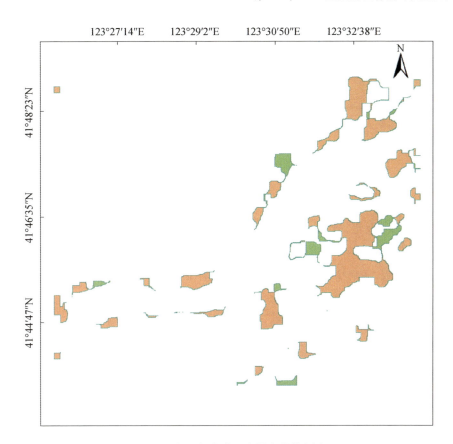

图 11-44　沈阳市建成区边界变化检测专题图

表 11-4　城市建成区边界提取精度验证

类别	自动提取建成区面积/m²	人工提取建成区面积/m²	自动提取与人工提取重叠面积/m²	建成区边界提取精度/%
城市建成区边界提取精度	93622400	92992200	86244430.74	92.7

从表 11-4 可以看出,自动提取建成区面积为 93622400 m²,人工提取建成区面积为 92992200 m²,自动提取与人工提取重叠面积为 86244430.74 m²,计算得到城市建成区边界提取精度为 92.7%,满足城市建成区边界提取精度优于 85% 的要求。该方式不仅可以节省人力物力,而且可以为城市的管理建设等提供科学的决策依据,产生一定的经济效益和社会效益。

参考文献

[1] 阎守邕,刘亚岚. 普通遥感学教程[M]. 北京:国防工业出版社,2010.

[2] Thomas M. Lillesand, Ralph W. Kiefer, Jonathan W. Chipman. 遥感图像与解译[M]. 7 版. 彭望琭,余先川,贺辉,等,译. 北京:电子工业出版社,2016.

[3] 沙晋明. 遥感原理与应用[M]. 北京:科学出版社,2017.

[4] 郭云开,周家香,黄文华,等. 卫星遥感技术及应用[M]. 北京:测绘出版社,2016.

[5] 赵英时,等. 遥感应用分析原理与方法[M]. 北京:科学出版社,2013.

[6] 梅安新,彭望琭,秦其明,等. 遥感导论[M]. 北京:高等教育出版社,2001.

[7] 关泽群,刘继琳. 遥感图像解译[M]. 武汉:武汉大学出版社,2007.

[8] 孙家抦. 遥感原理与应用[M]. 武汉:武汉大学出版社,2013.

[9] 周军其. 遥感原理与应用[M]. 武汉:武汉大学出版社,2014.

[10] 龚健雅. 人工智能时代测绘遥感技术的发展机遇与挑战[J]. 武汉大学学报(信息科学版),2018,43(12):1788 – 1796.

[11] 郝胜勇,邹同元,宋晨曦,等. 国外遥感卫星应用产业发展现状及趋势[J]. 卫星应用,2013(1):44 – 49.

[12] 孟庆岩,顾行发,余涛,等. 我国民用卫星遥感应用现状、问题与趋势[C]. 中国地震学会空间对地观测专业委员会成立大会暨学术研讨会论文集,2018:5 – 12.

[13] 章毓晋. 图像工程[M]. 4 版. 北京:清华大学出版社,2018.

[14] 罗伯特 A. 肖温格特. 遥感图像处理模型与方法[M]. 3 版. 尤红建,等译. 北京:电子工业出版社,2018.

[15] 朱文泉,林文鹏. 遥感数字图像处理:原理与方法[M]. 北京:高等教育出版社,2015.

[16] 陈端伟,等. 遥感图像格式 GeoTiff 解析[J]. 华东师范大学学报(自然科学版),2006(02):18-26.

[17] 黄春林,李新. HDF-EOS 数据格式在处理空间数据中的应用[J]. 遥感技术与应用,2001,16(04):252-259.

[18] 王想红,等. 基于 NetCDF 数据模型的海洋环境数据三维可视化研究[J]. 测绘科学,2013,38(02):59-61.

[19] 赵忠明,等. 卫星遥感及图像处理平台发展[J]. 中国图象图形学报,2019,24(12):2098-2110.

[20] 詹云军. ERDAS 遥感图像处理与分析[M]. 北京:电子工业出版社,2016.

[21] 杨树文,等. 遥感图像处理与分析:ENVI5.x 实验教程[M]. 北京:电子工业出版社,2015.

[22] 宋杨,李长辉,林鸿. 面向对象的 eCognition 遥感影像分类识别技术应用[J]. 地理空间信息,2012,10(02):64-66,181.

[23] 刘东升,等. 中国遥感软件研制进展与发展方向:以像素专家 PIE 为例[J]. 中国图象图形学报,2021,26(05):1169-1178.

[24] Hartley R V L. Transmission of information[J]. The Bell System Technical Journal,1928,7(3):535-563.

[25] Shannon C E. A mathematical theory of communication[J]. The Bell System Technical Journal,1948,27(4):623-656.

[26] Shannon C E. Communication theory of secrecy systems[J]. Bell System Technical Journal,1949,28(4):656-715.

[27] 钟义信. 信息科学原理[M]. 北京:北京邮电大学出版社,2002.

[28] 冯志伟. 我国计算语言研究 70 年[J]. 语言文学,2019(4):19-29.

[29] 曹雪虹,张宗橙. 信息论与编码[M]. 北京:清华大学出版社,2018.

[30] 徐宏涛. 遥感图像的信息量及不确定性研究[C]. 云南省测绘地理信息学会学术年会论文集,2017.

[31] 贺少帅,杨敏华,李伟建. 遥感数据模糊不确定性来源及其处理方法的探讨

[J]. 测绘科学,2008,33(6):107-134.

[32] 顾行发,余涛. 面向应用的航天遥感科学论证理论方法与技术[M]. 北京:科学出版社,2018.

[33] 林宗坚,张永红. 遥感与地理信息系统数据的信息量及不确定性[J]. 武汉大学学报(信息科学版),2006(7):569-572.

[34] Janes E T. Probability theory:the logic if science[M]. Cambrdge:Cambrdge University Press,2003.

[35] 林宗坚. 多重信息多重判据图像匹配[J]. 武汉测绘科技大学学报,1988(4):37-41.

[36] 时红伟. 一种面向用户任务需求的遥感图像质量标准:NIIRS[J]. 航天返回与遥感,2003(3):30-35.

[37] 朱雪龙. 应用信息论基础[M]. 北京:清华大学出版社,2001.

[38] 韦玉春,汤周安,汪闽,等. 遥感数字图像处理教程[M]. 北京:科学出版社,2018.

[39] 赵忠明,孟瑜,汪永义,等. 遥感图像处理[M]. 北京:科学出版社,2014.

[40] 陶家生. 航天光学遥感系统总体设计[M]. 北京:国防工业出版社,2019.

[41] 顾行发,余涛,杨健. 卫星遥感应用学与高分辨率遥感应用系统设计概论[M]. 北京:高等教育出版社,2019.

[42] 朱红,刘维佳,张爱兵. 光学遥感立体测绘技术综述及发展趋势[J]. 现代雷达,2014,36(06):6-12.

[43] 孙峻,等. 敏捷卫星立体定位角元素影响分析[J]. 中国空间科学技术,2014,34(06):72-78.

[44] 汤国安. 遥感数字图像处理[M]. 北京:科学出版社,2004.

[45] 黄玲. 面向机器解译的遥感图像质量评价关键技术研究[D]. 武汉:华中科技大学,2013.

[46] 刘颖. 基于机器学习的遥感影像分类方法研究[M]. 北京:清华大学出版社,2014.

[47] 鲍江峰. 机器学习方法在遥感影像处理中的应用研究[D]. 上海:复旦大学,2014.

[48] 丁鹏. 基于深度卷积神经网络的光学遥感目标检测技术研究[D]. 长春:中国科学院大学(中国科学院长春光学精密机械与物理研究所),2019.

[49] 赵丹新. 遥感图像中飞机目标提取的深度学习方法研究[D]. 上海:中国科学院大学(中国科学院上海技术物理研究所),2018

[50] 王浩君. 基于深度学习的光学遥感图像海上舰船目标检测研究[D]. 杭州:杭州师范大学,2019.

[51] 岑超. 高分辨率多光谱卫星遥感图像中的语义分割方法研究[D]. 杭州:浙江大学,2017.

[52] 王朵. 基于全卷积神经网络的遥感图像语义分割及变化检测方法研究[D]. 西安:西安电子科技大学,2018.

[53] 童庆禧,张兵,郑兰芬. 高光谱遥感:原理、技术与应用[M]. 北京:高等教育出版社,2006.

[54] 谷延锋. 高光谱遥感图像解译[M]. 哈尔滨:哈尔滨工业大学出版社,2020.

[55] 万余庆,谭克龙,周日平. 高光谱遥感应用研究[M]. 北京:科学出版社,2006.

[56] 张达,郑玉权. 高光谱遥感的发展与应用[J]. 光学与光电技术,2013,11(3):67-73.

[57] 陈杭. 面向目标识别的高光谱高空间分辨率目标数识别算法研究[D]. 北京:装备学院,2013.

[58] 田国良,柳钦火,陈良富,等. 热红外遥感[M]. 北京:电子工业出版社,2014.

[59] 唐伯惠,李召良,吴马华,等. 热红外地表发射率遥感反演研究[M]. 北京:科学出版社,2014.

[60] 张仁华. 实验遥感模型及地面基础[M]. 北京:科学出版社,1996.

[61] 陈兴峰,刘李,李家国,等. 卫星遥感火点监测应用和研究进展[J]. 遥感学报,2020,24(5):56-67.

[62] Norman J, Becher F. Terminology in thermal infrared remote sensing of natural surface [J]. Agriculture and Forest Meteorology,1995(77):153-176.

[63] 黄世奇. 合成孔径雷达成像及图像处理[M]. 北京:科学出版社,2015.

[64] 李永晨,刘浏. SAR图像统计模型综述[J]. 计算机工程与应用,2013,49(13):180-181.

[65] 宋建社,郑永安,袁礼海. 合成孔径雷达图像理解与应用[M]. 北京:科学出版社,2008.

[66] 谷秀昌,付琨,仇晓兰. SAR图像判读解译基础[M]. 北京:科学出版社,2017.

[67] 敬忠良,肖刚,李振华. 图像融合:理论与应用[M]. 北京:高等教育出版,2007.

[68] 贾永红. 多源遥感图像数据融合技术[M]. 北京:测绘出版社,2005.

[69] 张良培,沈焕锋. 遥感数据融合的进展与前瞻[J]. 遥感学报,2016,20(5):1050-1061.

[70] 朱俊杰,范湘涛,杜小平. 面向对象的高分辨率遥感图像分析[M]. 北京:科学出版社,2014.

[71] 王国权,周小红,蔚立磊. 基于分水岭算法的图像分割方法研究[J]. 计算机仿真,2009(5):255-258.

[72] 闫东阳. 基于对象的随机森林遥感分类方法优化[D]. 北京:中国地质大学(北京),2018.

[73] Rumelhart D E, Hinton G E, Williams R J. Learning representations by back-propagating errors[J]. nature,1986,323(6088):533-536.

[74] Ma K W D, Lewis J P, Kleijn W B. The HSIC bottleneck:Deep learning without back-propagation[C]. AAAI,2020:5085-5092.

[75] Cybenko G. Approximation by superpositions of a sigmoidal function[J]. Mathematics of Control,Signals and Systems,1989,2(4):303-314.

[76] Ruder S. An overview of gradient descent optimization algorithms[EB/OL]. arXiv preprint arXiv:1609.04747,2016.

[77] 廖星宇. 深度学习入门之PyTorch[M]. 北京:电子工业出版社,2017.

[78] Santurkar S, Tsipras D, Ilyas A, et al. How does batch normalization help optimization?[C]//Advances in neural information processing systems,2018:2483-2493.

[79] He K, Zhang X, Ren S, et al. Delving deep into rectifiers:Surpassing human-level performance on imagenet classification[C]//Proceedings of the IEEE international conference on computer vision,2015:1026-1034.

[80] Srivastava N, Hinton G, Krizhevsky A, et al. Dropout:a simple way to prevent neural

networks from overfitting[J]. The journal of machine learning research,2014,15(1):1929-1958.

[81] Elsken T, Metzen J H, Hutter F. Neural architecture search: A survey [J]. J. Mach. Learn. Res.,2019,20(55):1-21.

[82] LeCun Y, Bottou L, Bengio Y, et al. Gradient-based learning applied to document recognition [J]. Proceedings of the IEEE,1998. 86(11):2278-2324.

[83] Alex K, Ilya S, Geoffrey E. Hinton. ImageNet Classification with Deep Convolutional Neural Networks [C]. NIPS 2012.

[84] Zeiler M D, Fergus R. Visualizing and understanding convolutional networks[C]// European conference on computer vision. Springer, Cham,2014:818-833.

[85] Simonyan K, Zisserman A. Very deep convolutional networks for large-scale image recognition[EB/OL]. arXiv preprint arXiv:1409. 1556,2014.

[86] Szegedy C, Liu W, Jia Y, et al. Going deeper with convolutions[C]//Proceedings of the IEEE conference on computer vision and pattern recognition,2015:1-9.

[87] He K, Zhang X, Ren S, et al. Deep residual learning for image recognition[C]// Proceedings of the IEEE conference on computer vision and pattern recognition,2016:770-778.

[88] Bengio Y, Simard P, Frasconi P. Learning long-term dependencies with gradient descent is difficult[J]. IEEE transactions on neural networks,1994,5(2):157-166.

[89] Pascanu R, Mikolov T, Bengio Y. On the difficulty of training recurrent neural networks[C]//International conference on machine learning,2013:1310-1318.

[90] Schmidhuber J, Hochreiter S. Long short-term memory[J]. Neural Comput,1997, 9(8):1735-1780.

[91] Cho K, Van Merriënboer B, Gulcehre C, et al. Learning phrase representations using RNN encoder-decoder for statistical machine translation[EB/OL]. arXiv preprint arXiv:1406. 1078,2014.

[92] Goodfellow I, Pouget-Abadie J, Mirza M, et al. Generative adversarial networks[J]. Communications of the ACM,2014,63(11):139-144.

[93] Francois Chollet. Deep learning with python(中文版)[M]. 北京:中国工信出版集团,2018.

[94] Mirza M,Osindero S. Conditional generative adversarial nets[EB/OL]. arXiv preprint arXiv:1411.1784,2014.

[95] Radford A,Metz L,Chintala S. Unsupervised representation learning with deep convolutional generative adversarial networks[EB/OL]. arXiv preprint arXiv:1511.06434,2015.

[96] Im D J,Kim C D,Jiang H,et al. Generating images with recurrent adversarial networks[EB/OL]. arXiv preprint arXiv:1602.05110,2016.

[97] Chen X,Duan Y,Houthooft R,et al. Infogan:Interpretable representation learning by information maximizing generative adversarial nets[J]. Advances in Neural Information Processing Systems,2016,(29):2172-2180.

[98] Ledig C,Theis L,Huszár F,et al. Photo-realistic single image super-resolution using a generative adversarial network[C]//Proceedings of the IEEE conference on computer vision and pattern recognition,2017:4681-4690.

[99] Lam D,Kuzma R,McGee K,et al. xView:Objects in context in overhead imagery[J]. arXiv preprint arXiv:1802.07856,2018.

[100] Krishna K,Murty M N. Genetic K-means algorithm[J]. IEEE Transactions on Systems,Man,and Cybernetics,Part B(Cybernetics),1999,29(3):433-439.

[101] Rezatofighi H,Tsoi N,Gwak J Y,et al. Generalized intersection over union:A metric and a loss for bounding box regression[C]//Proceedings of the IEEE conference on computer vision and pattern recognition,2019.

[102] Ren S,He K,Girshick R,et al. Faster r-cnn:Towards real-time object detection with region proposal networks[J]. IEEE Transactions on Pattern Analysis and Machine Intelligence,2016,39(6):1137-1149.

[103] Liu W,Anguelov D,Erhan D,et al. Ssd:Single shot multibox detector[C]//European conference on computer vision. Springer,Cham,2016:21-37.

[104] 贺志国,陆军,匡纲要. 基于全局活动轮廓模型的SAR图像分割方法[J]. 自然科学进展,2009,19(3):344-360.

[105] 黄魁华,张军.局部统计活动轮廓模型的SAR图像海岸线检测[J].遥感学报,2011,15(4):737-749.

[106] 匡纲要,高贵,蒋咏梅.合成孔径雷达目标检测理论、算法及应用[M].长沙:国防科技大学出版社,2007.

[107] 朱秋林,石银涛,李靖.一种改进型Canny算子边缘检测算法[J].地理空间信息,2020,18(1):128-130.

[108] 曾建华,黄时杰.典型图像边缘检测算子的比较与分析[J].河北师范大学学报(自然科学版),2020,44(4):295-301.

[109] 张红霞,王灿,刘鑫,等.图像边缘检测算法研究新进展[J].计算机工程与应用,2018,54(14):11-18.